空间碎片学术著作丛书

空间交通管理概论

王冀莲　侯宇葵　著

科学出版社

北京

内 容 简 介

本书是国内第一部系统梳理、介绍空间交通管理发展现状的专著。全书设有 7 章。第 1 章从产生、演变、内涵与外延等方面介绍空间交通管理的概念；第 2 章从空间活动等六方面介绍空间交通管理要素；第 3 章从五个方面阐述了空间交通管理面临的挑战；第 4 章从空间交通管理对象的技术特性等四方面分析了空间交通管理对象的技术特性；第 5 章对空间交通管理相关的国际谈判进行了搜集整理；第 6 章以美国等为例对需要的国家和区域层面空间交通管理的政策和法律进行了介绍；第 7 章展望了未来人类命运共同体理念下的空间交通管理的发展。本书没有涉及空间交通管理的依据（管理理论、法律、法规、政策、共识等）、管理部门（组织机构、管理流程等）等方面的内容，计划将在其他书中予以介绍。

本书主要针对从事空间系统顶层规划与设计、空间政策、空间碎片与治理、空间系统运营等方面的、对空间交通管理领域与技术感兴趣且具有一定的实际工作经验的航天工程人员、预研与应用研究人员、航天战略与规划研究人员，也可以作为高校航天领域的教师、研究生等的参考资料。

图书在版编目（CIP）数据

空间交通管理概论／王冀莲，侯宇葵著. —北京：
科学出版社，2023.4
（空间碎片学术著作丛书）
ISBN 978 - 7 - 03 - 074296 - 4

Ⅰ. ①空… Ⅱ. ①王… ②侯… Ⅲ. ①航天安全—研究 Ⅳ. ①V528

中国版本图书馆 CIP 数据核字（2022）第 241019 号

责任编辑：徐杨峰／责任校对：谭宏宇
责任印制：黄晓鸣／封面设计：殷 靓

科 学 出 版 社 出版
北京东黄城根北街 16 号
邮政编码：100717
http：//www. sciencep. com

南京展望文化发展有限公司排版
苏州市越洋印刷有限公司印刷
科学出版社发行　各地新华书店经销

*

2023 年 4 月第 一 版　开本：B5（720×1000）
2023 年 4 月第一次印刷　印张：14 1/4
字数：277 000

定价：140.00 元
（如有印装质量问题，我社负责调换）

丛书序

空间碎片是指地球轨道上的或重返大气层的无功能人造物体,包括其残块和组件。自 1957 年苏联发射第一颗人造地球卫星以来,经过 60 多年的发展,人类的空间活动取得了巨大的成就,空间资产已成为人类不可或缺的重要基础设施。与此同时,随着人类探索、开发和利用外层空间的步伐加快,空间环境也变得日益拥挤,空间活动、空间资产面临的威胁和风险不断增大,对人类空间活动的可持续发展带来不利影响。

迄今,尺寸大于 10 cm 的在轨空间碎片数量已经超过 36 000 个,大于 1 cm 的碎片数量超过百万,大于 1 mm 的碎片更是数以亿计。近年来,世界主要航天国家加速部署低轨巨型卫星星座,按照当前计划,未来全球将部署十余个巨型卫星星座,共计超过 6 万颗卫星,将大大增加在轨碰撞和产生大量碎片的风险,对在轨卫星和空间站的安全运行已经构成现实性威胁,围绕空间活动、空间资产的空间碎片环境安全已日益成为国际社会普遍关注的重要问题。

发展空间碎片环境治理技术,是空间资产安全运行的重要保证。我国国家航天局审时度势,于 2000 年正式启动"空间碎片行动计划",并持续支持到今。发展我国独立自主的空间碎片环境治理技术能力,需要从开展空间碎片环境精确建模研究入手,以发展碎片精准监测预警能力为基础,以提升在轨废弃航天器主动移除能力和寿命末期航天器有效减缓能力为关键,以增强在轨运行航天器碎片高效安全防护能力为重要支撑,逐步稳健打造碎片环境治理的"硬实力"。空间碎片环境治理作为一项人类共同面对的挑战,需世界各国联合起来共同治理,而积极构建空间交通管理的政策规则等"软实力",必将为提升我国在外层空间国际事务中的话语权、切实保障我国的利益诉求提供重要支撑,为太空人类命运共同体的建设做出重要贡献。

在国家航天局空间碎片专项的支持下,我国在空间碎片领域的发展成效明显,技术能力已取得长足进展,为开展空间碎片环境治理提供了坚实保障。自 2000 年正式启动以来,经过 20 多年的持续研究和投入,我国在空间碎片监测、预警、防护、减缓方向,以及近些年兴起的空间碎片主动移除、空间交通管理等研究方向,均取得了一大批显著成果,在推动我国空间碎片领域跨越式发展、夯实空间碎片环境治理基础的同时,也有效支撑了我国航天领域的全方位快速发展。

为总结汇聚多年来空间碎片领域专家的研究成果、促进空间碎片环境治理发展,2019 年,"空间碎片学术著作丛书"专家委员会联合科学出版社围绕"空间碎片"这一主题,精心策划启动了空间碎片领域丛书的编制工作。组织国内空间碎片领域知名专家,结合学术研究和工程实践,克服三年疫情的种种困难,通过系统梳理和总结共同编写了"空间碎片学术著作丛书",将空间碎片基础研究和工程技术方面取得的阶段性成果和宝贵经验固化下来。丛书的编写体现学科交叉融合,力求确保具有系统性、专业性、创新性和实用性,以期为广大空间碎片研究人员和工程技术人员提供系统全面的技术参考,也力求为全方位牵引领域后续发展起到积极的推动作用。

丛书记载和传承了我国 20 多年空间碎片领域技术发展的科技成果,凝结了众多专家学者的智慧,将是国际上首部专题论述空间碎片研究成果的学术丛书。期望丛书的出版能够为空间碎片领域的基础研究、工程研制、人才培养和国际交流提供有益的指导和帮助,能够吸引更多的新生力量关注空间碎片领域技术的发展并投身于这一领域,为我国空间碎片环境治理事业的蓬勃发展做出力所能及的贡献。

感谢国家航天局对于我国空间碎片领域的长期持续关注、投入和支持。感谢长期从事空间碎片领域的各位专家的加盟和辛勤付出。感谢科学出版社的编辑,他们的大胆提议、不断鼓励、精心编辑和精品意识使得本套丛书的出版成为可能。

"空间碎片学术著作丛书"专家委员会

2023 年 3 月

本书序

自 1957 年第一颗人造地球卫星发射升空以来,人类对空间的探索、开发和利用取得了丰硕成果,空间活动已成为人类现代生活不可或缺的重要组成部分,空间成为人类生存发展的第四疆域。

进入新世纪,人类探索和利用空间的活动迅猛增长,空间碎片快速增加,空间环境日益恶化。特别是随着商业航天以及大规模巨型星座的爆发式发展,近地轨道更加拥挤,频轨资源日渐短缺,空间活动趋于失序,空间安全问题越发凸显。在这一背景下,空间活动的长期可持续发展成为攸关人类发展的重大议题,空间交通管理逐步得到国际社会的广泛关注。

空间交通管理借鉴道路交通管理、空中交通管理的理念和方法,解决空间活动存在的拥挤、干扰、人为破坏等问题,其概念的出现可以追溯到 20 世纪 60 年代。1982 年,捷克斯洛伐克学者鲁博斯·帕瑞克在国际空间法学会论文中正式提出"space traffic management(空间交通管理)"一词。迄今为止,国际社会虽未形成有共识的空间交通管理概念,但对空间交通管理的主要目标、管理范围、核心功能体系框架等的认识逐渐趋同。空间交通管理不仅涵盖航天发射监测与跟踪、全天域测控管理、空间物体监测编目和预警规避、空间碎片主被动移除、空间频谱感知与管理等内容,而且涉及与空间活动行为相关的国际规则、政策法律、标准规范、管理协调、活动监管等问题,覆盖多个学科和领域,是全球治理在空间领域的集中体现。

在联合国框架下,空间交通管理正成为热点话题,有关国家和组织均积极表达各自主张,推动形成各方共识;此外,国际电信联盟、日内瓦裁军谈判会议等多个层面的谈判均涉及空间交通管理,国际宇航联合会和国际宇航科学院等国际学术机构也纷纷成立专家组,组织开展相关研究。空间交通管理日益成为国际外空事务的重要议题,对维护外空公共安全,促进空间活动的长期可持续发展,推动构建空间领域人类命运共同体等具有重要意义。

目前,我国在轨的空间资产规模位居世界第二位,外层空间对我国经济社会发展、科技进步的重要性愈发彰显,迫切需要加强对空间交通管理的系统研究与综合布局,包括推进空间交通管理顶层设计和统筹发展,强化能力引领,先行发展相关技术和基础设施,加快形成相关政策规范和工作机制,提升我国空间交通管理的硬实力和软实力。

本书由中国空间技术研究院王冀莲总法律顾问主持编著,编著团队包括政策法律、技术方面的专家,团队长期从事国际外空政策法律磋商、国内航天政策法规制定以及空间治理技术研究,曾于 2019 年协助发起、组织、承办了以"空间交通管理的前沿科学问题及关键技术"为主题的第 683 次香山科学会议,在业界具有一定影响力。《空间交通管理概论》是编著者多年研究的结晶,从政策法律、技术手段等多个视角系统梳理了空间交通管理发展,内容涉及空间交通管理概念、空间交通管理要素、空间交通管理面临的挑战、空间交通管理对象的技术特性以及空间交通管理政策法律问题,展望了未来人类命运共同体理念下的空间交通管理的发展。

《空间交通管理概论》是国内第一部空间交通管理领域的著作,既可作为从事空间系统任务设计、空间政策法律研究、空间碎片环境治理、空间系统运营管理等方面的工作人员、研究人员、相关专业高校教师、在读研究生等的参考书,又可作为有关部门从事国际外空事务工作人员的背景材料。本书也可供对空间交通管理感兴趣的广大读者阅读。

在空间交通管理成为国内外关注热点的背景下,本书的出版可谓恰逢其时。希望本书的出版,能对空间交通管理的研究和实务起到点火助推的作用。

李明

2023 年 3 月

前　言

自 2009 年俄罗斯失效的"宇宙-2251"卫星与美国"铱星-33"发生人类历史上首次"卫星相撞事故"以来,空间交通管理越来越受到关注。近年来,随着更多国家与机构参与航天活动,巨型小卫星星座加速部署,空间物体、废弃物与碎片不断累积,空间活动秩序趋于失序,空间"道路安全"问题越来越突出,主要表现在:① 空间碎片数量急剧增加;② 空间正变得愈发拥挤;③ 空间活动多样性显著增加,空间交通管理需求越来越紧迫。

美国已率先进入空间交通管理实操阶段。以 2018 年时任美国总统特朗普签署"空间政策 3 号指令"为标志,发布了《国家空间交通管理政策》,出台了美国也是世界上首份完整的空间交通管理政策,并向国际推广其管理标准和做法。欧洲积极布局空间交通管理。2017 年 4 月,欧洲航天局发布《执行欧洲空间交通管理制度》白皮书,提出了欧洲空间交通管理路线图,强调通过国际合作确立欧洲空间交通管理的话语权。俄罗斯由观望转向积极推动。俄罗斯虽然没有出台正式文件,但是多次表达官方态度。2020 年 2 月,俄罗斯公开表示将制定相关国际规则,表明其立场正在发生转变,开始积极参与空间交通管理主导权的争夺。在联合国框架下空间交通管理正成为热点议题。空间交通管理是近年来联合国及其机构层面谈判的热点议题,各国及相关组织均积极表达各自主张,争夺国际话语权。此外,国际电信联盟、日内瓦国际裁军会议等多个层面的谈判均涉及空间交通管理。

我国虽已是航天大国,目前的空间资产数量位居世界前列,但是对空间交通管理的重要性、必要性和紧迫性认识不统一,当前主要从国际法角度参与空间交通管理相关研究;以被动的、应对式的方式参与相关国际层面的对话;国内研究呈现出分散、自发性的特点。研究的碎片化和相关工作滞后,不利于维护我外空战略利益,不利于参与外空战略博弈以及维护我国空间资产和活动安全。

2017 年起,中国航天科技集团有限公司(简称集团公司)组成了以中国空间技术研究院(简称五院)为主体的联合研究团队,开展相关研究,取得了"美国 3 号令的解读""空间交通管理的概念及发展历程研究"等多项研究成果。并于 2019 年

11 月,召开了集团公司"太空交通管理、空间碎片控制技术"研讨会。2020 年 10 月,中国空间技术研究院发起、组织、承办了以"空间交通管理的前沿科学问题及关键技术"为主题的第 683 次香山科学会议,来自航天系统部、外交部、国防科技工业局、科技部、中国人民解放军军事科学院、中国科学院、国家无线电管理委员会、中国航天科技集团有限公司和中国航天科工集团有限公司、国防科技大学等 21 家政府机关、科研机构参加了会议。两次会议的主要成果促进了国内空间交通管理领域的相关研究,使五院在国内的相关研究中走到了前列,也支撑了相关政府机关在相关领域的战略规划和相关的国际谈判。

本书是国内第一部系统梳理、介绍空间交通管理目前的发展现状的专著。主要内容是联合研究团队四年来的研究工作成果汇总,特别是这两次会议上联合研究团队的主要研究报告的内容。第 1 章主要介绍空间交通管理概念本身,首先,介绍了概念的产生演变,对目前国际上的几个主要航天领域的国家和组织的空间交通管理概念的内涵与外延进行了梳理,比较了概念的异同。第 2 章从空间交通管理的几个要素方面展开介绍,包括空间活动、空间交通管理对象和空间交通管理责任主体,对空间交通管理主要影响因素作了详细介绍,梳理了空间交通管理任务及功能,提出了空间交通管理主要手段。第 3 章则从空间环境、低轨巨型星座、频率轨道资源、商业航天正迅猛发展以及外空军事化、武器化五个方面阐述了空间交通管理面临的挑战。第 4 章首先研究了空间交通管理对象的技术特性;通过对空间交通管理的主要任务分析,梳理出其能力需求;研究了空间交通管理的主要能力对应的系统;提出了空间交通管理的主要技术体系与发展趋势。第 5 章重点搜集整理了空间交通管理相关谈判的主要平台及进展,对建立空间交通管理磋商机制进行了展望。第 6 章以美国、欧盟为例,搜集、梳理了其相关空间交通管理的政策和法律法规。第 7 章展望了未来人类命运共同体理念下的空间交通管理的发展。

本书由中国空间技术研究院科技委李明主任策划,五院王冀莲总法律顾问主持编著并负责统稿。第 1 章由北京空间科技信息研究所(简称 512 所)朱鲁青研究员执笔完成,第 2 章由钱学森空间技术实验室(简称五院钱室)侯宇葵研究员执笔完成,第 3 章、第 4 章由五院钱室黄宇民研究员执笔完成,第 5 章由 512 所许菁菁高级工程师执笔完成,第 6 章由 512 所程艺高级工程师执笔完成,第 7 章由五院钱室任迪高级工程师执笔完成。此外,航天科技集团有限公司研发部郭世亮副部长对本书提出了很多宝贵的意见和修改建议;孙楚欣高级工程师、汪夏高级工程师、李帅高级工程师为本书的完成也起到了重要的作用;李希媛高级工程师帮助校阅了部分初稿。在此,一并表示衷心的感谢!

再次感谢所有曾经、正在或将要鼓励、帮助、关心和支持我们研究空间交通管理的单位和个人。

　　我们深知作为国内首部关于空间交通管理的专著,本书的内容只是一个"初浅"的研究资料汇总以及基本的概念、研究成果介绍。尽管我们费时近两年,数易其稿,但由于研究广度、深度和水平所限,本书的成果只是抛砖引玉,书中难免存在着疏漏和不足之处,敬请广大的读者朋友批评指正。

作　者

2023 年 3 月

目　录

丛书序

本书序

前言

第 1 章　空间交通管理的概念
001

1.1　空间交通管理概念的演变进程 ……………………………… 001

1.2　各国空间交通管理概念的内涵与外延 ……………………… 005

1.3　空间交通管理概念的比较及可能的核心框架 ……………… 012

参考文献 …………………………………………………………… 015

第 2 章　空间交通管理要素
016

2.1　空间活动 ……………………………………………………… 016

2.2　空间交通管理对象 …………………………………………… 018

2.3　空间交通管理主要影响因素 ………………………………… 024

2.4　空间交通管理责任主体 ……………………………………… 027

2.5　空间交通管理任务及功能 …………………………………… 030

2.6　空间交通管理主要手段 ……………………………………… 033

2.7　小结 …………………………………………………………… 044

参考文献 …………………………………………………………… 045

第 3 章　空间交通管理面临的挑战
047

3.1　空间环境　·· 047

3.2　低轨巨型星座　····································· 059

3.3　频率轨道资源　····································· 074

3.4　商业航天正迅猛发展　···························· 082

3.5　外空军事化、武器化　···························· 091

3.6　小结　·· 103

参考文献　·· 106

第 4 章　空间交通管理技术体系
108

4.1　空间交通管理对象的技术特性　················· 108

4.2　空间交通管理的主要能力需求　················· 137

4.3　空间交通管理的主要能力对应的系统　·········· 139

4.4　空间交通管理的主要技术体系与发展趋势　······ 142

4.5　小结　·· 143

参考文献　·· 144

第 5 章　空间交通管理相关的现有国际谈判进程
146

5.1　概述　·· 146

5.2　空间交通管理相关谈判的主要平台及进展　······ 147

5.3　对于建立空间交通管理磋商机制的展望　········ 166

5.4　小结　·· 168

参考文献　·· 168

第 6 章　国家和区域层面空间交通管理的政策和法律
171

6.1　美国空间交通管理政策和法律　················· 171

6.2　欧洲空间交通管理政策和制度　················· 183

6.3　其他国家空间交通管理政策和制度　············· 189

6.4　小结 ……………………………………………………… 191

参考文献 …………………………………………………………… 192

第7章　人类命运共同体理念下的空间交通管理体系构建
194

7.1　人类命运共同体理念与空间交通管理 ……………………… 194

7.2　空间交通管理体系框架 …………………………………… 196

7.3　空间交通管理体系实施路径 ……………………………… 201

参考文献 …………………………………………………………… 206

附录　缩略词
207

第1章
空间交通管理的概念

1.1 空间交通管理概念的演变进程

1.1.1 概念的产生(基于空间活动实践的概念孕育阶段,20 世纪 60~90 年代)

1957 年 10 月 4 日,苏联成功发射了人类第一颗人造地球卫星,揭开了人类太空时代的序幕。随后美国也发射了自己的第一颗人造地球卫星。进入 20 世纪 60 年代,美、苏两个空间大国开始登月、空间探索领域的空间竞赛,其他国家也纷纷表达了开展空间活动的愿望。随着航天器活动的不断开展,1965 年,美国 R. Cargill Hall[1]有预见性地提出对发射进入空间的航天器进行交通控制(traffic control of space vehicle),并指出如果不对日益拥挤的空间交通进行控制,将可能导致航天器发生碰撞,并引发相应的国际争端。

20 世纪 60 年代,全球发射的航天器数量相对较少,低地球轨道区域也没有出现拥挤状况,航天器发生碰撞和有害干扰的概率极低。1967 年,联合国和平利用外层空间委员会(简称联合国外空委,COPUOS)《外空条约》确立了各国自由探索外层空间的原则。这个时期也正是美国和苏联开展太空竞赛的关键时期,在空间运行的航天器,除个别航天器外,基本都是美、苏两国的。在这种政治环境下,虽有学者提出"航天器交通控制"的想法,但双方都不会考虑对空间活动加以限制,自然也不会出现空间交通管理的概念。

20 世纪 70~80 年代,特别是进入 80 年代后,出于对涉及国家安全的空间系统保护的考虑,美国提出了围绕卫星的"隔离区"概念[2]。但在当时的技术水平下,在低地球轨道高速运转的航天器基本不具备轨道控制能力,因此"隔离区"的概念无法实现。

20 世纪 70 年代后期,出现了将退役航天器机动到处置轨道的呼声。1980 年 5 月,美国国防部的一颗卫星为避免和另一颗美国国防部退役卫星发生碰撞,实施了首次碰撞规避机动。随后,国际通信卫星组织首次对退役卫星实施寿命后处置,将其机动到地球同步轨道(GEO)的处置轨道。

1978年苏联核动力卫星"宇宙-954"和1983年"宇宙-1402"卫星的再入使国际社会重新审视核动力航天器的使用,但其目的是保护人类和环境不受核辐射的危害,而不是建立空间交通管理制度。对于这一问题的思考,最终产生了"核安全轨道"的概念,但后续并没有开展核动力源航天器安全轨道及其处置轨道的实践[2]。

1985年和1986年,美国开展的在轨卫星试验由于出现卫星高速相撞而被迫终止,这促使美国提出了"卫星试验场"的概念。"卫星试验场"概念的提出是想为卫星在轨试验指定一个特定的轨道区域,从而确保卫星试验不对邻近航天器产生干扰和危害。这个方案由于轨道力学方面的限制和低地球轨道航天器分布的分散性并未形成可行的方案。

在GEO轨道上,由于航天器只能在相对小的范围内运行,对航天器进行管理是可行的。国际电信联盟(ITU)为防止频率干扰,颁布了《无线电规则》,对GEO轨道进行轨位和频谱管理,该规则从客观上在空间系统的运行控制管理取得了一些进展。但即使在这一范围,国际电信联盟的重点也只在于防止射频干扰,而不是防止物理碰撞。事实上,20世纪70、80年代,"卫星位置管理"是比较流行的空间交通管理的表述[3]。

1988年7月,美国空间科学和应用分委会主席在美国国会关于空间碎片的听证会上提出了一个最为极端的碎片"零增长"方案——为抑制地球轨道碎片的增长,只有在旧的碎片再入地球大气层后,才允许产生新的碎片。但如何实现这一提议,后续不了了之。

这些研究和空间飞行试验都可以视为人类试图对航天器及其行为进行管控的尝试,可以视为人类在不同阶段对空间交通管理的认知。

空间交通管理作为一个正式的术语第一次正式出现是在20世纪80年代,捷克航天专家P. Lubos教授在《外层空间的交通规则》(*Traffic Rules for Outer Space*)一文中首次给出了空间交通管理的概念。开展空间交通管理意味着要确切地知道航天器在某一时刻处于什么位置,是在大气层中,还是在外层空间;要了解航天器从哪里来,要到哪里去;要了解航天器正在做什么及其工作状态。空间交通管理同时也包括通过防止碰撞和有害的干扰确保空间活动的安全开展,并保护外空和地球的环境[4]。此后各国空间法领域的学者和空间领域的技术专家开始了对空间交通管理的广泛研究,但直到世纪之交才出现了更详细的讨论[5]。

1.1.2　概念的发展

空间交通管理或空间交通控制的概念一直很模糊,对此在某种程度上要归咎于技术和政治方面的原因。虽然有些学者对空间交通管理与陆地、航空、海洋的交通管理作了许多对比,但是空间交通管理与陆地、海洋和航空交通管理有着本质的区别。汽车、飞机、舰船在行驶路径和速度控制方面都具有极大的灵活性,能够设立航道控制或道路规则。而在外层空间运行的航天器就没有这么简单了。在外层空间运行的航天器机动能力有限,有些航天器,如哈勃望远镜和大部分微纳卫星基本没有轨道机动能力,同时技术、政治、法律等方面的因素也使空间交通管理面临更大的挑战。因此,空间交通管理问题与上述领域的交通管理问题相比具有非常不同的特点。

1.1.2.1　基于学术研究的概念构建阶段(20 世纪 90 年代~2006 年)

这一阶段具有代表性的研究是国际宇航学会(IAA)牵头开展的空间交通管理系列研究。2001 年 IAA 启动了一项关于空间交通管理的课题研究,在 2003 年提交到在德国举行的国际宇航大会上进行讨论。IAA 经过多年的研究,在 2006 年发表了《空间交通管理研究报告》,在报告的术语部分将空间交通管理界定为“空间交通管理包括在进入外空、在轨运行以及再入过程中保证航天器安全和不受干扰的各种技术和制度规则。”[6]这种表述并没有界定什么是空间交通管理,只是指出了空间交通管理涉及技术和规范两个层面,并涵盖了航天器发射、在轨运行和航天器再入三个阶段,以及空间交通管理的目标,因此没有提供一般意义上可操作的概念。IAA 关于空间交通管理的研究使该问题在国际范围内引起了广泛的关注。

1.1.2.2　空间交通管理体概念广泛研究阶段(2006~2014 年)

这一阶段有关国际组织和学术机构开始广泛参与空间交通管理问题的研究。2007 年,具有多学科背景的国际空间大学(ISU)国际学生小组研究、提出了空间交通管理(STM)系统,根据不同轨道的特点,细分了不同轨道的“交通规则”,并考虑了STM 方法的各种选择。2008 年,由 IAA 和世界安全基金会(SWF)共同组织在欧洲空间政策研究所(ESPI)举办了“公平和负责任地使用空间:国际视角”研讨会,重点讨论了空间交通管理的相关问题。《空间法科隆评论》随后也开辟了关于 STM 的专栏。

随着全球空间活动的广泛开展,航天器数量和空间碎片数量每年大幅增长。随着空间碎片数量的不断增长,出现多次卫星与空间碎片碰撞事件,特别是 2009 年 2 月,俄罗斯退役的“宇宙-2251”卫星与美国正在运行的“铱星-33”碰撞产生了约 1 500 块新的可跟踪空间碎片,加剧了空间重要区域的拥挤问题,也进一步凸显了实施空间交通管理的迫切性,引发了国际社会对加强空间交通管理的关注和讨论。2009 年 4 月,美国国会召开了关于空间交通管理的听证会,评估了随着空间事故和空间碎片数量的持续增长,民用和商业空间用户所面临的挑战。2012 年加拿大麦吉尔大学组织了空间交通管理论坛,成功引导了空间交通管理与航空交通管理的交叉研究。

随着商业航天的飞速发展,空间活动更加多样化,大量小型卫星星座发射,空间环境愈发拥挤并进一步恶化已成为必然趋势;同时由于全球军、民、商空间能力的快速发展,各国对空间资产的依赖性越来越严重,空间系统的脆弱性问题也日益突出。2014 年国际宇航大会(IAC)期间,IAA 批准“空间交通管理——走向实施路线图"课题研究立项,从对空间交通管理的概念讨论阶段进入关注空间交通管理具体实施的问题。

1.1.2.3 空间交通管理体系构建和政策实施阶段(2015年至今)

历经多年的学术研究和国家层面的讨论和准备,在IAA的推动下,联合国外空委开始推进"空间交通管理"概念和体系的共识,从而指导、规范各国的空间活动。

2015年在联合国外空委法律小组会议上,国际空间法学会和欧洲空间法中心(ECSL)联合举办了空间交通管理研讨会,同年联合国外空委法律小组委员会在其决议中对STM进行了强调,并将其纳入2016年和2017年会议议程,从而将此前的理论概念探讨提升到政府间交流和讨论的层面。

与此同时,欧洲也开始在欧洲层面关注空间交通管理的构建。欧洲航天局(ESA)委托德国航天局牵头联合欧洲多个国家开展了空间交通管理的研究,并于2017年4月发布了《执行欧洲空间交通管理系统》的三份报告,包括白皮书、安全和可靠性战略、技术需求。

美国出于巩固其在太空的领导地位、掌握规则制定主导权的考虑,积极推进国内空间交通管理工作的开展。2016年,美国国家航空航天局(NASA)发布了《空间交通管理研究最终报告》。2018年6月18日,时任美国总统特朗普在白宫举办的国家航天委员会第三次会议上正式签署颁布了《国家空间交通管理政策》,成为全球首个综合性空间交通管理政策。该政策的目标是实现美国在空间交通管理领域的领导地位,构建安全、稳定和可持续的空间环境。为实现该目标,美国一方面积极推进空间态势感知、空间交通管理等领域的科研发展与技术进步,另一方面将向个人和实体运营商提供"空间安全数据和服务"及其他空间交通管理的工作从国防部移交至商务部,商务部将制定一个开放式的空间态势感知数据共享架构,改善空间态势感知数据的共享性与互操作性。同时,商务部也会在全球空间态势感知数据的基础上制定航天器发射前风险评估和在轨碰撞评估的最低安全标准和最佳实践,尽量防止在轨碰撞的发生。

2017年IAA在国际宇航大会(IAC)上全面介绍了空间交通管理研究的进展情况,并于2018年2月发布了《空间交通管理——走向实施路线图》。

人类空间活动的重要性及空间活动的可持续性要求凸显了实施有序、安全进出外空和对空间活动进行管理的必要性,在这个背景下产生了空间交通管理的概念,从而可以有效处理新出现的挑战,维持现有和未来空间活动的安全性和可持续性。空间交通管理的概念将伴随着人类空间活动的发展而不断发展、演化。

事实上,空间交通管理只是一个目标,即在任何时间,使航天器潜在的电磁干扰和物理碰撞的可能性降到最低。前者主要通过国际电信联盟来具体操作,后者则比较复杂,要具体研究如何避免空间物体碰撞,这也是20多年来解决空间碎片问题的关键,同时也是空间交通管理面临的焦点问题。航天器及碎片数量的不断增加、商业航天的飞速发展、空间活动主体的多样化,这些因素共同决定了空间交通管理概念的发展方向。

1.2　各国空间交通管理概念的内涵与外延

1.2.1　学术界的概念

1.2.1.1　国际宇航学会(IAA)

国际宇航学会(IAA)经过多年研究于 2006 年向联合国和平利用外层空间委员会(COPUOS)提交了一份关于未来空间交通管理的基本报告。在该报告中,IAA 给出了空间交通管理的初步概念:制定一整套技术和规章制度,以确保航天器安全无干扰地进入空间、在空间运行以及返回地球。空间交通安全管理的目的是采取适当的措施,保证空间活动的顺利开展。因此空间交通管理涉及技术和规范两个层面,并涵盖了航天器发射、在轨运行和航天器再入三个阶段[6]。

空间交通管理在功能上必须能准确地对地球轨道的物体进行搜索、探测、跟踪、辨识和分类;该系统还应对航天器未来的位置进行预测,分析可能发生的空间物体碰撞,对受影响的各方发出碰撞预警,并在需要的时候,指导各方实施航天器规避机动;将可能的电磁波、光学干扰和物理干扰降到最低,尽可能避免因空间气象造成的异常影响,实现空间资源的有效利用。一旦航天器遭到破坏,空间交通管理系统的执行机构应尽最大可能协助和确认相关航天器及其所属国,并根据相关国际法确定相应的责任、明确赔偿事宜。

2006 年,在国际上实施 STM 的建议尚不具备实施条件。经过 10 年的发展,2017 年 IAA 空间交通管理研究课题组发表了《空间交通管理——走向实施路线图》[7]报告,该报告沿用了 2006 年研究报告中对空间交通管理概念的定义,在分析了当前空间环境的基础上,提出了实施空间交通管理的两种可能方式。第一种途径是"渐进式自下而上的方法",该方法将以下八个领域确定为 STM 初期体系的主要内容:空间态势感知(SSA)、私人空间飞行、空间碎片减缓、制定空间安全标准、单一交通规则、空间资源管理法、国家空间立法、组织层面,自下而上法的路线图,先从这 8 个领域分别制定实施方案,再制定总体方案。这种方法采用"搭积木"的方式,优先处理各领域紧迫的问题,制定相关规则文件,再通过协调和综合的方式,将其相互关联在一起,构成一套完整的空间交通管理制度。第二种途径是"全面的自上而下的方法",首先构建一个综合的、全面的空间交通管理制度,再从上而下开始实施。一个全面的自上而下的 STM 体系有法律和机制两大主要支柱,共包括三个层面的法律和监管体系:第 1 层《外空条约》将构成最高级别的监管,并纳入有关空间活动的现行国际条约法;第 2 层外层空间交通规则(OSTR),OSTR 可与 ITU 相关规则类似,即技术性质和条约状态,同时补充和完善《外空条约》,对《外空条约》缔约国具有约束力,并在全球层面对空间交通进行管理;第3层外层空间交通技术标准(OSTTS),在这一层将致力于制定和持续审查"外层空间交通规则"所有要素的技术标准。该报告认为,空间交通管理制度从各国政府政治接受,到其具体制定并最终实施,可能需要大约15年的时间。

国际宇航学会给出的空间交通管理概念并没有给出具体的定义,只是描述了空间交通管理的特点和目标,并不具有实际的操作性。但可以明确的是,空间交通管理本身并不是目的,而是一种手段,其本质是维护外层空间的安全与稳定。该定义在美国国家航空航天局(NASA)后续的授权法案中被多次引用[8]。

1.2.1.2 美国航空航天学会(AIAA)

AIAA于2017年发布了关于空间交通管理的研究报告——《空间交通管理:平衡安全、创新和增长》,报告指出,虽然由美国国家航空航天局、国防部(DoD)和情报界创建的空间监视系统已足以满足目前的需求,但从我们第一次进入空间,从阿波罗登月计划到冷战,到航天飞机和国际空间站时代,现在我们已经进入了空间探索的第三阶段:商业航天。在商业航天阶段将需要更具创新性、可扩展的、开放的、和经济有效的系统,以支持更加频繁和密集的空间活动[9]。

AIAA认为随着空间交通的日益繁忙,需要建立一种独立于美国国防部的空间态势感知能力,可以开展及时的联系和协调是保证近地球环境安全管理的基础。AIAA提出在建立空间交通管理系统时应平衡空间安全、技术创新和空间活动的增长,建议在碰撞规避与数据共享、碎片减缓、制定行为准则与行为规范、建立中央监督组织和制定机构间沟通策略5个方面建设可靠的空间交通管理系统。上述5个方面涉及航天器进入空间、在空间运行以及返回地球的整个过程,在规则制度建立方面重点聚焦航天器发射/再入行为准则制定、碰撞规避与安全数据共享、广泛透明的自愿协调等议题,在系统技术发展方面重点聚焦减缓空间碎片、减少空间环境污染、规避空间碰撞。因此,建成后的空间交通管理系统的操作将更透明,风险管理将更及时,系统成员间的合作也将更加积极。

1.2.1.3 国际空间大学(ISU)

2007年国际空间大学暑期课程中,由各国空间领域的技术人员组成的跨国研究团队对空间交通给管理进行了研究,并发布了最终研究报告。报告沿用了IAA对空间交通管理的定义,并综合考虑当时的政治和法律现状,针对不同轨道给出了相应的技术规则和环境规则建议,作为空间交通管理长期解决方案的基础。报告建议成立国际空间交通管理机构,并利用现有联合国外空委、机构间空间碎片协调委员会(IADC)等平台对空间交通管理的运行进行管理。国际空间大学提出的具体规则如下[10]。

(1)对于空间物体交会评估,空间交通管理系统应计算碰撞概率、碰撞速度和解体的概率。

（2）如果碰撞概率超过 1/10 000，空间交通管理系统应建议航天器运营商进行碰撞规避机动。

（3）当空间交通管理系统预测航天器在轨碰撞概率超过 1/3 000 时，应强烈要求航天器运营商执行空间交通管理系统提出的轨道机动方案，也可以执行其他安全的机动方案。

（4）当空间交通管理系统预测的碰撞概率低于 1/3 000 时，航天器运营商可以选择是否、何时以及如何执行轨道机动。

（5）所有 GEO 航天器运营商应定期向空间交通管理系统提供航天器位置信息，该信息不得向外散播。

（6）所有航天器运营商应在首次轨道捕获、轨道保持和轨道机动前 48 小时向空间交通管理系统进行通告。

（7）鼓励所有 GEO 航天器运营商通过空间交通管理系统向所有邻近的 GEO 航天器运营商提供航天器位置信息。

（8）空间交通管理系统应向所有可能受到轨道机动影响的航天器运营商提供执行变轨机动的航天器信息。

（9）500 km 以下圆轨道应保留用于载人空间活动，只有符合下述要求的非载人民用或商用航天器可以在此范围内开展空间活动：① 在空间交通管理系统进行登记；② 在轨停留时间不超过 5 年；③ 具有轨道机动能力；④ 无法进行跟踪的微小卫星应携带可以进行定位的设备。

（10）载人轨道航天器和亚轨道航天器在飞行前 48 小时，航天器运营商应向空间交通管理系统提交飞行计划，内容应包括：① 航天器类型；② 乘员人数；③ 发射时间、地点和位置；④ 轨迹（亚轨道）或轨道；⑤ 飞行时间（亚轨道）或在轨时间；⑥ 着陆日期、时间和位置；⑦ 风险评估以及是否符合空间交通管理系统的相关规定；⑧ 所有载人航天器执行任何机动应提前 48 小时进行协调。

报告认为联合国外空委 2007 年 6 月批准并颁布的《联合国外空委空间碎片减缓指南》在空间交通管理系统中应强制执行，该指南规定了在航天器和运载火箭上面级的飞行任务规划、设计制造和操作（发射、运行和处置）阶段应该遵循的七条准则。

1.2.2　美国空间交通管理概念的提出

1.2.2.1　NASA 的定义

2016 年 NASA 发布了《轨道交通管理最终研究报告》，报告认为"轨道交通管理"或"空间交通管理"中的"管理"一词在很大程度上意味着集中管理和控制。"空间交通管理"和"空中交通管理"的表述类似，是解决轨道安全问题的一个体系架构，因此为避免歧义，NASA 只对空间交通安全（space traffic safety）给出了定义：避免轨道空间的各种因素导致的意外对航天员、空间飞行参与人员造成伤害和对公共福祉的破坏,以及导致航天器的损毁和对航天器造成干扰。空间交通安全治理是建立政策、必要的监管机构、机构间关系;制定规章制度;并实施技术、组织和运行解决方案,以加强空间交通安全[11]。

NASA 的空间交通安全治理构架包括三个类别:① 政策领域,制定和实施空间交通安全相关的数据共享政策、最佳实践、指南、标准和规则;② 技术领域,向私人和外国空间运营商提供空间交通安全产品和服务;③运行领域,选择、雇用和/或培训与空间交通安全相关的空间态势感知运行商,对私人航天器运行商进行认证,并制定运行流程和程序。

由于该研究侧重于研究美国国家层面的架构而非国际体制,因此优先考虑了安全因素而非管理。通过上述定义,NASA 支持适用于美国政府和非政府实体的国家空间交通管理框架。NASA 认为空间交通安全构架应该平衡安全需求、国家安全和经济利益,空间交通安全应由一个民用部门主导执行。在这种情况下,NASA 建议军事信息仍由美国国防部和其他机构管理,公共或私人机构的信息则根据民用部门的规则提供。

1.2.2.2　美国政府 3 号令

2018 年 6 月 18 日,时任美国总统特朗普在美国国家航天委员会第三次会议期间正式签署发布了"空间政策 3 号令"(SPD‐3)——《国家空间交通管理政策》,成为美国乃至全球第一部综合性空间交通管理政策。

美国社会运行已越来越依赖于空间技术和天基通信、导航、气象等服务。鉴于空间活动的重要性,美国把持续、不受阻地进入空间并在空间中的运行作为国家核心利益,认为这对确保美国国家安全、促进经济繁荣和技术进步至关重要。而目前空间变得越来越拥挤和富有竞争性,这一趋势对美国空间活动的安全性、稳定性和可持续性提出了挑战。政策指出,为确保美国在空间领域的领导地位,美国必须制定新的空间交通管理方法,解决和应对当前和未来空间活动的风险。新方法必须为促进空间态势感知和空间交通管理的发展而明确在科技创新方面的优先事项,将其纳入国家安全考虑因素,鼓励美国商业航天发展,建立升级的空间交通管理架构,并在全球范围推广空间安全标准和实践。

《国家空间交通管理政策》[12] 中对空间交通管理的定义:为提高在空间环境中活动的安全性、稳定性和可持续性,对空间活动进行的规划、协调和在轨同步工作。该项政策最重要的内容之一就是将潜在的空间物体碰撞预警在内的"空间安全数据与服务"的职能由国防部移交给了商务部。商务部将制定计划,根据商业公司和各国监测的空间态势感知数据建立"公开数据库"来增强国防部的航天器分类信息。商务部将和国防部、交通部一起制定发射前风险评估和在轨碰撞评估的标准和最佳实践。美国国务院将牵头制定空间交通管理中关于"国际透明度"的条款,包括不具有约束性的指南。

《国家空间交通管理政策》旨在促进空间态势感知和空间交通管理技术发展；减轻轨道碎片对空间活动的影响；支持和提升美国在科技、空间态势感知和空间交通管理领域的领导力；向公众提供由美国政府提供的空间态势感知基础数据和空间交通管理基本服务；提高空间态势感知数据互操作性，并实现更大程度的空间态势感知数据共享；制定空间交通管理标准和最佳实践；防止非故意的射频（RF）干扰；改进美国国内空间物体登记制度；制定未来美国轨道操作的政策和规定。

在改进本国的空间物体登记制度方面，该政策提出在符合国家安全限制的前提下，美国应优化跨机构的空间物体登记流程，确保及时准确地向联合国提交登记信息，履行《外空条约》规定的国际义务。

同时，美国国务卿与国防部长、商务部长、交通部长、国家航空航天局局长和国家情报局主任协调，并咨询联邦通信委员会主席，在政府层面牵头开展与空间态势感知和空间交通管理相关的空间透明和空间物体登记的国际合作。

1.2.3 欧洲空间交通管理概念的提出

欧洲航天局（ESA）委托德国航天局牵头开展了空间交通管理的研究，并于2017 年 4 月发布了《执行欧洲空间交通管理系统》的三份报告，包括① 白皮书；② 安全和可靠性战略；③ 技术需求。在报告中提出了欧洲关于空间交通管理的概念：执行所有必要的管理和监控操作（包括定期和应急情况）确保载人和无人亚轨道航天器和航天飞机在欧洲现有空中交通管理系统和基础设施条件下，在近地空间和空气空间进行安全的弹道飞行。

在这个定义中，"空间交通"一词涉及所有以亚轨道或轨道轨迹进入或离开近地空间的载人和无人航天器。报告中"亚轨道"指的是起点和终点相同、近乎垂直的轨道，或者起点和终点不同，可以飞越低地球轨道（LEO）几分钟的轨迹。ESA 将"空间交通"和"太空旅行"看作是同义词[13]。

ESA 的空间交通管理概念更侧重于对利用可重复使用的运载器进行的亚轨道和低地球轨道的载人航天飞行和货运飞行的管理。欧洲认为在未来 20 年，全球载人商业航天飞行将有望达到几千万欧元的市场份额，因此空间交通的一个重要商业驱动因素就是"太空旅行"。"太空旅行"未来将和现在的航空运输类似，只是飞行的时间更短。因此未来的空间交通管理应将对航天器的管理纳入当前的空中交通管理（ATM）中，实现一体化的管理[14]。但空间交通管理和空中交通管理不同的是，当飞行器或航天器穿越空气空间时，空气空间属于各个国家的领空，而载人或货运航天器飞越外层空间时，根据《外空条约》是可以自由飞行的。

为找到两者的结合点，该报告将两者的关键领域和共同特点进行了梳理，如图1-1 所示。两者的共同的部分包括安全性和可靠性、ATM 和 STM 之间的数据交换、空中交通和空间交通的监控、空间碎片、空间天气、飞行计划及空中交通控制运行商

（ATCO）和空间交通控制运行商（STCO）之间的交接等。为建立一个涵盖空中交通管理的空间交通管理系统,该系统必须与空中交通管理的概念、标准和实践相匹配。

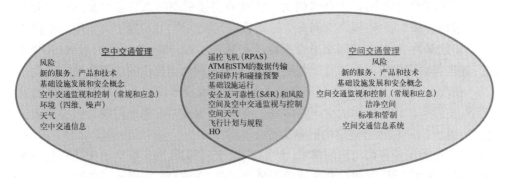

图1-1　空间交通管理和空中交通管理关键领域和共同特点的示意图

报告认为如果欧洲希望在未来的商业空间交通管理中发挥作用,并在未来商业"太空旅行"市场中占有一席之地,欧洲应开发自己的空间交通管理系统并和国际合作伙伴一起密切合作,以满足全球的需要。空间交通管理相关的前十项优先项议题如表1-1所示。

报告对空间交通管理的5个方面——空间侦察和跟踪、空间碎片、清洁空间和环境、空间气象,以及空间交通控制进行了分析,对空间碎片撞击、航天器碰撞、大气再入等风险进行了量化分析,研究了如何将欧洲的空间交通管理和现有的空中交通系统集成,实现一体化的空中和空间交通系统。

图1-2是全球、欧洲和地区STM主要参与者在ATM和STM方面可能的互操作。虚线框表示尚未建立和需要建立的机构。在这张图中,ESA作为欧洲航空安全局（EASA）主要的咨询部门,参与所有空间相关活动。

表1-1　空间交通管理相关的前十项优先项议题列表

优先项	项目	管理机构
1	执行有约束性的规则、程序和法律确保在欧洲执行安全的空间交通管理操作	EU/EC
2	联合国协调在空间交通管理执行层面取得国际上的一致（即安全需求、航天器在空气空间和空间交通管理操作的标准）	UN
3	确定欧洲空间交通管理的安全需求,包括人的因素、飞行、乘员、地面安全性（国际接口）	EASE/欧州航行安全局
4	设计和构建欧洲空间交通管理安全和运行方案,和全球系统无缝连接	ESA
5	设计和建造欧洲监测和跟踪中心（包括传感器网络、运行、产品和服务）	ESA
6	设计和建造空间气象监测中心（包括传感器网络、运行、产品和服务）	ESA
7	设计和完成飞行计划和调度设施	ESA

续 表

优先项	项 目	管理机构
8	设计和执行航天飞机和 SSVs 空气空间运行方案	EASA/FAA/其他
9	设计和开发所需的技术和基础设施(包括太空港、航天飞机和 RPAS 减缓等)	ESA
10	设计和执行清洁空间方案	EU/EASA/ESA

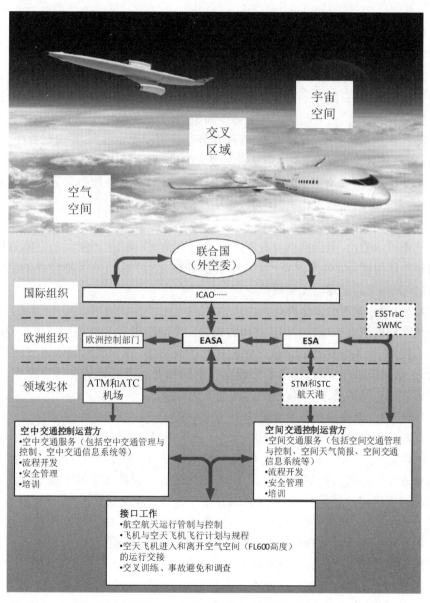

图 1 - 2 全球、欧洲和地区 STM 主要参与者在 ATM 和 STM 方面可能的互操作

1.3   空间交通管理概念的比较及可能的核心框架

虽然目前国际上对空间交通管理的概念和核心构架还没有一致的定义,从空间交通管理的概念及其发展来看,空间交通管理的核心目标是确保空间活动的安全性和外空的长期可持续发展,但在实施推进上采取了不同的模式。

1.3.1   各方概念解读

1.3.1.1   美国的概念解读

2016 年美国《轨道交通管理最终研究报告》并没有论述空间交通管理或轨道交通管理的概念,只阐述了空间交通安全。该报告明言"空间交通管理"这个措辞的使用是有问题的,因为暗示了集中命令和控制,类似于航空交通管理。报告建议由国防部管理军事信息,政府搜集、管理和分享民用和商业信息,并识别责任。

而"空间政策 3 号令"中的定义有了很大的进步,承认空间交通管理的必要性,也直接使用了"空间交通管理"一词。但是却将空间交通管理仅仅限制在宽泛的规划、协调和在轨同步工作上,仅为较低层次的、广义上的管理行为,且其目的是确立国内而非国际制度。

从中可以看出,美国强调自身资产的绝对安全,强调"他国对美的空间透明",美国拒绝任何国际(对美国资产)共同管理的概念;其目标是保持自身的空间优势,确保美国空间技术的龙头地位。

1.3.1.2   欧洲的概念解读

从欧洲的概念中可以看出:欧洲的概念比美国的更进一步,定义为"必要的措施",有协调、决策并执行的意味。强调基于国际协作,确保欧洲的话语权;强调共同管理、监督及控制运行;突出了穿越空气空间和亚轨道区域的飞行管理要求;重点突出欧洲自身的要求,确保欧洲的外空市场份额。

1.3.1.3   联合国的概念解读

国际宇航学会(IAA)于 2001 年启动了关于空间交通管理的课题研究,在 2006 年《空间交通管理研究报告》中所使用的术语部分,将空间交通管理界定为"空间交通管理是包括进入外空、在轨运行以及再入过程中保障安全和不受干扰的各种技术和制度规定的总称"。该表述并未界定什么是空间交通管理,而是指出了空间交通管理的目标,因此并没有提供一般意义上可以操作的概念。新型航空航天器的发射是否应作为被管理的对象?是否应为一些执行导航、通信和观察等任务的特定航天器在国家之间分配轨道资源?再入问题是否应纳入管理的范围?对这些问题国际社会尚没有答案。在此份研究报告中,对空间交通管理概念是否有新的发展,我们仍需认真研究。

1.3.2　各方概念比较

从立法形式来看,美国主要通过国内法长臂管辖来达成其国际实现;而欧洲和联合国主要通过国际法的形式来实现。

从立法目的来看,美国主要是为了保持其技术领先地位,形成对对手的技术代差;而欧洲主要是为了保持其在商业航天领域的市场份额;联合国的主要目的是保持空间和平及空间领域的可持续性发展。

从采取的举措来看,美国是"对空间活动进行的规划、协调和在轨同步工作",可以是双边或多边,也可以是单边的,且工作这个词非常基本和中性,工作是否有结果本身也不重要;而欧洲是"实施所有必要管理、监督和控制运行措施",措施这个词本身就有一定的强制性和双边或多边协商后的共同遵守的意味;联合国是"制订的一系列技术和法律规范",显然是在多边协商一致后制订的、须强制执行和遵守的。

从管理的对象来看,各方均为"所有空间物体及频谱",非常一致。

从管理的方式来看,美国强调必须由美国主导;欧洲和联合国则强调必须通过国际合作的方式实施。

表 1－2 是从立法形式、发展目的、行动举措、管理对象、管理方式五方面对各方概念进行比较。

表 1－2　各方概念的比较

	立法形式	发 展 目 的	行 动 举 措	管 理 对 象	管理方式
美国	国内法	保持技术领先	而……进行的在轨同步工作	所有空间物体及频谱	美国主导
欧洲	国际法	保障空间领域市场份额	实施所有必要……措施	所有空间物体及频谱	国际合作
联合国	国际法	空间和平及可持续	制订的一系列技术和法律规范	所有空间物体及频谱	国际合作

1.3.3　空间交通管理核心要素

对于空间交通管理应包含的核心要素,各国机构都有较为一致的看法,认为实施有效的空间交通管理应包括如下几个核心要素:法律政策框架、技术规则框架、系统支撑框架和组织机构框架。

1. 法律政策框架

法律政策框架主要是实施有效的空间交通管理所需的国际法律条约体系,对空间交通管理涉及的基本概念进行界定;对空间交通管理有关参与主体的责任和义务进行明确;对保证空间活动安全与秩序的信息予以明确。与此同时,各国还需根据国际法要求进行相应的国内立法予以进一步的落实。

2. 技术规则框架

技术规则框架是空间交通管理的核心,应该覆盖空间活动的全过程,包括航天器设计、制造、发射、在轨运行和再入阶段的技术规则。同时还应包括信息和通报规则、损害赔偿规则和争端解决规则等。

3. 系统支撑框架

系统支撑框架是空间交通管理实施的基础设施,以空间态势感知系统为基础,包括空间环境信息、轨道运行信息、空间碎片信息、碰撞预警信息、再入信息及相应的调度解决方案。空间交通管理数据库和信息网应实现各个商业空间运行中心、政府空间运行中心以及全球监测站点之间的数据链接。

4. 组织机构框架

空间交通管理需要建立统一监督和管理机构,一方面对空间交通管理系统相关方的日常工作进行指导与监督,确保各项规则的顺利实施;另一方面对各方所提出的需求进行有效平衡,保证未来全球参与的空间交通管理系统的良性发展。

1.3.4　主要结论与思考

从上面的梳理、分析和解读中,我们可以得出以下基本结论。

(1)目前,各方概念不统一,概念仍处在发展阶段。

目前,空间领域各方处在激烈的博弈中,面临发展瓶颈。这就给了我们提出自己的概念、展示中国立场的机会,我们要把握这一时机,在新一轮空间利益博弈到来之际维护我国的空间利益。

(2)各国(及联盟)的空间交通管理概念是其空间战略的具体体现。

发展空间交通管理系统是我国推广全球空间公域治理的切入点和抓手,我们需要加快有中国特色的空间交通管理概念研究,体现中国特色的空间战略,为我国的航天事业发展保驾护航。

(3)各国(及联盟)都强调空间交通管理是为了空间安全、可持续发展,但背后都隐藏着各自的利益诉求。

在新一轮空间技术与应用的大发展到来之际,国际上新的一轮空间利益的博弈即将展开,空间交通管理是未来人类突破空间环境的瓶颈制约、实现空间技术长期可持续性发展的保障,如何科学、合理地在空间安全、可持续发展的大旗下体现我国的利益诉求是目前空间交通管理研究中急需解决的问题。

(4)话语权的争夺和太空博弈,始终贯穿在空间交通管理的发展中。

从空间交通管理概念的发展历程来看,各国的议题设置能力和空间技术的实力是其影响的主要因素。我国是空间技术与应用的后发国家,现在的议题设置能力和空间技术的实力与航天强国相比仍有相当的差距,"人类命运共同体和全球治理"理念为实现空间领域的可持续发展提供了创新思路,如何在空间交通管理研究中体现"人类命运共同体和全球治理"的思想,是现在争夺空间交通管理话语权的有力思想武器。

参考文献

[1]　Hall R C. Comments on traffic control of space vehicles[J]. Journal of Air Law and Commerce, 1965, 31(4): 327 - 342.

[2]　Johnson N L. Space traffic management concepts and practices[J]. Acta Astronautica, 2004, 55(3 - 9): 803 - 809.

[3]　Baker J P, Davis R R, Lawrence F P, et al. Satellite position management[R]. Los Angeles: Los Angeles Air Force Station, 1980.

[4]　Lubos P. Traffic rules for outer space[C]. Budapest: Proceedings of the Colloquia on the Law of Outer Space, 1983: 37.

[5]　Heather Brennan. International cooperation: Addressing challenges of the new millennium [R]. Reston: Report of an AIAA, UN/OOSA, CEAS, IAA Workshop, 2001.

[6]　Jorgenson C C, Lála P, Schrogl K U. The IAA cosmic study on space traffic management[J]. Space Policy, 2006, 22(4): 283 - 288.

[7]　IAA Study Group. Space traffic management: Towards a roadmap for implementation IAA Cosmic Study 2017[R]. Vienna: COPUOS, 2017.

[8]　IAA study. Space traffic management: Top priority for safety operations[R]. Adelaide: 68th International Astronautical Congress, 2017.

[9]　AIAA Space Traffic Management Working Group. Space traffic management (STM): Balancing safety, innovation, and growth[R]. Reston: AIAA, 2017.

[10]　International Space University Study Group. Space traffic management final report [R]. Beijing: International Space University Summer Session Program, 2007.

[11]　NASA. The 2016 orbital traffic management study — Final report[R]. Washington D. C.: NASA Headquarters, 2016.

[12]　National Space Traffic Management Policy. Space Policy Directive - 3[Z]. USA, 2018.

[13]　Tüllmann R, Arbinger C, Baskcomb S. On the implementation of a European space traffic management system — Volume I. A white paper; Volume II. The safety and reliability strategy; Volume III. Technical requirements[R]. European Space Agency (ESA) by German Aerospace Center (DLR) and partner Institutes and Companies, 2017.

[14]　Yehia J A, Schrogl K U. European regulation for private human spaceflight in the context of space traffic management[J]. Acta Astronautica, 2010, 66(11 - 12): 1618 - 1624.

第 2 章
空间交通管理要素

　　空间交通管理的目标是确保各类空间活动安全,确保空间物体从发射到寿命后处置全寿命周期不对空间环境产生有害干扰和破坏。空间交通管理关系包含管理主体、客体和环境,主体是谁来管,即责任主体,包括国际规则制定者、协调者,国内政策法规制定者、执行者,空间活动实施者;客体就是管谁,主要是空间活动,而空间活动的核心是空间物体及空间资源;空间环境就是空间活动发生的自然环境,主要是空间天气、近地小行星、微流星体,空间环境是空间交通管理的重要影响因素。有效实施空间交通管理需要通过技术、政策标准等手段构建一套功能体系,来实现空间活动安全、有序。

2.1　空间活动[1-3]

　　空间活动,又称航天活动,泛指与"空间"相关的认识、探索、开发、利用等行为。从不同角度看,空间活动的分类不同。从行为特性上看,空间活动分为进出空间、探索空间、利用空间和控制空间。从学术特性上看,空间活动分为空间科学、空间技术和空间应用。从应用特性上看,空间活动分为军事航天、民用航天和商业航天。从过程特性上看,空间活动可分为进入空间、在轨运行、任务后处理等。空间活动为国民经济、军事运用、科技发展带来了倍增的效果,促进了世界经济发展和社会稳定运行,但也有可能是国家间不信任和紧张局势的潜在来源。

2.1.1　进入空间

　　进入空间是指各类航天器进入外层空间的活动,一般指运载器从点火起飞直至星箭分离的全过程,涵盖航天发射、起飞、上升与入轨,涉及对象包括发射场设施、运载器、有效载荷(航天器)。进入空间是人类空间活动最为基础的环节之一,低成本、安全、快速、高效的空间进入能力是保证人类空间活动取得成功的关键。

2.1.2 在轨运行

在轨运行是指航天器进入预定轨道后完成各项任务的空间活动总称,按任务性质不同,可分为利用空间、探索空间、控制空间等活动。

外层由于其独特的环境和位置而具有巨大的开发利用价值,蕴含着丰富的资源,是人类未来赖以生存和发展的"富矿"。利用空间,是围绕太空高位置、高真空、低重力、丰富矿藏等特殊资源,以各种类型的航天器系统为媒介,开展空间信息服务、能源资源开发等活动,对各个国家、对人类社会产生有利的促进、推动和支撑作用。探索空间,也可称为探测空间,即通过遥感、原位探测等方式,依靠光学、微波、激光、电磁等传感器获得外空环境、行星大气、宇宙物质成分、宇宙发育演化等观测、探测数据,进而增加人类对空间的了解和认知,如月球探测、火星探测、系外行星探测等,也是各国展现技术水平和能力的一个舞台。探索活动为空间科学研究以及空间资源利用奠定了数据、信息和知识基础。控制空间,是指阻止或削弱对手利用空间获得信息优势而遂行的军事对抗行动,主要包括动能攻击、定向能攻击、信息对抗、操控利用等手段。

为完成上述任务,航天器需在轨实施轨道保持、轨道机动、姿态调整、交会对接、在轨操作等动作。轨道保持是指利用航天器上的动力调整卫星的速度,修正卫星的轨道参数,将卫星运行轨道与标称轨道的偏离限制在允许的范围内,航天器在轨期间受各种摄动力的影响,其速度会变化,从而发生轨道高度变化,影响航天器的工作性能,往往需要定期实施轨道保持;轨道机动是指航天器在外层空间有目的地改变原有轨道,包括轨道转移、航天器再入返回等;姿态调整指改变航天器原有的姿态,使之满足特定要求的过程,姿态调整通过姿态控制系统完成;交会对接是指两个航天器(一个称追踪航天器,另一个称目标航天器)在轨道同一位置以相同的速度会合并在结构上连成一个整体的过程,分为合作目标交会对接及非合作目标交会对接两类;在轨操作是指一个航天器对另一个航天器或空间碎片进行捕获、加注、维修、清除等动作。

2.1.3 任务后处理

为减少空间碎片的产生,航天器完成任务使命后需进行任务后处理,主要包括再入返回和离轨操作。再入返回是指从外层空间返回地球,例如返回式卫星完成使命后返回到地球,载货飞船和载人飞船从空间站返回到地面等;离轨是指航天器脱离原有的运行轨道,包括自然离轨和强制离轨两种方式,自然离轨是指航天器在空间环境影响下轨道高度不断衰减的过程,强制离轨是指利用航天器轨控发动机的冲量或其他航天器提供动力改变航天器的运行速度,对于在低轨运行的航天器,一般通过离轨操作使其受控坠毁,高轨航天器一般是移入坟墓轨道。

2.2　空间交通管理对象

空间交通管理的直接管理对象是人造空间物体以及轨道、频率资源。

2.2.1　空间物体

对于空间物体并没有明确的定义，广义的空间物体包括自然形成的天体和人造天体。自然天体可以认为是宇宙中各种星体的总称，包括星团、星系、星云、星际物质、恒星、行星、卫星、彗星、陨星、小行星、流星体等，其中近地小行星、流星体可达地球附近空间，微流星体更是大量存在于地球空间，对地球及人造地球卫星存在相互作用的可能，也是空间交通管理重点关注的对象，随着人类迈向深空，未来彗星、陨星、小行星、流星体都可能纳入空间交通管理范畴。

人造天体也称狭义的空间物体，关于狭义的空间物体也有多种描述，在《关于各国探索和利用包括月球和其他天体在内外层空间活动的原则条约》（即《外空条约》）以及联合国和平利用外层空间委员会网站关于发射登记的栏目中，"空间物体"[4]（space object）包括发射进入外空的物体本身及其零件、运载工具及运载工具的零件。国际科学应用公司（SAIC）为美国国家航空航天局（NASA）撰写的有关报告 *Orbital Traffic Management Study*（以下简称 SAIC 报告）中提出[5]，在空间交通管理领域的"空间物体"应限于轨道垃圾和航天器。我国 2001 年发布的《空间物体登记管理办法》[6]在第二条中指出：本办法所称空间物体是指进入外层空间的人造地球卫星、载人航天器、空间探测器、空间站、运载工具及其部件以及其他人造物体。

综上所述，根据空间交通管理概念内涵，本书中空间物体主要是指人造天体，但也包括能影响空间交通管理的自然天体。人造天体具体包括航天器、运载工具及其部件以及空间碎片，其中航天器又包括人造地球卫星、载人航天器、空间探测器、空间站等。能影响空间交通管理的自然天体具体包括近地小行星、微流星体等。

2.2.1.1　航天器[7,8]

航天器是在地球大气层以外的宇宙空间，按照天体力学的规律在空间运行，执行探索、开发或利用空间和天体等航天任务的各类飞行器，是执行航天任务的主体。

航天器按功能、特点不同可分为不同的种类，主要有人造地球卫星、空间探测器、载人航天器等。其中人造地球卫星是指在空间轨道上环绕地球运行（不少于一圈）的无人航天器，按功能可分为通信卫星、遥感卫星、导航卫星、科学卫星、技术试验卫星等；空间探测器是指对月球和月球以外的天体和空间进行探测的无人航天器，如月球探测器、行星探测器、行星际探测器等；载人航天器是指载有航天员或其他乘员的航天器，如载人飞船、空间实验室、空间站等。

由于多数航天器没有离轨手段,目前在轨退役航天器的解体和失去功能航天器间的碰撞已成为空间碎片数量增长的主要原因,特别是当前大规模部署的巨型星座使得碰撞风险加大,据报道,2018 年 12 月美国太空探索技术公司(SpaceX 公司)一次性部署的 64 颗星链卫星中,就有 19 颗卫星尚未识别身份,无法与地面运营商建立通信联系,这些失联卫星由于无法操控,实质上已经成为空间垃圾,巨型星座的部署给外空可持续发展带来了新的挑战。

2.2.1.2 运载工具及其部件[7,8]

运载工具是指从地球把航天器等有效载荷送入空间运行轨道的设施,如运载火箭、航天飞机、空天飞机以及未来可能发展的天梯等,运载工具一般包括可分离的部件,如运载火箭的助推器等。

目前的主要运载工具是运载火箭,它携带有效载荷,靠火箭发动机喷射工质产生的反作用力向前推进,可在大气层内,也可以在大气层外飞行,按能源的不同可分为化学火箭、核火箭和电火箭。受到火箭发动机比冲和火箭结构水平限制,用单级火箭难以将较大有效载荷加速至第一宇宙速度,运载火箭往往使用多级火箭,工作时先点燃最下面一级,一级火箭工作结束后被抛掉,然后第二级开始工作,依此类推,直到带有载荷的末级将有效载荷送到预定轨道。

2.2.2 空间碎片[9-11]

联合国和平利用外层空间委员会(UNCOPUOS)和国际机构间空间碎片协调委员会(IADC)对空间碎片的定义是: 地球轨道上在轨运行或再入大气层的无功能的人造物体及其残块和组件。

由德国、瑞士、奥地利航天局和部分航天研究机构联合发布的《欧洲空间交通管理系统的实施白皮书》(*On the Implementation of a European Space Traffic Management System I. A White Paper*)中给出的"space debris"定义为: 位于各种地球轨道上的、不再正常工作的人造物体,包括碎片和零部件。基于此,这份白皮书还一进步给出了"可跟踪物体"和"不可跟踪物体"的概念。"可跟踪物体"定义为可以被发现的物体,其轨道是已经得到确定和可以预测的,"可跟踪物体"包括轨道垃圾和正常的卫星。"不可跟踪物体"则无法被发现,空间态势感知系统无法感知它们,这些物体只能用统计模型加以处置,例如 ESA 的 Master2009 模型和 NASA 的 ORDEM 3.0 模型。

中华人民共和国国家军用标准《卫星术语》(GJB 421A-97)将空间碎片(space debris)定义为: 在太空中运行的各种废弃的人造天体,如失效航天器、运载火箭末级、航天器分离废弃物等。

空间碎片也称为空间垃圾,《中国大百科全书》航空航天卷给出了如下定义: 空间垃圾(space junk)是在宇宙空间运行的废弃的人造天体。空间垃圾包括工作寿命终止或因故障不再工作的航天器,用完的运载火箭末级,航天器抛弃的整流罩、保护盖和释放夹具,人造天体爆炸和航天器与陨星在空间碰撞后产生的碎片,以及航天员扔到飞船舱外的垃圾等。在空间垃圾中,因意外或有意爆炸产生的碎片占绝大多数。C. J. Corinne 等在论文 *The IAA Cosmic Study on Space Traffic Management*[12] 中使用了"轨道垃圾"(orbital debris)的构词法,将轨道垃圾定义为:人类放置到轨道上的、不再具有任何功能的物体。这些物体包括废弃的火箭分级和零部件,也包括材料、碎片,以及其他有意或无意丢弃或生成的物体。

根据上述概念,空间碎片是人造物体,是指人类空间活动的产物。从产生方式来看,既包括完成任务的火箭箭体和卫星本体、火箭的喷射物,也包括在执行航天任务过程中、任务完成后的抛弃物,还包括自然天体与人造天体、人造天体之间的碰撞产生的碎块等。

在人类 60 多年的航天史中,总共向宇宙中发射了三万多吨的物质,除进入深空和坠入地球的航天器之外,很大一部分都已经成了空间碎片。根据美国空间监测网(U. S. Space Surveillance Network)数据,到 2017 年,美国在地球轨道已经跟踪到 42 000 个空间物体,空间碎片总的质量达到了 7 500 吨,其中在低轨道区域(轨道高度 200~2 000 km)的质量为 2 700 吨;地球轨道中尺度在 10 cm 以上的空间碎片数量已达 23 000 个;尺度在 1~10 cm 的碎片数量大约为 50 万个;尺度在 1~10 mm 的碎片数量约为 1 亿个,1 mm 以下的碎片数量数以百亿计。图 2-1 是地球轨道空间碎片数量变化示意图。

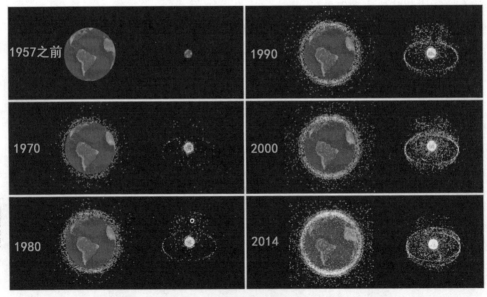

图 2-1　LEO、GEO 轨道空间碎片数量变化示意图

在人类航天活动的早期,航天发射过程中留在轨道上含有未使用完的推进剂的运载火箭上面级爆炸解体是空间碎片的主要的来源。该现象在 20 世纪 70、80年代极其普遍,近十来年随着碎片减缓技术的发展和广泛应用,因该原因导致的新生碎片数量逐渐减少。现如今在轨退役航天器的解体和航天器间的碰撞已成为空间碎片数量增长的主要原因。

空间碎片平均质量密度为 2.7 g/cm³,主要成分为铝/铝合金(占 44%)、复合材料(占 37%)、不锈钢(占 12%)、钛合金和铜等。空间碎片主要几何形状为板状、块状、杆状、薄片状,绝大部分为不规则形状。

空间碎片在空间的高度分布特性如图 2-2 所示。在低轨道区域、中轨道区域(MEO,轨道高度为两千至两万多公里)和高轨道区域(地球同步轨道区域,轨道高度 36 000 km)已编目的空间碎片数量比例分别为:75.2%、8.3%、9.4%。其中,LEO 区域的空间碎片在轨道高度 700~1 100 km 之间有最大的分布密度,如图 2-3所示。

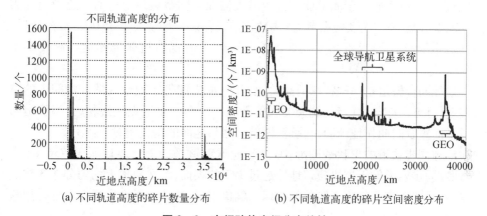

(a) 不同轨道高度的碎片数量分布　　　(b) 不同轨道高度的碎片空间密度分布

图 2-2　空间碎片空间分布特性

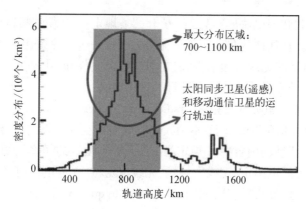

图 2-3　空间碎片在 LEO 轨道区域的分布特性

2.2.3　运行轨道及频率资源[13,14]

2.2.3.1　运行轨道

《中华人民共和国无线电频率划分规定》(以下简称《规定》)中明确规定了轨道的定义,轨道(orbit)是指由于受到自然力(主要是万有引力)的作用,卫星或其他空间物体的质量中心所描绘的相对于某参照系的轨迹。对于地球人造卫星,轨道是指卫星绕地球运行时其质心运动的轨迹,也称运行轨道。轨道是一种空间位置资源,特别是地球静止轨道更是一种稀缺资源。

通常把离地面 90~65 000 km 的空间称为近地空间,它的外边界是地球引力场可忽略的范围,一般把在近地空间运行的航天器的轨道统称为近地空间轨道。

航天器近地轨道有 6 个轨道参数,按参数取值的不同情况,轨道可划分为多种类型。按轨道形状分类,航天器轨道可分为圆轨道和椭圆轨道两类。根据航天器轨道倾角的不同,通常把航天器轨道分为三类,其一称为赤道轨道,轨道面在赤道上,如地球同步轨道航天器;其二称为极地轨道,轨道面穿过地球南北极;其三称为倾斜轨道,轨道面倾斜于赤道面。按照航天器在空间绕地球运行的轨道距地球表面的高度分类,有三种类型的轨道,高轨道航天器运行高度大于 35 000 km 的轨道;中高轨道为航天器运行高度在 5 000~25 000 km;低轨道航天器运行高度小于1 500 km。

地球同步轨道是一种特殊的高轨道,其轨道周期等于地球在惯性空间中的自转周期,且方向亦与之一致,航天器在每天同一时间的星下点轨迹相同,当轨道与赤道平面重合时叫作地球静止轨道,即航天器与地面的位置相对保持不变。

地球同步轨道的形状是圆形,并处于地球赤道平面上空离地面 35 786 km 左右,地球同步轨道航天器可覆盖地球超过 1/3 的表面,若在轨道上均匀分布 3 颗航天器,则可覆盖南北极附近除外的全球。气象卫星、通信卫星和广播卫星常采用这种轨道。

2.2.3.2　频率资源

《中华人民共和国民法典》第二百五十二条规定:"无线电频谱资源属于国家所有"。这一条款从法律的角度明确了无线电频谱作为国家资源的属性。

用于空间活动的无线电频率资源,在 ITU 有关文件和《中华人民共和国无线电频率划分规定》(下简称《规定》)中进行了具体定义:

• (1.1.4) 无线电波或赫兹波: radio waves or hertzian waves

频率规定在 3 000 GHz 以下,不用人造波导而在空间传播的电磁波。

在涉及航天活动的内容中,《规定》给出了相应领域的频率资源定义:包括空间无线电通信、无线电测定、无线电导航、无线电定位、无线电测向、射电天文等。

• (1.2.1)(频带的)划分: allocation(of a frequency band)

将某个特定的频带列入频率划分表,规定该频带可在指定的条件下供一种或多种地面或空间无线电通信业务或射电天文业务使用。

- （1.2.2）（无线电频率或无线电频道的）分配：allotment（of a radio frequency or radio frequency channel）

将无线电频率或频道规定由一个或多个部门，在指定的区域内供地面或空间无线电通信业务在指定条件下使用。

- （1.2.3）（无线电频率或无线电频道的）指配：assignment（of a radio frequency or radio frequency channel）

将无线电频率或频道批准给无线电台在规定条件下使用。

在具体的无线电业务中，给出了部分涉及空间活动的无线电业务定义，包括：卫星固定业务、卫星移动业务、卫星广播业务、卫星地球探测业务等。

- （1.3.6）空间操作业务：space operation service

仅与空间飞行器的操作、特别是与空间跟踪、空间遥测和空间遥令有关的无线电通信业务。

- （1.3.8）卫星移动业务：mobile-satellite service
- （1.3.18）卫星航空移动业务：aeronautical mobile-satellite service
- （1.3.22）卫星广播业务：broadcasting-satellite service
- （1.3.24）卫星无线电测定业务：radio determination-satellite service
- （1.3.26）卫星无线电导航业务：radio navigation-satellite
- （1.3.28）卫星水上无线电导航业务：maritime radio navigation-satellite service
- （1.3.30）卫星航空无线电导航业务：aeronautical radio navigation-satellite service
- （1.3.32）卫星无线电定位业务：radiolocation-satellite service
- （1.3.34）卫星地球探测业务：earth exploration-satellite service
- （1.3.35）卫星气象业务：meteorological-satellite service
- （1.3.37）卫星标准频率和时间信号业务：standard frequency and time signal-satellite service
- （1.3.38）空间研究业务：space research service
- （1.3.40）卫星业余业务：amateur-satellite service
- （1.3.41）射电天文业务：radio astronomy service
- （1.4.3）地球站：Earth station
- （1.4.4）空间电台：space station
- （1.4.26）航空器地球站：aircraft earth station

上述业务具体的频率分配，在《规定》中得到了逐一规定。

需要强调，与空中交通管理不同的是，目前无论是国内国外，都没有划定具体频段用于空间交通管理。较为接近的概念是"空间操作业务"。

● (1.3.6) 空间操作业务: space operation service

仅与空间飞行器的操作、特别是与空间跟踪、空间遥测和空间遥令有关的无线电通信业务。

参照空中交通管理的原则,空间交通管理同样需要两类频率资源: 用于态势感知的雷达设备工作频率和用于管理单位向管理对象的操纵者发布指令的通信设备工作频率。这类频率资源可以归入空间操作业务,但是否能够满足使用,尚需进一步研究。另外,空间操作业务中并没有明确区分雷达频率资源和通信频率资源,这方面的概念和频率划分需要进一步明确。

2.3　空间交通管理主要影响因素

空间天气、近地小行星、微流星体等空间自然环境对空间活动的影响不可小视,是空间交通管理的重要影响因素。

2.3.1　空间天气[15-18]

目前对空间天气的定义主要集中在灾害性空间现象上。《空间天气学国家重点实验室》[15]中描述为"太阳活动巨大能量和物质抛向地球,引起空间环境发生灾害性变化(空间天气),对人类高技术活动构成越来越严重的威胁。"

刘映国、孙龙在《美国应对空间天气事件影响发展的动向与思考》[16]中提供了美国《国家空间天气战略》的表述:"美国政府认为,空间天气作为一种规律性太阳爆发事件的自然现象,具有扰乱电力系统、卫星与航空运行、无线通信、导航定位与授时服务,以及破坏其他技术系统与国家重要基础设施的潜在危害。"

美国国家大气与海洋管理局在其网站上给出了这样的概念:空间天气是太阳和地球之间(以及整个太阳系内)的空间环境变化,会对空间和地球上的技术产生影响。空间天气主要由太阳风暴现象造成,包括日冕物质抛射、耀斑、太阳粒子现象和太阳风。这些现象在太阳表面的不同区域存在,但只有指向地球的太阳风暴会对地球所涉及的空间天气产生潜在影响。对太阳风暴现象的理解是研发精确空间天气预报的重要一环(包括事件的发生、位置、持续时间和磁场强度)。

欧洲航天局在解释"空间天气"概念时给出了这样的描述:空间天气指地球磁层、电离层和热层由于太阳和太阳风而产生的环境条件,它可能影响天基和陆基系统及服务,乃至危害人身健康。

空间天气的具体关注要素包括地球电磁感应场、电离辐射、电离层扰动、太阳电磁爆发、上层大气扩散。

空间天气研究针对环境等空间离子体、磁场、辐射、离子流等现象,以及这些现象如何影响人造系统。除了太阳之外,其他非太阳来源,例如宇宙射线等,由于它们能够对近地空间环境条件产生影响,也可以看作空间天气问题。

在当今世界经济活动中,有非常多领域会受到空间天气的潜在影响,包括天基通信、广播、气象服务、导航,以及电力供应和地面通信,特别是在北极地区。人们观测到,空间天气所带来的效应包括航天器通信、性能、可靠性、寿命的降级。此外,空间天气导致的辐射增强可能对载人航天任务中的宇航员健康带来更大风险。航空领域同样会面临飞机电子系统遭到破坏、辐射程度增加的风险。空间天气对地面的影响包括电网受到干扰、管道腐蚀、无线电通信的降级。

上述所有领域都需要空间天气数据和服务,未来还需要提供定制化服务。

2.3.2 近地小行星[19]

小行星是太阳系内类似行星环绕太阳运动,但体积和质量小得多的天体。按照在太阳系内的位置,小行星主要分为近地小行星、主带小行星、特洛伊小行星、柯伊伯带小行星、半人马小行星。

太阳系中绝大多数小行星位于火星和木星轨道之间,称为主带小行星,在黄道面附近绕太阳公转。由于受多种因素的影响,有些小行星的轨道发生了变化。一部分小行星迁移到小行星主带的内侧,与地球的轨道很接近,有的甚至穿越了地球轨道,与地球发生碰撞。

特洛伊小行星是指在其他行星轨道的拉格朗日点上运行的小行星。最早被发现的特洛伊小行星是在木星轨道上的小行星,1990 年第一颗火星特洛伊小行星——"小行星 5261"被发现,此后还有其他四颗火星特洛伊小行星被发现。

柯伊伯带是太阳系在海王星轨道(距离太阳约 30 个天文单位)外黄道面附近、天体密集的中空圆盘状区域,该区域包含许多小天体,它们是来自环绕着太阳的原行星盘碎片,它们因为未能成功地结合成行星,因而形成较小的天体,称为柯伊伯带小行星。

半人马小行星是指在土星和天王星之间运行的小行星群,它们的偏心率都相当大。最早被发现的半人马小行星群的小行星是"小行星 2060"。估计这些小行星是从柯伊伯带中受到其他大行星的引力干扰而落入一个不稳定的轨道中的。

一般涉及空间交通管理的小行星被称为近地小行星,也称近地天体(NEO)。根据联合国外空委相关文件定义,近地天体是小行星或者彗星,其运行与地球轨道接近。从技术角度说,NEO 的轨道使其可以接近到距离太阳不超过 1.3 个天文单位的位置,接近到地球轨道不超过 0.3 个天文单位(约 4 500 万千米)的位置。

小行星的主要特性可用大小、形状、自转周期和指向、引力场和成分等表征。

小行星大小的变化范围很大。目前已发现的小行星中,直径大于 300 km 的小行星有 6 个,直径大于 240 km 的小行星有 16 个,直径大于 100 km 的约有 200 个,直径在 1 km 以上的小行星数量有 70 万~170 万。

大多数小行星的形状是很不规则的,只有少数体积较大的小行星是球形的。通过地面的观测仅能非常粗略地估计小天体的形状,近地小行星通常像被拉长的雪茄状(2∶1 或 3∶1 椭圆形状),显示它们在演化过程中没有因为自身引力重排。

小行星自转周期和小行星直径有明显的相关性。总体趋势是越小的小行星自转速率越快,大多数小行星的自转周期大于 2.2 小时,主要介于 4~10 小时。主带小行星的自转轴黄道经度分布并不是随机的,大部分都集中在 30°~110°,少部分介于 120°~180°。

小行星的引力都很小,约比地球小 4~5 个数量级,如小行星糸川的逃逸速度大约 10 cm/s。在小行星弱引力的作用下,对小行星的附着、固定都需要开发新的系统。

小行星的组成成分各异,如表 2-1 所示。成分的多样性使得不同小行星的介质特性不相同,甚至同一小行星的不同位置都不相同,这就要求附着系统对不同介质具有很强的适应性。

表 2-1　小行星的组成成分

类　　别	反　照　率	可能的矿物成分
P	<0.06	有机物、硅酸盐、无水
D	0.04~0.09	类油母岩、硅酸盐、无水
C	0.04~0.09	页硅酸盐、碳、球粒状陨石
B	0.04~0.09	含水硅酸盐、碳、球粒状陨石
F	0.04~0.09	含水硅酸盐、碳、球粒状陨石
G	0.06~0.10	页硅酸盐、碳、球粒状陨石、含水
T	0.06~0.10	硫铁矿、金属
K	约为 0.09	碳质球粒陨石
S	0.10~0.30	辉石、橄榄石、金属
M	0.12~0.25	Fe-Ni 金属、顽辉石
Q	0.16~0.21	普通球粒陨石
A	0.17~0.35	橄榄石、无球粒陨石、石铁陨石
V	0.23~0.40	玄武岩、无球粒陨石
R	0.30~0.40	辉石、金属
E	0.40~0.55	顽辉石无球粒、顽火无球粒陨石

2.3.3　微流星体[19]

微流星体是在行星际空间中运动的固态颗粒,它们一般来源于彗星和小行星。

绝大多数微流星体的运动都是环绕太阳的闭合轨道,因而具有较高的速度。它与地球的相对速度上限约为 72 km/s,相对速度的下限由地球的引力势决定,不小于 11 km/s,平均速度约为 20 km/s。微流星体的直径大多小于 1 mm,质量大多小于 1 mg,在空间的密度分布在 $0.5 \sim 2.0$ g/cm^3。

微流星体可分为偶发性微流星体和群发性微流星体两类。偶发性微流星体是指大多数微流星体是独立出现的,彼此间没有关系,它们出现的时间和方向没有明显的规律性,此类微流星体约占微流星体总数的 75%。群发微流星体是指由彗星所引起的成群出现的微流星体,约占微流星体总数的 25%。群发性微流星体包括近彗星微流星体和远彗星微流星体。只有当母彗星运行到近日点时才发生的微流星体,常称其为近彗星微流星体;当母彗星不在近日点时发生的微流星体,这种微流星体就是远彗星微流星体。偶发性微流星体和远彗星微流星体都难以预报,并且它们在微流星体中占有绝大部分的数量。

微流星体在空间的分布并不均匀,许多微流星体密集在产生它们的母体的轨道附近,称为"微流星体群",当地球穿过这些区域时,在地球引力场的作用下,其运行的轨道会向地球方向弯曲,使地球周围的微流星体通量增加,这种效应称为会聚效应。地球引力的会聚因子会随高度变化而不断地变化,在 100 km 的高度处,微流星体通量比行星际空间的通量增加一倍,地球及围绕地球运行的空间站和其他航天器就会遇到更多的微流星体撞击。随着高度的增加,微流星体通量逐渐趋于行星际空间的强度。太阳系内与地球轨道交叉的微流星体群约有 500 个,每一个微流星体群内的流星体的运动速度方向大致相同,与地球相遇时,由于透视效应,从地球上看起来,像是从一个辐射点发出来的,因此就以辐射点所在方位的星座来命名微流星体群。微流星体群不规则的空间分布,造成了地球附近微流星通量的变化。

多数研究中,是将微流星体与空间碎片作为同一类对象加以研究的。考虑到微流星体和微小空间碎片难以被发现和跟踪,研究主要集中在航天器的被动防护上。

2.4　空间交通管理责任主体

从法理的角度,空间交通管理的责任主体包括国际协调者(国际组织)、空间活动管理者(政府机构)以及空间活动实施主体(政府机构、企业、科研机构)等。

2.4.1　国际组织

当前空间交通管理缺乏专门的国际机构,联合国和平利用外空委员会(联合国外空委)、国际电信联盟、国际民航组织、机构间空间碎片协调委员会等有关组织在各自专业领域发挥重要作用。

2.4.1.1　联合国外空委

联合国外空委是根据 1959 年联大第 1472 号决议建立的,至 2023 年,有 97 个成员国,中国是成员国之一,其宗旨是制定和平利用空间的原则和规章,促进各国在和平利用空间领域的合作,研究与探索和利用空间有关的科技问题以及可能产生的法律问题。联合国外空委下设科技小组委员会和法律小组委员会,均由联合国外空委全体成员国组成。科技小组委员会主要研究、审议与和平利用空间有关的科技问题,促进空间技术的国际合作与应用。法律小组委员会主要研究、审议与和平利用空间有关的法律问题,制定有关的国际法及国际公约。联合国主要审议下设两个小组的工作报告以及不由小组委员会审议的一般性空间问题,并向联合国大会提出报告和建议。

2.4.1.2　国际电信联盟

国际电信联盟成立于 1865 年,拥有 193 个成员国、900 多个部门成员及准部门成员,是负责信息通信事务的联合国专门机构。下设无线电通信、电信标准化、电信发展三个部门,其中无线电通信部门是国际空间无线电频谱、卫星轨道资源的管理、协调部门。

2.4.1.3　机构间空间碎片协调委员会

机构间空间碎片协调委员会由美国航空航天管理局、欧空局、日本宇宙开发事业部、俄罗斯航天局联合发起,于 1993 年 10 月 26 日在俄罗斯加里宁格勒成立,至2023 年,有 13 个正式成员组织,中国于 1995 年加入该组织。机构间空间碎片协调委员会致力于协调各国航天机构的行动,加强空间碎片的交流与合作,控制空间碎片的产生,维护空间环境,在空间碎片减缓和移除领域形成相关制度性文件。

2.4.1.4　国际民航组织

国际民航组织于 1944 年成立,其主要工作是:制定国际航空安全标准,收集、审查、发布航空情报,解决成员国之间与国际民航业务有关的争端,防止空中污染,保障国际航空安全等。国际民航组织于 1947 年 4 月制定了《国际民用航空公约》(又称"芝加哥公约"),该公约是大气空间民用航空飞机交通管理的基础性、权威性文件,奠定了民航空管的基础。该公约有关规定对空间交通管理具有借鉴意义。近年来,国际民航组织认为火箭发射影响民航安全,开始关注进出空间安全问题,研究将其管理职权延伸至外空。

2.4.2　政府机构

政府航天机构负责空间活动的决策、管理,指导空间活动有序开展,如美国国家航空航天管理局(NASA)、美国国防部(DoD)、欧空局(ESA)、日本宇宙开发事业部(JAXA)、中国国家航天局(CNSA)等。

美国是航天管理体制最完善、空间立法最发达的国家,通过联邦、政府部门和地方等一系列的法规、文件,形成了军、民、商分制管理、相互协调、共为一体的空间活动管理体制,总统和国会为最高决策层,国防部和 NASA 等为计划管理层。美国对空间活动实施国家监管的主要手段包括授权、许可和日常监管。授权是指联邦政府将空间活动的某一方面监管责任授权给某一具体权力部门。许可是美国空间活动监管的最普遍和最重要的工具,许可一旦颁发即产生了颁发国和许可证持有人之间的法律关系。美国有多种许可制度,包括发射许可、频率使用许可、遥感许可、广播许可等。获取许可的准则涵盖科学、技术、环境、安全、保险、金融偿付能力等多方面。火箭、卫星的空间活动监管目的是确保授权期间航天活动在被许可允许的范围内开展,监管方法包括(年、半年或季度)报告、重要事项通知、设施/设备的现场检查、许可修正、注销与撤回等。发射与再入许可重点关注公众健康和安全、财产安全。发射与载人许可获得之前,发射或再入活动必须购买商业保险,以进行意外情况下的损失赔偿。

美国国家航空航天局(NASA)是美国民用航天活动的组织、领导和实施主体,成立于 1958 年,属于"独立政府机构",前身为 1915 年成立的国家航空咨询委员会(NACA)。NASA 主要负责制定和实施美国的民用航天计划,并开展航空与航天领域的科学研究。NASA 的主要研究领域包括航空学、载人航天、科学探索等,成立60 余年来完成了"阿波罗"载人登月、航天飞机、太阳系探测等航天计划。NASA 的管理职能或者说美国的民用航天的管理体制一直处在不断的完善和发展中。从历史上看,1958 年的《国家航空航天法》作为世界上的第一部国家航天立法,标志着贯彻执行美国民用空间计划政策和建立美国国家航空航天局的开始。之后 60 多年间,又颁布了一系列的 NASA 授权法案和一系列的单行立法。此外,美国法典四十二编(公共健康和福利)第二十六章"国家航天计划"中也较为详细地规定了NASA 的职能。NASA 在行政上直属总统管理,由 NASA 局长总体负责。其组织管理分为两个层次:一是总部事务管理,二是业务事务管理。总部事务管理由各职能办公室完成,业务管理由 3 个任务委员会负责。NASA 所有的任务都通过这 3 个任务委员会来实现,每个任务委员会承担的任务依靠 NASA 下属的研究中心来完成,每个中心同时可参与多个任务,一个任务以一个任务委员会(同时也是其下面的某个中心)为主,但是往往由多个任务委员会(中心)协作来完成。任务委员会与中心主要是业务上的领导关系,任务委员会可在业务上领导多个中心。

国防部(DoD)是美国军事航天的主管部门,负责制定航天政策、科研计划、预算及其计划的管理与实施等,由国防部长办公厅、参谋长联席会议、空军部、陆军部和海军部五大部门组成。从历史发展上看,1958 年成立的是统一管理全军的研究、发展、试验与鉴定工作的国防研究与工程署;1977 年设立负责研究与工程的副部长办公室,既领导国防研究与工程署的国防科研工作,又负责全军重要武器系统的采购与装备工作,成为美国武器装备采办的统管机构。1998 年成立航天司令部,负责军事航天管理。进入 21 世纪,为简化机构,合并航天司令部与战略司令部,成立了美国战略司令部。目前与军事相关的空间操作由美国战略司令部来统一指挥,美国战略司令部主要职责有:其一,对全军、军事航天系统实施作战指挥,包括反卫星系统;其二,统一指挥与控制弹道导弹预警系统、空间监视系统、军事航天飞机以及各种侦察卫星、测地卫星等活动;其三,加强对现有和未来的航天系统使用的计划工作,使全军各系统形成统一的完整体系。总之,美国战略司令部旨在将空间、信息对抗和进攻打击能力有机结合在一起,执行空间和全球打击等任务。其任务领域为网络战、导弹防御、空间和全球打击、情报、监视和侦察,以及大规模杀伤性武器。针对美军空间力量建设和监管长期分散化的问题,2019 年 2 月,美国总统特朗普签发"空间政策 4 号指令"[20],明确首先在空军内部建立天军,未来根据需要在国防部成立独立的天军部。2019 年 12 月,特朗普正式签署生效《2020 财年国防部授权法案》,确定授权组建美国天军。根据该法案,将设立美国天军作为美国第 6 个军种,赋予空军部长拥有调动空军人员到新成立的天军就职的职权,天军设立一名太空作战参谋长(CSO),直接向空军部长报告,是参谋长联席会议(JCS)成员。国防部的其他一些机构也具有空间活动治理职责。例如,国家安全局(NSA)运用空间系统收集信号情报,国家侦察办公室(NRO)运营侦察卫星,国防情报局(NIA)负责对卫星信息中与国防相关的信息进行分析,导弹防御局(MDA)利用外空监测导弹的发射。国防预先研究计划局(DARPA)负责管理外空相关的研究和发展。国家安全外空办公室管理国家空间安全政策的战略、战术分析。国家安全委员会,作为总统执行办公室的一部分,也关注其他国家的航天安全发展。

2.4.3　非政府实体

非政府实体主要包括企业、科研机构、商业航天公司,如美国 SpaceX 公司等,是空间活动的实施主体。国家企业、科研机构、商业航天公司从工程技术领域可以分为航天运载器发射和回收单位、卫星和航天器运行单位、航天器服务使用单位、空间资源使用单位,从商业角度可以分为发射服务商、卫星制造商、卫星运营商、地面设备制造商和应用服务商。随着商业航天的快速发展,出现了低轨巨型星座等系统,空间交通管理更为复杂。

2.5　空间交通管理任务及功能

2.5.1　任务定义

空间交通管理任务主要根据相关概念进行分解,主要的描述有以下几种。

(1) 国际宇航学会(IAA)在 2006 年的研究报告 *The IAA Cosmic Study on Space*

Traffic Management 中提出[12]：空间交通管理是一系列技术和管理措施，用于提高进入外空、在外空运行和从外空返回地球的安全性，并且不造成物理或无线电频率干涉。根据这个定义，空间交通管理任务应该包括轨道及频率资源的管理、进出空间安全管理、在轨运行安全管理。

（2）SAIC 报告[5]则提出了另外一种概念"空间交通安全监管"，SAIC 报告中明确：空间交通安全管理是指建立政策、必要的权限、跨部门联系，制定刺激管理措施和规则，落实技术性、组织性和操作性的解决方案，来增强空间交通安全。空间交通管理的主要任务是确保空间活动安全。

（3）根据欧洲 *On the Implementation of a European Space Traffic Management System* 中给出的定义[11]：实施所有必要的管理、监视和控制操作（包括在例行和突发场景下），在不影响现有欧洲空中交通管理系统和基础设施的情况下，保证载人或不载人亚轨道飞行器和航天飞机在近地空间和空气空间的安全弹道飞行。空间交通管理的任务包括空间活动管理、空间物体监视和控制操作。

（4）在美国总统特朗普发布的空间政策 3 号令《国家空间交通管理政策》[21]中，将空间交通管理定义为：计划、协同和在轨同步活动，用以增强在空间环境中运营的安全性、稳定性和持续性。根据这个定义，空间交通管理的任务包括空间活动管理以及确保安全性。

综合上述各个定义对空间交通管理的任务描述，本书将空间交通管理任务定义如下：

- 空间态势的感知预警

包括对空间天气、空间频谱、空间人造物体、空间自然物体的探测感知以及事故预警，覆盖近地空间至星际空间全域。

- 空间频率及轨道资源管理

主要协调空间活动所需的频率及轨道资源。

- 空间交通安全处置

包括对碎片减缓、移除，失效航天器的处置，航天器碰撞及频率干扰规避，小行星撞击处置等。

2.5.2　任务目标

在美国总统特朗普发布的空间政策 3 号令《国家空间交通管理政策》中第 3 条[21]，给出了空间交通管理的基本目标。

美国政府意识到，并鼓励其他国家意识到以下原则：

（1）安全性、稳定性、运营上的可持续性，是航天活动的基础，包括商业、民用和国家安全航天活动。对于所有航天国家来说，创造一个安全、稳定、运营商可持续的空间环境，是符合共同利益的，也是共同责任。

（2）及时和主动的空间态势感知数据和空间交通管理服务对于航天活动是至关重要的。考虑到国家安全上的限制,美国政府提供的基本空间态势感知(SSA)数据和基本空间交通管理(STM)服务应该对直接用户免费。

（3）轨道垃圾正在对空间运营造成越来越严重的威胁。轨道垃圾减缓的指导原则、标准和政策应当定期修订,在美国国内强制实施,并要求国际社会加以采纳,以减缓轨道垃圾对运营的影响。

（4）STM 框架应当包括最佳实践、技术指导原则、安全标准、行为规范、发射前的风险评估,在轨避免碰撞服务对保护空间环境是至关重要的。

相比之下,美国联邦航空管理局的民用 STM 目标较为简单,在其发布的《空间交通管理计划》中,将目标表示为"空间运行的安全和对空间环境的保护"。

2.5.3　功能要求

国际空间大学报告 *Space Traffic Management* 中[22],对 STM 给出了四项主要的功能需求:避免碰撞、提高地球静止轨道利用率、避免太阳同步轨道过度拥挤、避免对载人飞行器造成威胁。

美国联邦航空管理局(FAA)在其报告 *Towards a Civil Space Traffic Management System* 中认为[23],民用 STM 的焦点是轨道安全和对空间环境的保护,包括:

（1）轨道安全预警服务,例如避免碰撞的预警,可以强化商业航天,为之提供一类基础设施,并支持商业航天的持续发展;

（2）用一种能够确保商业轨道运行安全的方式来提供轨道安全相关的服务;

（3）尽可能减少虚警;

（4）开发和分享行为规范及最佳实践。

在解释为什么需要建立民用 STM 系统的时候,FAA 认为民用 STM 系统将着重于解决商业和民用轨道安全态势感知信息的需求问题,包括:

（1）专注于保护环境以服务于长期商业使用;

（2）通过一个民用部门来为空间态势感知和轨道安全提供更大的透明度,来把美国定位成国际领域的民用 STM 典范。

FAA 将民用 STM 的目标设定为空间运行的安全性和对空间环境的保护,FAA 设想的民用 STM 系统特点如下:

（1）职责和手段

a. 与现有空间态势感知(SSA)基础设施合作运行,但保持各自独立运行的能力;能够接入全球范围内的多种传感器;

b. 充分适合于民用领域、满足民用系统需求的计算系统;

c. 由民用运行团队提供的安全产品;

d. 运行透明。

（2）政策与研发指南

a. 建立组织结构与政策,使学习型组织的特性得以实现;

b. 大程度地使用商业能力;

c. 服务不收费,作为公共产品提供;

d. 信息共享协议。

（3）民用 STM 的产品与服务包括:

a. 民用航天目录;

b. 冲突分析与避撞信息;

c. 空间环境报文信息;

d. 空间天气;

e. 无线电频率;

f. 空间态势感知;

g. 行为规范。

C. C. Jorgenson 等在论文 *The IAA Cosmic Study on Space Traffic Management* 中指出[12],空间交通管理的原则主要是利用数据来避免碰撞事故的发生,其中包括发射的安全措施、载人航天(含太空旅游)的安全措施、区域划分(即轨道选择)、在轨阶段的路权规则、考虑机动的优先级问题、GEO 轨道的特殊措施(应当与 ITU 规则一致)、LEO 星座的特殊规则、碎片减缓机制、环境措施(对大气层、对流层的污染问题)。

2.6　空间交通管理主要手段

2.6.1　技术手段

在国外的各类研究中,对空间交通管理主要技术手段的认识基本集中在空间态势感知、空间天气预报、空间管制、碎片监视与避撞等几个方面。但表述各有不同。

美国航空航天学会(AIAA)在 2017 年的报告《空间交通管理:在安全、创新和增长之间取得平衡》[24]中提出,空间交通管理在创立之初,应当着重关心以下问题。

2.6.1.1　避撞与数据共享

当地球轨道变得越来越拥挤,越来越多的物体从一个轨道转移到另外一个,能否有效预测碰撞事件的发生并采取行动加以避免,是至关重要的。预测碰撞事件需要恰当的数据、先进的算法,以及识别和跟踪技术。需要对一些关键的技术和能力进行标准化。例如,基于预测能力,可以定义不同的避撞算法,并加以标准化和研究开发。此外,即使技术取得了进步,也无法测量小尺寸碎片。因此,必须在航天器设计时考虑对微小碎片的防护问题。STM 并不是控制这些致命性空间物体的完美解决方案。但是,对这些碎片的跟踪越多(例如,对这些碎片进行单个发现和识别),对碰撞的预测就越精确。更进一步,还能帮助有机动能力的物体,避免它成为一个新的、更大的致命性碎片阵,减少其他类似新物体进入这个风险不断扩大的区域并碰撞失效的风险。

考虑到有待发现、跟踪和标记的在轨碎片数量巨大,所有国家和国际组织应当积极贡献自己的观测数据。这些数据要采用业界能接受的方法和参数(例如符合国际标准化组织 ISO 标准),可以用来生成覆盖所有地球轨道物体的、高可信度的目录。将民用和商用数据标准化,然后汇聚到一个"数据池"当中,不降低数据精度、不消除其可收集过程的可追溯性,这将有利于人们为了运营及研究目的广泛接触到高精度数据,用于跟踪、分析、冲突监视和共享。数据共享的一个关键要素是军方和民用部门之间的合作。必须考虑一种把秘密物体和秘密任务纳入其中的流程,以避免任何有机动能力的卫星与其他物体碰撞的可能性(包括死物体、活物体、保密物体和隐藏起来的物体),在保守秘密的同时降低风险。

2.6.1.2 碎片减缓

可以通过综合采用以下手段来减缓碎片问题:

(1)用于了解碎片运动的、更好的科学方法;

(2)对碎片数量进行测算,并确认一些必须优先消除的碎片;

(3)根据可靠性和效率要求来开发解决方案并使之成熟化;

(4)经济上较容易接受的解决方案,以利于投入实际使用。

在处理碎片问题时,一个重要的考虑就是着眼未来,立刻着手以免碎片问题继续恶化。近期可以采取的行动包括减缓新碎片的产生速度,推动冲突评估工作。在这个问题上,需要建立一个使能性的商业模式,来推动商业界、学术界参与对轨道物体的监视、跟踪和描述,使相关知识体系尽快成长完善起来。

2.6.1.3 行为指南/法规

基于实验数据和证据,建立通用的行为规范,将有助于卫星运营者们避免误解、顺应安全限制、制定合理的运行包线,预测常规状态和紧急状态下的流程并加以实践。这些行为指南和规范可以在国际标准化组织等机构的主持下制定。

2.6.1.4 组织监管

建立一个实体或者组织,负责监视、管理、协调和执法(包括应急管理),将极大地有益于设计一个成功、可持续的 STM 系统并投入运行。这个实体必须和各个利益相关方协调,在有效控制、政策和流程之间取得平衡。

2.6.1.5 综合性沟通战略

STM 将涉及大量政府部门、企业、大学和研究机构。在这个群体中共享信息的效率和保密性对管理空间交通是至关重要的。因此,沟通战略应当包括政策和流程两个领域,涉及所沟通的对象、发起时间、如何组织、如何评估、如何分配优先级、所期望得到的相应信息。此外,沟通应当是安全和可靠的。

2.6.2　标准规范

美国乔治敦大学法律中心研究者 P. B. Larsen 在 *Space Traffic Management Standards* 一文中提出[25],可以参照部分现有国际组织的模式,建立 STM 标准体系,其中包括国际民航组织(IACO)、国际电联和无线电大会、国际空间碎片协作委员会、国际 GNSS 标准化组织、国际海事组织等。

2.6.3　政策法规

目前,除了《外空条约》《关于营救宇航员、送回宇航员和归还发射到外空的实体的协定》《责任公约》和《登记公约》,并不存在其他针对空间交通管理的标准规范和政策法规体系。而上述政策法规是原则性的,在空间交通活动日益繁忙的今天,其可操作性严重不足。

2018 年 6 月 18 日,时任美国总统唐纳德·特朗普在出席国家航天委员会第三次会议期间正式签署发布"空间政策 3 号令"——《国家空间交通管理政策》(*National Space Traffic Management Policy*),使其成为美国首部综合性空间交通管理政策,在该领域具有重要的指导性意义。

《政策》内容包括政策、定义、原则、目标、准则、角色和责任、总则 7 个部分,阐述美国发展空间交通管理并发布《政策》的相关背景,遵循的原则、希望实现的目标、需要执行的准则,以及各机构应履行的职责等。《政策》核心内容为: 在承认并遵循相关原则的前提下,执行一系列的准则,来实现美国引领全球,构建安全、稳定、可持续空间环境的目标。

美国承认且鼓励其他国家承认以下原则[21]:

(1)空间活动的安全、稳定和可持续性,是开展各项商业、民用和国家安全空间活动的基础;

(2)及时的、可作为追责依据的空间态势感知数据和空间交通管理服务对空间活动至关重要;

(3)空间碎片对空间系统运行构成越来越大的威胁,因此应定期修订空间碎片减缓准则、标准和政策,在美国国内推行实施并在国际范围推广采用;

(4)由最佳实践、技术规范、安全标准、行为准则、发射前风险评估和在轨避碰服务构成的空间交通管理框架对于维护空间运行环境至关重要。

《政策》提出美国应继续引领全球,为构建安全、稳定和可持续的空间环境创造条件,实现以下目标:

(1)推动空间态势感知和空间交通管理科技进步,美国应继续参与和支持促

进空间态势感知和空间交通管理实际应用的科技研发;

（2）减缓空间碎片对空间活动的影响,有必要对现有空间碎片减缓准则和做法进行更新,以更为有效和高效地制定并遵守国际通用的相关标准;

（3）支持和提升美国商业航天在科技、空间态势感知和空间交通管理领域的领导力,美国政府应该简化管理流程,减少可能阻碍商业航天增长和创新的监管制约;

（4）向公众提供来自美国政府的基础性空间态势感知数据和空间交通管理服务;

（5）改善空间态势感知数据互操作性,在更大程度地实现空间态势感知数据共享,美国应致力于带领全球各国制订改进的空间态势感知数据标准和信息共享准则;

（6）美国支持制定空间交通管理业务标准和最佳实践,以促进安全和负责任的空间行为;

（7）防止非有意的无线电射频干扰;

（8）改进本国的空间物体登记制度;

（9）制定未来美国空间活动政策和准则。

为实现《政策》的原则和目标,各部门应遵循以下准则。

1）确保空间运行环境的完整性

提高空间态势感知覆盖率和准确性。美国应致力于通过空间态势感知数据共享、购买空间态势感知数据或增加新的传感器等方式,把空间态势感知能力缺口降到最小;应发展更强大的空间跟踪能力,采用新的空间碎片编目方法,并为碰撞告警建立可行的数据质量门槛,以尽量减少虚警;应利用政府和商业部门在科学技术领域的投资,推进可加强空间态势感知的概念研究和能力建设,以支持空间碎片减缓和避碰决策。

建立开放体系结构的空间态势感知数据库。随着可用的空间目标探测数据源的不断增加,美国空间态势感知数据库有机会纳入民用、商业、国际和其他可用数据,支持用户加强和完善这项工作。为了促进与卫星运营方共享更多数据,并支持增强型空间安全服务的商业开发,美国必须制定开放架构数据库的标准和协议。同时,为了促进这种增强的数据共享,美国选择国家商务部依据适用法律对国防部空间物体编目数据的公开部分负责,并管理开放架构的数据库。

减缓空间碎片。美国应制定新的标准实践协议,以设定 21 世纪安全空间运行的更广泛预期。该协议应从更新《美国空间碎片减缓标准实践》开始,但也应包含解决大型卫星星座、空间交会和抵近操作、小卫星及其他类别的空间活动的操作规范问题。这些顶层做法将为美国工业界和向国际推广有效且高效的空间安全实践提供一条途径。美国应该把主动清除空间碎片作为确保关键轨道运行安全的必要长期途径。

2）在拥挤的空间环境中运行

最低安全标准和最佳实践。美国应通过适当立法或发放牌照,最终将适当的准则和最佳实践纳入联邦法律法规。这些准则应覆盖从卫星方案设计到寿命末期的所有阶段的协议。

在轨避碰支持服务。及时警告潜在碰撞对于确保各方空间活动安全至关重要。美国应该依据持续更新的卫星编目数据提供服务;采用自动化避碰流程;提供可行且及时的碰撞评估;向运营方提供数据,以便其评估机动方案。

3）全球背景下的空间交通管理战略

防止在轨碰撞的协定。随着卫星活动的增加,低地球轨道更加拥挤,美国应该制定一套标准技术来缓解空间轨道日益拥挤带来的碰撞风险,特别是对于大型卫星星座。这需要适当的方法,其中可能包括为卫星星座颁发指定运行空间的牌照,并为需要穿过这一空间运行的其他卫星设立审批流程。

无线电频谱干扰防护。在无线电频谱干扰防护方面,美国应该做好以下工作:研究结合空间交通管理系统、标准和最佳实践的发展来解决频谱问题的优势;提升频谱使用的灵活性,并调研新兴技术以利于促进空间系统潜在应用;确保与频谱相关的空间交通管理活动能够获得所需的频谱。

全球参与。美国作为全球主要航天国家,应继续制定和推广一系列行为准则、最佳实践和空间安全操作标准,以尽量减少空间碎片,促进全球空间活动数据共享和协调。其他航天国家也应为所有航天国家的共同利益采纳最佳实践。

2.6.4　运行管理

在国外的相关研究中,虽然提出了对于空间碰撞的担忧,并且反复强调 2009 年"铱星-33"与俄罗斯"宇宙-2251"卫星碰撞的案例,但实际上并没有提出对于轨道飞行的交通管理措施。对轨道飞行安全的威胁更多地在碎片减缓的话题下进行。

国外更加关注的是航天飞行与航空飞行安全之间的联系。越来越频繁的火箭发射和即将开展的民用亚轨道飞行,在进出大气层的时候,都会与航空活动发生关联,如何避免二者发生干涉甚至碰撞事故是近期研究的重点。其中,欧洲方面对此的研究较为深入和完善。

2.6.4.1　欧洲框架

R. Tüllmann 在 *On the Implementation of a European Space Traffic Management System — I. A White Paper* 中[11],给出了一些针对运行管理的设想,其提出的 STM 框架如图 2-4 所示。

总体来说,空间交通管理面临着三项基础性的技术和组织挑战,它们与研发和实施方法有着直接联系。

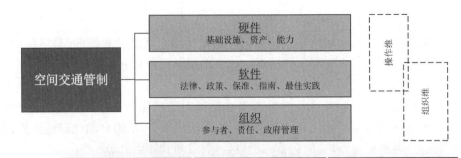

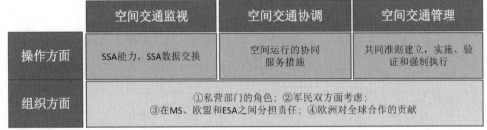

图 2 - 4　R. Tüllmann 等提出的 STM 框架

（1）技术和基础设施，其中包括空天飞机、航天港、洁净空间、飞行计划与规划系统（FPS）、欧洲空间监视与跟踪中心（ESSTraC）、空间天气监视中心（SWMC）、通信网络及数据中心。

（2）运行概念和流程，例如空间天气监视、空间监视与跟踪（SST），搜索与救援，航天港、空中交通管制和空间交通管制的一体化。

（3）产品与服务，如空间天气简报（SWBs）、电子总含量（TEC）图、碰撞风险分析（CRAs）、弹道、飞行计划。

ESSTraC 主要对以下业务负有责任：

（1）生成和维持可跟踪的轨道物体名录；

（2）确认和跟踪轨道碎片及再入情况；

（3）对所确认的物体实施碰撞风险评估。

白皮书认为，欧洲空间交通管制的责任包括以下几个方面：

（1）创立和维护可跟踪轨道物体目录；

（2）运行和维护全球传感器网络，用于轨道物体、空天飞机的识别和跟踪；

（3）与空中交通控制运行商（ATCO）和空间交通控制运行商（STCO）保持例行沟通或应急沟通；

（4）执行特殊操作，例如在事故调查中按要求提供数据，实施无冲突流程和执行维护性休整。

和 ATCO 的角色类似，STCO 主要对载人及无人航天器实施监视与控制，当它们飞行在 FL650 层（指 22 km 高度）以上高度时，对其进行跟踪与指导。此外，空间交通管制员可以为航天飞行器上的人员提供支持和建议,例如提供空间天气简报,用于帮助他们在飞行器上实施冲突降级操作和避撞测量。根据航天飞行器与民用航空器概念的不同,空间交通管制员的主要职责是确保空天飞机无缝和安全地集成到航空交通流量中,避免航天飞行器、航空器与轨道碎片的碰撞。

设想中的空间交通管制员任务和职责简述如下:

(1) 与对口岗位沟通,包括空中交通管制员、其他空间交通管制员、空间天气监视中心、欧洲空间交通管制中心、飞行器驾驶员、航天港;

(2) 对系统、飞行活动和航天器状态进行离港前检查(独立于航空交通管制员的双重检查);

(3) 检查飞行计划和时间表上的所有内容,例如飞行计划、轨道等。

表 2-2 是欧洲和美国在空间交通管理推进上采取的模式对比。

表 2-2 欧洲和美国在空间交通管理推进上采取的模式对比

	美 国	欧 洲
政策推动者	● 国家安全(易损性,太空珍珠港) ● 空间军事优势(超高地) ● 促进商业市场发展	● 保护投资及经济社会回报 ● 满足服务驱动的安全需求 ● 促进自主性
组织	● 在国防部和商务部之间分担责任[空间态势感知(SSA)和空间交通管理(STM),贯穿军事和民用领域] ● 其他政府部门按照一事一议的模式介入(NASA、NOAA、FCC、FAA) ● 各部门间复杂的联系	● 多个松散合作的参与者 ● 欧洲国家(……) ● 欧盟及下属机构(航天与安全政策交叉部分,包括正在考虑中的角色) ● ESA(能力建设中)
主要进展	● 新的国家航天战略 ● 国家空间交通管理政策 SPD-3 ● 在国防部内部建立天军	● 新的管理政策(SSA 要素) ● 制定中的空间防务战略(英国和法国) ● 对政策的日渐重视(能力、协调、合作和伙伴关系)
空间态势感知能力		● 与美国 SSA 数据共享协议之间的强有力联系 ● 提高未来几年内的 SSA 能力
私营部门的介入	● 政策倾向于培育商业活动(SSA 数据,对STM 的贡献)发展对 SSA 数据和相关服务的商业活动	● 最大多数承包商(研发能力、研究与制造) ● 持续呼吁更多的、由工业界领导的创新,但并没有政策退出

2.6.4.2 美国框架[5]

在 SAIC 为 NASA 编写的 *Orbital Traffic Management Study* 报告中,将 STM 的主要活动分为以下六类:

(1) 航天发射当中,飞行器离开美国领空之后的阶段;

(2) 航天器在轨操作,包括寿命结束后的降轨;

(3) 会进入美国领空的再入活动(包括受控和非受控);

(4) 轨道碎片减缓;

（5）为空间交通安全所必须采取的空间态势感知活动；

（6）为空间交通安全所必须采取的空间天气感知活动。

NASA 认为不应当把频率管理和无线电干扰问题列入 STM 的框架之中。

如果要建立一个 STM 框架，需要注意三项限制条件：① 框架的所有内容在技术上应当具备可行性，不应当基于研发中的技术；② 不应当对现有的国际条约和国际法提出修改要求，也不应当建立国际性的设施；③ 不应当改变美国国防部的相关条例。

STM 的主要目标见表 2‐3。

表 2‐3   STM 的三个主要目标

目标描述	关 切 内 容
确保和增强空间安全	（1）保护公众健康（降低空间飞行安全风险，其中包括载人航天器，防止因为参加空间飞行而带来的死伤）； （2）通过降低空间飞行安全事件风险，保护公私在轨资产； （3）通过限制空间飞行安全事件所产生的轨道碎片及其效应，保证轨道环境的长期可持续发展； （4）通过降低空间飞行安全事件风险造成的重要天基信息服务损失，保护公众利益
保护和增强国家安全利益	（1）使能和增强国家航天政策、国家安全航天战略，以及其他国家安全航天政策、战略计划的目标； （2）开发透明的、不断增强可信度的衡量依据，鼓励采取负责任的行为和和平利用轨道空间
保证空间领域和航天产业基础在经济上的生命力	（1）鼓励、促进和推动轨道空间上自由的、不受影响的商业活动。努力降低轨道空间系统和轨道空间运营商的工程、运营和维护费用； （2）降低对传统航天产业基础和新轨道空间创业者、创业企业的限制； （3）尽最大可能提高轨道系统进出轨道的时效性

SAIC 报告中将空间交通安全管理的概念框架分成三个领域，分别是政策、技术和运营。基于限制条件和框架，SAIC 报告给出了空间交通安全管理所能够依据的法规和需要的资源。如表 2‐4 所示。

表 2‐4   SAIC 报告给出的 STM 所能够依据的法规和需要的资源

政 策 领 域		
政策	由美国政府提出或采纳的高层次原则	国家航天政策（例如用来支持全球航天界的 SSA 数据）
法律法规	用来具体实施政策的特定规则和指导	美国 2274 号法案第 10 条，由美国战略司令部对商业和外国实体承担责任的航天计划，后改名为 SSA 共享计划
标准	业界起草或者接受的一系列规则；标准是具有法律效力的文件，描述了需求、规范和特征，用来持续地保证材料、产品、流程和系列适合于其目的；标准必须是可测量和可验证的	ISO 24113，空间系统：空间碎片减缓需求 空间数据系统咨询委员会·连接数据报文空间数据标准

续　表

政　策　领　域		
指南	由一家或者多家机构提供的系列合法意见或建议	跨部门空间碎片合作委员会空间碎片减缓指南
最佳实践	通过实验或者研究得到的技术或者方法,证明其能够得到所需的结果;最佳实践是可以书面化的,也可能是无法书面化的	联合空间作战中心,卫星运营商空间飞行安全手册; 联合空间作战中心,联合空间作战司令部最优立方星运行建议
技　术　领　域		
功能	运营性的行为,用来实现政策领域更高级别的目标(政策、法律和规则)	SSA; 空间飞行安全
产品和服务	有形的信息交换和相关的无形支持要素、机制,用于安全相关的空间操作决策	空间物体目录; 发射和在轨避碰; 冲突评估; 降轨和再入预测
应用	用来实施数据分析处理,生成产品和服务的计算机程序(软件)	冲突评估软件; 轨道数据共享软件(例如 Space-Track. org 网站)
计算平台	计算机和相关网络,用于对传感器提供的数据进行处理、合计、分离、存储和提供基本分析	星历相关、分析和验证网(CAVENet); 空间防御作战中心(SPADOC); 联合空间作战司令部任务系统(JMS); 云服务
数据敏感器	包括望远镜、雷达等传感器,用来发现、观测和跟踪空间物体;也包括用于报告航天器自身轨道数据的通信和导航系统	空间监视网络传感器; 航天器自定义或自报告星历
运　营　领　域		
运营者	用于以下任务的人力:在空间交通安全问题上控制和维护系统、观察数据产品、作出最终决策。	第 18 空间控制中队; NASA 的 　NASA 冲突评估风险分析团队 　约翰逊飞行中心国际空间站运行团队 　卫星运营商
流程和规程	由运营者为了 SSA 或航天器运行所采取的步骤、行动或法律行为	国际空间站碎片规避飞行规则

　　SAIC 报告中提出了五种可能的 STM 框架选项,并且分析了其优劣。

　　(1)以私营机构为基础的空间交通安全监视和协调。

　　确保空间安全方面,可以判断,一些基本的空间安全功能天然具有政府属性。因此,这个框架似乎不合情理。上述判断来自美国联邦法律和指南。有一部分最佳实践、指南和标准可以由私营部门在不拥有设施和未立法的前提下加以开发,但政府和其他国际组织也可以从事这类工作。

　　由于私营部门缺乏专注的空间交通安全管理方法,可能导致无法处理好长期保障空间环境这个总体目标。缺乏领导能力,也会导致不能刺激和推动国内安全文化的发展。所有的美国业主-运营商都有中等到高度可能性通过购买的方式来接收产品和服务。

这种选项无法处理好美国政府的专属需求,来协调好美国政府和私营企业之间的安全关切。为商业服务和为美国政府的空间态势感知和跟踪数据之间,可能存在冲突,如果不能对这些差异有清晰的理解,就会在美国政府和私营企业做出涉及空间安全的决策时,出现效率降低和水平降低的情况。

保护和增进国家安全航天利益方面,这个框架不可能让美国政府发挥领导作用,来发展和成熟各种以安全为中心的最佳实践、指南和标准,而这些都可以成为国际性空间行为规范的基础。这个框架也限制了美国政府在可能的国际合作中,去发展一个以安全为中心的利益空间。这种框架也可以理解为,不能满足美国政府根据《外空条约》所提出的要求(例如持续的监管)。这使得美国政府无法在建立一个理性的、现实可行的空间目录数据安全政策当中发挥领导作用。

确保空间领域和航天产业基础的经济活力方面,如果空间交通安全风险减缓能力总体上处在低水平,那么就会对空间产业的促进和推动产生负面影响。虽然可能性不大,但这个私营模式也可能被现有业主-运营商用来建立壁垒,阻止新企业的进入(特别是在标准制定当中)。

(2)以国防部为基础的空间交通安全监视和数据共享。

确保空间安全方面,私营部门依然可以在没有基础设施、没有立法等前提下,开发最佳实践、指南和标准,其他政府部门和国际组织同样可以领导这样的工作。但是国防部没有权利开展更多的、降低空间交通安全风险活动的授权。缺乏整体性的、专注的空间交通安全管理方法,可能导致无法有效地持续致力于空间环境的这个首要目标。国防部的空间态势感知网络并不是为空间交通安全需求而进行优化的,在扮演安全角色时的表现并不理想。私营业主-运营商可能会因为对前景缺乏信心,而不敢充分信任国防部所提供的产品和服务。

保护和增强国家安全利益方面,国防部可以持续承担空间交通安全角色,在第十条规定的空间保护与防御角色的范围内,发挥全部作战域和技术域架构(例如传感器、计算平台)效能。但防务机构在国际空间交通安全对话中缺乏全面效能。

保证空间域和航天产业基础的经济活力方面,由国防部来实施全面的空间交通安全风险减缓,不利于商业航天的推动和促进。国防部没有得到授权也没有义务来推动和促进商业航天。持续的高虚警率,对航天器的业主-运营商来说,都可能会带来运行管理费用的增加。

(3)以民用部门为基础的空间交通安全监视与促进。

保证空间领域安全方面,以安全、安保和商业为中心的民用机构可以发挥领导作用,开发以安全为中心的、得到立法支持的最佳实践、指南和标准,并不断改进。

与民用部门不同,国防部没有权利开展更多的、降低空间交通安全风险活动的授权。商业化的手段选择(美国政府采购会带来较大延误)可以带来空间态势感知敏感器、计算平台和应用的创新与快速发展,创造出更多、更好的空间交通安全产品与服务,并提供更多的信息用于决策。国防部和民用部门发起的产品和服务之间可能发生冲突(例如国防部和民用部门的空间物体目录不一致),但在具体方法上建立起对这种差异的共同理解,就可以使人们对这个问题的认识总体来说有所改进。

保护和增强国家安全航天利益以及确保空间安全方面,国防部无须再承担开发和部署空间交通安全产品和服务,使之能够更加专注于空间防御和保护任务,并能够进一步增强回弹能力。国防部的 SSA 系统将专门用于满足空间防御和保护需求。这个框架提供了一系列机制,使美国政府能为潜在的国际合作开发一批以安全为中心的利益空间。也能让美国政府发挥领导作用,引领以安全为中心的最佳实践、指南、标准的开发和成熟,以此建立行为规范的基础。这个框架也允许美国政府发挥领导作用,建立理性的、现实可行的国内目录数据安全政策。

保证空间领域和航天产业基础的经济活力方面,在自下而上开发新的最佳实践、指南和标准过程中,美国政府能发挥有限的促进作用。这个框架需要商业部门得到更多的技术性宣贯,这种宣贯基于对个性化业主-运营商需求和能力的详细说明。更低的管理费用和更低的虚警率可以带来更高的运行效率。在空间交通安全相关审批问题上,这个框架可以为新兴企业提供更大的确定性。对于那些提供 SSA 服务和能力的、新的商业航天部门,这个框架也能起到促进其发展和成熟的作用。

(4) 以民用部门为基础的空间交通安全监视和协调。

确保空间安全方面,由一个以安全和商业为关注点的民用组织为领导,协调开发以安全为中心的、得到立法支持的最佳实践、指南和标准。与民用部门不同,国防部没有权利开展更多的、降低空间交通安全风险活动的授权。商业化的手段选择(美国政府采购会带来较大延误)可以带来空间态势感知敏感器、计算平台和应用的创新与快速发展,创造出更多、更好的空间交通安全产品与服务。国防部和民用部门发起的产品和服务之间可能发生冲突(例如国防部和民用部门的空间物体目录不一致),但在具体方法上建立起对这种差异的共同理解,就可以使人们对这个问题的认识总体来说有所改进。总体来说,这种框架选择所带来的安全上的好处,和选项(3)相同。但是由于政府要承担更多的责任,这个选项的框架需要更长时间才能实现。

保护和增强国家安全航天利益以及确保空间安全方面,国防部无须再承担开发和部署空间交通安全产品和服务,使之能够更加专注于空间防御和保护任务,并能够进一步增强回弹能力。这个框架提供了一系列机制,使美国政府能为潜在的国际合作开发一批以安全为中心的利益空间。也能让美国政府发挥领导作用,引领以安全为中心的最佳实践、指南、标准的开发和成熟,以此建立行为规范的基础。这个框架也允许美国政府发挥领导作用,建立理性的、现实可行的目录数据安全政策。

保证空间领域和航天产业基础的经济活力方面,这个框架需要商业部门得到更多的技术性宣贯,这种宣贯基于对个性化业主-运营商需求和能力的详细说明。更低的管理费用和更低的虚警率可以带来更高的运行效率。在空间交通安全相关审批问题上,这个框架可以为新兴企业提供更大的确定性。

(5)以民用部门为基础的空间交通管理。

确保空间安全方面,可以制定出清晰的、以安全为中心的规则和制度,得到广泛的理解和遵照执行。反过来,不能保证这样的新规则能得到充分宣贯,并且对空间交通安全风险减缓做出有效的贡献。传统的技术性 SSA 能力采购缺乏足够的灵活性来维持技术相关性,因此无法提供最高效的 SSA 能力。国防部和民用部门发起的产品和服务之间可能发生冲突(例如国防部和民用部门的空间物体目录不一致),但在具体方法上建立起对这种差异的共同理解,就可以使人们对这个问题的认识总体来说有所改进。总体来说,这种框架选择所带来的安全上的好处,和选项(3)相同。但是由于政府要承担更多的责任,这个选项的框架需要更长时间才能实现。

确保空间安全方面,国防部无须再承担开发和部署空间交通安全产品和服务,使之能够更加专注于空间防御和保护任务,并能够进一步增强回弹能力。这个框架会有很大的潜在可能,驱动国外商业航天能力的发展,但这将限制美国政府为了国家安全相关服务而使用商业航天器。这种方式会导致管理部门在管理美国国内航天器业主-运营商时扮演一个非常循规蹈矩的角色,进而缺乏国际性的感知能力。

保证空间域和航天产业基础的经济活力方面,私营业主、运营商会承担更多义务(主要是运营上的)会阻碍新兴天基服务商业模式的发展,也不利于将它们推向国际市场。未经宣贯的规则和操作规程对商业来说是不利的,对空间交通安全的增强也没有什么作用。

2.7 小　结

空间交通管理的概念内涵还在发展当中,但从其基本特征分析,空间交通管理主要包含管理主体、客体和环境三大要素。空间交通管理主体包括国际组织、政府机构以及非政府实体,是管理的责任主体,承担国际规则制定、协调,国内政策法规制定、执行,空间活动实施等任务;空间交通管理客体是管理对象,其宏观表征是空间活动,而空间活动的核心载体是空间物体、空间碎片等人造物体及其占用的空间资源;空间交通管理外在影响因素是空间环境,主要是空间天气、近地小行星、微流星体等自然环境,空间环境客观存在,是空间交通管理不可避免的因素;有效实施空间交通管理需要综合考虑各种要素,软硬结合、天地一体,通过技术手段、标准规范、政策法规等构建一套功能体系,设计合理的运行程序来实现空间活动安全、有序,实现外空可持续发展。

参考文献

[1] 王希季,李大耀,张永维.卫星设计学[M].北京:中国宇航出版社,2015.

[2] 高耀南,王永富.宇航概论[M].北京:北京理工大学出版社,2018.

[3] 杨晓宁,杨勇.航天器空间环境工程[M].北京:北京理工大学出版社,2018.

[4] 联合国.关于各国探索和利用包括月球和其他天体在内外层空间活动的原则条约[Z],1967.

[5] Brown O, Cottom T, Gleason M M, et al. Orbital traffic management study[OL]. [2020 - 3 - 10]. https://images. spaceref. com/news/2016/traffic. pdf.

[6] 国防科工委.空间物体登记管理办法[Z],2001.

[7] 中国人民解放军总装备部.卫星术语[S].GJB 421A - 97,中华人民共和国国家军用标准,1997.

[8] 中国大百科全书编辑部.中国大百科全书-航空航天[M].北京:中国大百科全书出版社,2004.

[9] 龚自正,李明,陈川,等.小行星监测预警、安全防御和资源利用的前沿科学问题及关键技术[J].科学通报,2020,65(5):346 - 372.

[10] 龚自正,赵秋艳,李明,等,空间碎片防护研究前沿问题与展望[J].空间碎片研究,2019,19(3):2 - 13.

[11] Tüllmann R, Arbinger C, Baskcomb S, et al. On the implementation of a European space traffic management system-I. A white paper[OL]. [2020 - 3 - 10]. https://elib. dlr. de/112148/STM_tuellmann_etal_2017_1_WhitePaper. pdf.

[12] Jorgenson C C, Lála P, Schrogl K U. The IAA cosmic study on space traffic management[J]. Space Policy, 2006, 22(4): 283 - 288.

[13] 工业和信息化部.中华人民共和国无线电频率划分规定[Z],2018.

[14] 中华人民共和国民法典[M].北京:中国法制出版社,2020.

[15] 编辑部.空间天气学国家重点实验室[J].空间科学学报,2017,37(4):508 - 509.

[16] 刘映国,孙龙.美国应对空间天气事件影响发展的动向与思考[J].卫星应用,2017(1):56 - 61.

[17] NOAA. Space weather toolkit[OL]. [2022 - 8 - 23]. https://www. swpc. noaa. gov/content/education-and-outreach.

[18] ESA. What is space weather?[OL]. [2020 - 10 - 6]. http://swe. ssa. esa. int/what-is-space-weather.

[19] 余明.简明天文学教程[M].北京:科学出版社,2002.

[20] Space Policy Directive - 4, establishment of the United States Space Force[OL]. [2019 - 2 -

20]. https：//trumpwhitehouse. archives. gov/presidental-action.

[21]　Space Policy Directive - 3, National Space Traffic Management Policy[OL]. [2018 - 6 - 20]. https：//trumpwhitehouse. archives. gov/presidental-action.

[22]　Brian Weeden, et al. Space Traffic Management[R]. International Space University, 2006.

[23]　FAA. Towards a Civil Space Traffic Management System[OL]. [2020 - 3 - 10]. https：// www. faa. gov/about/offiice_org/headquarters_offices/ast/media/6_space_traffic_management_ plan. pdf.

[24]　AIAA. Space Traffic Management(STM)：Balancing Safety, Innovation, and Growth[OL]. [2020 - 3 - 10]. https：//www. aiaa. org/docs/default-source/uplosdedfiles/issues-and- advocacy/policy-papers/position-papers/stmpapernovember2017. pdf.

[25]　Larsen P B. Space traffic management standards[J]. Air and Space Law, 2018, 83(2)： 359 - 397.

第 3 章

空间交通管理面临的挑战

自人类进入太空时代至今,人类的空间活动已有六十多年的历史,随着人类航天活动的增加和历史积累,在轨工作的航天器、废弃的航天器及其运载、空间碎片的数量不断增加,人类可利用的空间正在变得日益拥挤,空间环境日益恶化。而随着人类社会信息化的高速发展,空间飞行器成为人类社会越来越依赖的重要空间信息基础设施,特别是低轨巨型星座的出现,在加速人类社会信息化发展的同时,向空间交通管理提出了巨大挑战。在空间中运行的航天器,都是依据其任务目标,在特定的轨道上、按规定的频率正常工作,低轨巨型星座的出现,使轨道资源和频率资源——这一人类不可再生的、极度稀缺的自然资源的争夺日趋白热化。随着航天技术的进步,空间信息系统建设门槛越来越低,商业航天的新模式对传统的空间航天器的管理模式提出了新的挑战。作为人类的"新高地",空间的军事化、武器化已不可避免,空间将成为"新的战场",直接对空间资产的安全构成威胁。

因此,实施空间交通管理首先要面对这几个巨大的挑战。

3.1 空间环境

3.1.1 空间环境的内涵

空间环境(包括外空环境、太空环境均可译为 space environment)是指距地球表面 100 km 以外空间的环境。一般是指 100~36 000 km(36 000 km 以外,一般称为深空)的空间环境。空间环境非常复杂,包括高真空、高能带电粒子辐射、等离子体、太阳风、磁场、引力场、流星体和空间电磁辐射等自然环境和空间碎片等人为环境[1]。

目前,外层空间的法律地位已得以确认:即外层空间是由各国"共同使用"的"全球公域"["全球公域"即国家主权管辖范围之外的区域,包括南极洲、海洋(除领海外)和外层空间],外层空间不是国家主权所及之处,不得由任何国家据为己有[2,3]。然而,外层空间和国家领空还有待划分,即外层空间的界限问题。

关于外层空间的界限,主要有以下几种观点。

1."空间论"

"空间论"主张以空间的某种高度来划分空气空间和外层空间,以确定两种不同法律制度所适用的范围。认为空气空间的高度,应硬性地予以千米数的规定,低于该千米数的空间为地面国家领空,高于该千米数的空间为外层空间。

2."功能论"

"功能论"认为应根据飞行器功能来确定其所适用的法律。建议为不同类活动建立不同的边界。即人类以普通航空器所做的活动,属于空气空间的范畴,适用空气空间法;人类以太空航天器所做的活动,属于外层空间的范畴,适用外层空间法。

3."不划界论"

"不划界论"认为给空气空间和外层空间划定界限没有令人信服的理由。事实上,缺乏一个固定的界限至今尚未产生任何特殊困难,对外层空间法原则和规则的形成和发展也不构成障碍。

"空间论"与"功能论"都存在着缺陷和不足。事实上,到目前为止,确定边界的尝试,都已证明是失败的。"在目前尚不可能确定科学的和技术的标准,据以详尽地提出外层空间精确和持久的定义"[4]。

"不划界论"则显然不符合日益增多的空间活动的要求。因为划界可以防止因不确定引起的误解或冲突,促进国际合作。将来,随着技术的进步和实体法方面的争论在较广泛范围内进一步发展,会促成通过国际协议解决外空与领空的划界问题。

空间环境极为复杂,充斥着各种粒子,存在各种场,拥有许多复杂而严酷的环境因素,影响着人类的航天活动。外空中的各种环境因素,如高真空、各种中性和带电的粒子、低温、引力场、电场、磁场、电磁辐射、空间碎片及流星体等环境因素,恶劣的空间环境可引发航天器运行及通信、导航、电力传输网的事故,危及乘员的健康和生命,造成社会经济损失。

每一种环境因素有其自身的特性,通过各自(或多个环境因素共同)与在太空中的航天器表面或内部各分系统发生相互作用,对在太空中的航天器有着强烈的影响,甚至对地基的技术系统的运行和可靠性产生影响;如果不能有效地预见这种作用的潜在危害,可能会严重影响航天器执行任务的效果,造成航天器的任务失败或失效,甚至造成致命故障。例如:高层大气对航天器的阻尼作用;原子氧的剥蚀效应;空间热等离子体的充电效应;空间高能粒子的辐射效应、单粒子事件效应;磁场的磁力矩效应;电磁辐射效应;流星体和空间碎片的撞击效应等。

因此,研究空间环境的要素及其对航天活动的影响,对于空间交通管理非常重要。

3.1.1.1　空间自然环境[5]

空间自然环境是外层空间自然存在的环境,包括外层空间大气及高真空、高能带电粒子辐射、等离子体、太阳风、磁场、引力场、流星体和空间电磁辐射等环境因素。

1. 高真空(high vacuum)

真空的含义是指在给定的空间内低于一个大气压力的气体状态,人们通常把这种稀薄的气体状态称为真空状况。

地球大气在地球引力的作用下基本都聚集在地球表面附近。大气层的大气密度基本上是随着高度的增加按指数规律下降的。此外,大气密度也随着地球纬度、一年四季的变化、一天 24 小时及太阳活动变化而出现一定范围的变化和波动。

大气质量的分布如下:

- 大气在 0~20 km 范围占总质量的 90%;
- 大气在 0~50 km 范围占总质量的 99.9%;
- 大气在 100 km 以上占总质量的 0.000 1%。

在宇宙环境中,平均每立方厘米含有 0.1 个氢原子,非常稀薄;即便在较密集的星际区域中,每立方厘米也只含有约 1×10^4 个氢原子。但是在地球大气层中每立方厘米含有 1×10^{10} 个氮和氧分子。

空间中的大气密度沿高度基本按指数规律衰减,随着高度的增加大气越来越稀薄,也就越来越接近真空状态。衡量环境真空度的高低一般采用大气压力,单位为 Pa,大气压力也基本上随着高度的增加按指数规律下降。

在地球海平面平均大气压为 10^5 Pa,在太空中的大气压下降至 $10^{-9}\sim10^{-2}$ Pa。例如:100 km 以上的高空的大气已经十分稀薄,大气压力为 3×10^{-2} Pa,不到地面大气压力的百万分之一,属于高真空环境;350 km 高度的大气压力为 3×10^{-6} Pa,已经进入超高真空范围;1 000 km 高度的气压只有 8×10^{-9} Pa,已经接近极高真空环境。

航天器在发射及在轨运行过程中,将经历从低真空到超高真空的环境。当航天器进入到低真空、超高真空环境后,航天材料及其结构将受真空的影响,产生一系列效应,如压力差效应、黏着和冷焊效应、出气效应、真空放电效应等,造成航天器结构变形或损坏,改变热学性能、电学性能、力学性能等。

2. 高能带电粒子辐射(high-energy charged particle)

高能带电粒子是指宇宙空间中能量高于数百电子伏的带电粒子,它主要包括来自银河系的银河宇宙线、来自太阳爆发时发出的太阳宇宙线、被地球磁场捕获的地球辐射带粒子以及被其他天体(如木星)磁场捕获的高能带电粒子。

带电粒子是威胁在轨航天器的重要环境要素之一。空间辐射环境中的高能带电粒子作用于航天器,可引起航天材料或器件的暂时性损伤或永久性故障。从损伤机制上,可以分为电离损伤和位移损伤;从是否累积效应,则可分为瞬态效应和长期效应,从材料的分子层面上分析,空间粒子辐射可引起材料分子的分解,增加出气,导致热学性能、电学性能和力学性能的改变,进而引起真空环境的效应、温度环境的效应、原子氧环境效应等。

空间粒子辐射可引起航天材料及由航天材料研制的元器件产生单粒子效应、总剂量效应、位移损伤效应、表面充放电效应和内带电效应等。

1)地球辐射带

地球辐射带是被地球磁场捕获的高能带电粒子所形成的区域。地球辐射带是由美国学者范·艾伦首先提出的,后被苏联卫星测量结果所证实。所以,地球辐射带又称为范·艾伦辐射带。

地球辐射带环绕在地球赤道周围上空,按空间分布可分为内、外两个辐射带。地球辐射带形状大体上是在地球赤道上空围绕地球形成环状结构。因为组成辐射带的带电粒子是沿着地球磁场的磁力线运动的,所以,辐射带的边缘大体上与磁力线一致。由于太阳风改变了地球基本磁场的分布,导致向阳面与背日面的不对称性,辐射带的向阳面与背日面也有差异。地球辐射带主要由质子、电子和少量重核组成。

2)太阳宇宙线

太阳耀斑爆发时所发射出来的高能粒子流,通常称为太阳宇宙线或太阳带电粒子辐射。它们绝大部分是质子流,故又常称为太阳质子事件。太阳表面平静时不发射太阳宇宙线。

太阳宇宙线的组成除了质子外,还包含有少量电子和 α 粒子及少量电荷数大于 3 的粒子,其中包括碳(C)、氮(N)、氧(O)等重核粒子;伴随辐射粒子,还有大量射电辐射和 X 射线辐射。

3)银河宇宙线

银河宇宙线是从太阳系以外银河各个方向来的高能带电粒子,其粒子通量很低,但能量很高。银河宇宙线的粒子能量范围是 $40 \sim 10^{13}$ MeV,甚至更高。银河宇宙线是由电子和元素周期表中所有元素的原子核组成。

银河宇宙线在进入日层前,还未受到太阳风的影响,其强度可认为是均匀和恒定的,即不随空间和时间变化。但进入日层后,受太阳风的影响,银河宇宙线强度逐渐减弱。另外,它们进入地球磁场作用范围之后,由于受到地磁场的强烈偏转,使得能量较低的粒子难以达到地球,同时产生纬度效应、经度效应,因此,出现东西南北不对称性。

3. 空间等离子体(space plasma)

空间等离子体是指太空环境中能量低于几十万电子伏的带电粒子,是空间环境的重要组成部分。它几乎充满着整个宇宙空间,像地球和其他行星的磁层和电离层、太阳风、行星际空间、太阳大气等均充满空间等离子体。

因空间等离子体的能量较之宇宙射线和辐射带粒子(统称为高能粒子)的要

低,故有时又称空间等离子体为低能粒子,它不仅受磁场控制,而且受空间电场支配。

空间等离子体对人类航天活动有着重要影响,如航天器充电、高电压太阳阵的电流泄漏和弧光放电尾流、电波传播效应等。

4. 太阳风(solar wind)

太阳风是高温高导电的太阳日冕气体向外膨胀而连续不断地生成的超声速等离子体流。太阳风的主体是来自太阳的径向流,其上冻结着太阳磁场。

太阳风等离子体由电子和离子组成,离子中95%的正离子是质子,3%~4%为双电荷的氦离子以及约1%的重离子,这些重离子中,碳、氮、氧、氖、镁、硅和铁等元素密度相对较高。

作为一个中等恒星,太阳是一个炽热的气体球,不断地发射出电磁辐射,包含了波长从 10^{-8} μm 的 γ 射线到波长大于 10 km 的无线电波的各种波长电磁波。波长在 0.28~1 000 μm 的辐射能量占太阳总辐射能的 99.43%,这些辐射来源是太阳光球的热辐射,其辐射功率比较稳定。在太阳辐射光谱的两端,即波长小于0.28 μm 的紫外线、X 射线、γ 射线和大于 1 000 μm 的电磁波,主要来源于太阳日冕的非热辐射。

太阳风分为太阳风低速流和高速流。充斥行星际空间的太阳风构成了行星际介质的主体,它是地球空间的重要外部环境,是引起地球环境扰动的媒质,故对航天器和人类生存活动而言太阳风影响至关重要。

此外,虽然紫外线的辐射能量占太阳总辐射能量的比例不大,但对航天器表面材料有很大的影响。

太阳辐射作用于物体表面所产生的辐射压称为光压。航天器在高轨道上运行时要考虑光压的作用。

5. 地球磁场与磁层(geomagnetic field & magnetosphere)

地球附近空间充满着磁场,按照磁场的起源不同,地球磁场可以分为内源场和外源场两部分。

内源场是地球固有磁场,占总磁场的99%以上,十分稳定。近地空间磁场可以用偏心偶极子场分布较好地描述,地磁轴与地球自转轴不重合,两者间有约 11.5° 夹角。另外,由于地磁偶极子轴是偏心的,距离地心约 500 km,导致地球表面存在南大西洋负异常和东亚大陆正异常等地磁异常区域。地磁异常区,尤其是南大西洋负磁异常区,磁场强度比周边地区有很大幅度的减弱,进而对低轨航天器产生显著的影响。

外源场仅占不到1%,源于地球附近电流体系的磁场,包括电离层电流、环电流、场向电流及磁层内其他电流的磁场。尽管外源场在地球表面的地磁场中所占比例很小,但随着距地面高度的增加,外源场的比重逐渐上升,对于地球同步轨道

（GSO），外源场的贡献不可忽略。由于产生外源场的电流体系受太阳风调制，导致外源场存在显著的动态变化。因此，对于 GSO 轨道而言，其轨道上的地磁场存在显著的动态变化，在恶劣情况下，GSO 轨道甚至可能直接暴露于太阳风中，其轨道上的磁场方向甚至可能出现反转。地球磁场产生磁力矩会对航天器姿态造成干扰。

太阳风与地球磁场相互作用，磁层顶上游会产生一个激波，称为弓激波，弓激波改变了太阳风的速度及方向。弓激波和磁层顶之间的区域称之磁鞘，弓激波和磁鞘是由太阳风与地球磁场相互作用而形成的过渡区。太阳风经过地球附近时，把地球磁场屏蔽并且包围起来，形成了一个很长的腔体，腔体的最外层就是磁层。地球磁层是指电离层以上受磁场控制的广大的稀薄等离子体区域，它的外边界称之为磁层顶，向阳面磁层顶像一个稍压扁了的半球，在日地连线方向上它距地心平均是 10~11 个地球半径（R），太阳风动压增强时磁层顶可压缩到地球同步高度（距地心 6.6R）以下，在背阳面磁尾可延伸至数百至上千个地球半径以外。

磁层是太阳风和近地空间的过渡区，太阳风不停地向磁层输送能量，经过在磁层内的转换和传输，进而通过与电离层、热层的耦合来影响近地空间环境。太阳活动和行星际扰动期间，磁层顶边界区的位形和结构会发生变化，产生如磁重联和反常输运等动力学过程，使太阳风能量、动量和等离子体对磁层输入率剧增，引起磁层亚暴、磁暴和磁层粒子暴，进而可能对航天器在轨工作产生直接危害。

地球磁场对航天器的主要影响是作用于航天器上的磁干扰力矩，它会改变航天器的姿态。在近地轨道，由于磁场较强，其干扰力矩与气动力矩、重力梯度力矩可达同一数量级。当然，这一特性也可以使用磁力矩器来调节航天器的姿态。

6. 引力场（gravitational field）

天体的引力环境是我们最为熟知的和无所不在的物理环境。迄今为止，人类的航天活动基本上是在太阳系内，引力是制约航天器运动的基本外力。航天器除了受地球的引力作用外，还会受到月球和太阳的引力影响。

绕地球轨道航天器是在地球引力作用下绕地球作椭圆运动，理想的地球应该是分布均匀的圆球体，引力中心位于地心。航天器必须有足够的速度克服地球引力才能在地球引力下绕地球运行。

实际上地球不是理想的球形，其赤道半径为 6 378.140 km，质量分布不均匀，因此，引力势的分布也不均匀，偏离理想的分布。精确的引力场分布模型用多阶球谐函数表述。不均匀的地球引力场对航天器运行轨道造成摄动，使得航天器运行轨道偏离理想轨道。

7. 流星体（meteoroid）

流星体是在围绕太阳的大椭圆轨道上高速运转的固体颗粒，它们一般来源于彗星和小行星，并具有与彗星相近的轨道。当它们的轨道与地球相交时，可能闯入地球大气,与大气摩擦产生发光现象,即为流星。个别尚未在大气层完全燃烧而能到达地面者称为陨星。流星体具有各种不规则的外形,它们在太阳引力场的作用下沿着各种椭圆轨道运动,它与地球的相对速度上限约为 72 km/s,相对速度的下限由地球的引力势决定,不小于 11 km/s,平均速度约为 20 km/s。流星体密度分布在 $0.5 \sim 2.0$ g/cm^3。

通过地球附近的流星体在地球引力场的作用下,运行的轨道会向地球方向弯曲,使地球周围的流星体通量增加,这种效应称为会聚效应。地球引力的会聚因子会随高度变化而不断地变化,在 100 km 的高度处,流星体通量比行星际空间的通量增加一倍,随着高度的增加,流星体通量逐渐趋于行星际空间的强度。

8. 空间电磁辐射(space electromagnetic radiation)

存在于宇宙空间的各种电磁辐射的总称。空间电磁辐射主要来自恒星,天体温度不同,发射电磁的波段也不同。温度高于 10^6 K 的天体,辐射波长主要处于 X 射线波段范围;温度在 $10^4 \sim 10^6$ K 的天体其辐射主要集中在紫外光谱区;温度在 6 000 K 以下比较冷的天体,最大的辐射处在红外光谱和可见光谱区。无线电波也是空间电磁辐射的一部分,它包含射电波段和微波波段。除了恒星、星云等强发光天体外,行星、卫星以及它们的大气、彗星和星际物质都有电磁辐射。

地球空间环境主要受太阳的电磁辐射影响。太阳电磁辐射对航天器的在轨运行具有重要的影响,尤其是紫外波段,虽然其能量比例较低,但由于其光子能量较高,可对航天器在轨运行带来严重的威胁。紫外辐照对高分子材料有 2 种不同效应:瞬态效应(剂量率效应)和累积效应(总剂量效应)。其中瞬态效应是可逆的,当外界紫外辐照撤掉后,高分子材料的性能基本保持不变;累积效应则是不可逆的,高分子材料在长期紫外辐照后发生成分和结构的变化,造成材料性能退化。

3.1.1.2　空间人为环境

空间人为环境是由于人类发射各种航天器,进入外层空间时人为制造、产生出的环境。这些环境包括正在空间运行、正常工作的各类航天器,寿命终了或失效而废弃的航天器,跟随航天器发射入轨的末级运载火箭,末级运载火箭由于残留推进剂引起环境爆炸和安全爆炸装置或电池等爆炸产生的大量空间碎片。此外,还有运载火箭和航天器各种星星、星箭、星(箭)地、地地之间的各种无线电射频引起的外空电磁干扰环境。

1. 航天器(spacecraft)

航天器是在地球大气层以外的宇宙空间(太空),按照天体力学的规律在太空运行,执行探索、开发或利用太空及天体等特定任务的各类飞行器,是执行航天任务的主体,是宇航系统中最主要的组成部分[6]。

航天器是由运载火箭从地面发射送入太空,在空间轨道上运行、在太空环境中工作的飞行器,因此航天器应有尽可能小的体积、轻的质量,并能适应运载发射过程中的振动、冲击、噪声、过载、气压变化等环境;能够适应空间电磁辐射、热辐射、高能粒子、真空等严酷的空间环境并为载荷提供适合其正常工作所需要的工作环境。航天器主要的指标分两大类,一类与航天器本身的能力有关,如轨道、重量、功率、控制精度、承载能力和寿命等。

2. 空间碎片

空间碎片主要来源:① 完成任务后的卫星以及运载火箭末级直接成为空间碎片;② 火箭剩余燃料、卫星高压气瓶中的剩余气体、未用完电池,都可能因为偶然的因素爆炸,而产生难以计数的空间碎片,至 2003 年人们共发现了 170 余次爆炸,将近一半的碎片因此而来;③ 固体火箭燃料中添加了铝粉,燃烧产生的氧化铝向空间喷射,形成空间"沙尘暴";④ 用液态钠钾合金作为冷凝剂的核动力卫星,卫星失效后冷凝剂向外泄漏的小液滴产生了小碎片;⑤ 航天员产生的生活垃圾是名副其实的空间垃圾,和平号空间站的垃圾就直接被抛向太空;⑥ 航天员在空间行走时遗弃的扳手、手套、摄像机等物品也成为空间碎片;⑦ 空间碎片使航天器表面材料退化、剥落,成为新的空间碎片[7]。

空间碎片的大小相差悬殊,大的如末级运载火箭,小的如固体火箭喷出氧化铝微粒。按照碎片尺寸的大小,可将空间碎片分为大碎片、中碎片和小碎片。尺寸大于 10 cm 的碎片称为大碎片;尺寸在 1~10 cm 的碎片称为中碎片,数量大约有 50 万个;尺寸在 1 cm 以下的碎片称为小碎片,数量已超过 200 亿个。这些空间碎片分布在高度 2 000 km 以下的低地球轨道和高度约 36 000 km 的地球同步轨道。

航天器发射入轨后,即处于空间碎片与微流星体环境之中,其中低地球轨道主要为空间碎片环境。

3. 空间电磁环境

在外层空间中的所有的电磁辐射所形成的环境,分成人为电磁环境和自然电磁环境。在本书中,主要是指人为电磁环境,是指在外空内,由空域、时域、频域、能量上分布的辐射源种类多、辐射强度差别大、信号分布密集重叠、信号样式复杂多样、动态交迭的电磁信号所构成的电磁环境,包括所有可以影响到外空的地面(海面)、空中的人为电磁辐射源以及在外空中的人为电磁辐射源的电磁信号。

电磁频谱是电磁波按照频率或波长分段排列所形成的结构谱系,电磁频谱与森林、矿产、海洋等同属于自然资源,且是一种稀缺的自然资源,是在频域上描述电磁环境的手段,但又明显区别于其他资源,由于外层空间处于任何国家的领空范围之外,所以也是全人类共有的国际资源,不能通过领土、领海、领空等明确的国家界限加以划分,各国必须在统一国际规则框架下行使权利、履行义务,"平等、合理、经济、有效"地使用电磁频谱。

随着信息时代的飞速发展,频谱资源越来越紧张,无线电秩序与频谱安全的隐患越来越严重,电磁频谱在现代社会生活中的地位越来越重要。受地球大气环境的制约,能够实现星地探测、通信、服务应用的空间电磁频谱更是一种极度稀缺的、不可再生的自然资源,各国在此领域的竞争、争夺日趋激烈。

3.1.2　空间环境治理问题日渐突显

人类开发空间活动是指人类对外层空间的探测、试验以及通信、运输等各种利用和开发,包括民用和军用活动。随着航天科技的迅速发展,人类探索和利用外层空间的活动日益增多,为人类带来巨大利益。

但人类开发空间活动也不可避免地对空间环境造成一定程度的不利影响,包括对空间环境的污染、固体废弃物(空间碎片)和频谱干扰。

3.1.2.1　空间碎片的危害日趋严重

对空间环境的最大威胁来自空间碎片对卫星、航天器等空间物体造成的危害。科学家早在 1965 年就指出了空间碎片可能引起的潜在危险。随着空间活动的日益增加,地球轨道上积累的碎片急剧上升,从而增加了空间碎片与空间物体碰撞的可能性。

空间碎片的主要来源是空间物体的爆炸和碰撞。两者都可以由意外的或有意的行为造成。一次剧烈的碰撞和爆炸可能产生 10 000 颗直径大于 1 cm 的微粒和100 万颗直径大于 1 mm 的微粒以及成千上万颗粒子。迄今空间碎片的主要来源是由苏联的反卫星武器试验和美国的火箭爆炸事故造成的。例如苏联的反卫星武器方式一般是将自爆卫星送入轨道,在接近目标时自行引爆,炸毁目标,从而产生大量碎片[8]。

空间碎片的危害性还在于它对空间飞行和运输的破坏作用。在距地面2 000 km 内的人类使用最频繁的低地球轨道上,碎片运行速度为 7.8 km/s(第一宇宙速度),它们与航天器发生超高速撞击,其相对撞击速度在 0~15 km/s,平均撞击速度为 10 km/s,严重威胁着在轨航天器的安全运行,可引起航天材料与器件发生一系列粒子撞击损伤效应。其中,0.1 mm 以下的空间碎片撞击长期累积导致表面砂蚀、光敏性部件下降、辐射性能改变;0.1~10 mm 的碎片撞击可导致舱壁成坑或穿孔、密封舱或压力容器泄漏;10~100 mm 空间碎片撞击可导致航天器舱壁穿孔、破裂的危险;100 mm 以上空间碎片对航天器存在毁灭性危害[9]。

空间碎片问题是人类探索、开发和利用外层空间后的产物,随着空间活动的日益频繁,地球轨道上碎片的数量逐渐增加,空间碎片和空间物体碰撞的可能性也随之增加,这将直接阻碍空间活动的顺利开展。空间碎片的危害性主要有两点:一是会在近地轨道形成一条空间碎屑层,阻止人类进入外太空;二是空间碎片与运营的航天器和有效载荷发生碰撞造成航天器和有效载荷损毁。这意味着空间碎片不仅妨碍现在的空间活动,而且随着数量的积累,空间碎片将严重损害甚至损毁将来的空间活动满足人类后代需要的能力,使人类的后代可能无法享受外空探索、开发和利用活动给他们带来的好处,以及危及近地轨道和地球静止轨道的长期可利用。即对空间交通管理形成巨大的影响[10]。而外空军事化的各类军事活动(如中段反导试验、反卫试验)将人为产生更多的空间碎片,急剧恶化空间环境。

例如:2019 年 3 月 27 日,印度使用 PDV－2 型导弹开展了一次反卫星试验,拦截的是印度的 Microsat－R 卫星,拦截高度为 280 km。Microsat－R 卫星于 2019 年 1 月 24 日发射,质量为 740 kg。

分析图形公司(AGI)对印度反卫星试验进行了计算模拟。模拟此次试验产生了大约 6 500 个比铅笔橡皮擦大的空间碎片。其中,至少有 12 块飞到了 1 000 km 以上的高度。AGI 资深天体动力学分析师奥尔特罗格说:"有一块碎片出现在了 2 222 km 的高度上,几乎是印度反卫星试验拦截高度的 8 倍。这块碎片以及轨道高度很高的其他碎片的留轨时间将远超印度国防研究与发展组织(DRDO)最近预测的 45 天。"他还表示:"很多碎片已在前两天再入大气层,另有相当数量的碎片会在随后一两个月内再入,但部分碎片会留轨长达一两年时间。"

AGI 的数据显示,在与本次试验所产生碎片的飞行路径相交的风险最大的 25 颗卫星中有多颗俄罗斯"老人星"遥感卫星和由行星公司(Planet)运营的"鸽子"卫星,欧空局去年 8 月发射的"风神"测风卫星也在这 25 颗风险最大的卫星之列。

3.1.2.2　频谱干扰

人造地球卫星通常由运载火箭发射进入地球轨道,随后依靠惯性继续绕地球飞行。距离地面高度为 35 786 km 的地球赤道轨道,叫作地球静止轨道,是倾角为 0° 的 GSO 轨道,卫星在这条轨道上相对于地球是静止的。一颗地球静止轨道卫星可以覆盖地球表面约 40% 的面积,只要有三颗这样的卫星等距离部署在这条轨道上,就可以实现全球覆盖。然而,每颗卫星占有一定的物理轨道位置,因此,在这一轨道上可以部署的卫星的数量是有限的[11]。与此同时,处于相同或邻近位置的卫星若使用相同频率,则会造成干扰,导致信息传递失真。因此,无线电频率和卫星轨道资源均被视为有限的自然资源,也是关系到国民经济和社会可持续发展的重要战略资源,具有稀缺性。为保证卫星等空间物体在进入外层空间和返回地球过程中以及在外层空间运行时免受有害频率干扰,空间交通管理需要确立一系列的技术和管理规则。

随着电信技术的发展,各国对国际频谱的需求日益增加。以导航卫星系统为例,美国自 1976 年以来开始部署全球定位系统(GPS),该系统的基本星座由 24 颗地球轨道卫星组成(另有 4 颗备用卫星),为全球的军事和民事活动提供导航和时间信息。俄罗斯亦部署由 24 颗卫星构成的格洛纳斯(GLONASS)系统(包含 21 颗工作星和 3 颗备份星)。欧盟研制部署了新一代民用全球卫星导航系统——伽利略(Galileo)系统。而中国的北斗卫星导航系统(英文名为"Compass")部署 5 颗静止轨道卫星和 30 颗非静止轨道卫星。由于卫星轨道位置和频率的稀缺性,先到位的导航系统,就占据了轨道位置最佳、发射频率最稳定的空间。例如:美国 GPS 系统的 24 颗卫星就均匀广泛地分布在 6 个轨道面上,可以为地球上任何地点连续发射固定频率的信号;而俄罗斯的格洛纳斯系统的卫星分布范围就狭窄很多,仅仅占据了 3 条轨道;伽利略系统和北斗系统都属于后建设的导航卫星系统,前者由于面临巨额资金缺口和内部争议而建设迟缓,而后者部署的速度超过了前者,从而使得北斗系统得以按计划扩展为世界上第三套正常运行、实用的全球卫星导航系统。北斗系统计划使用的频段,与伽利略系统有部分重叠,欧盟官员认为伽利略系统优先申报,实际上拥有优先权;而中方认为按照国际电信联盟的规定和程序,中方对此导航频段的使用也具有优先权。最终,双方经过长期谈判,解决了相关问题。由此,近年来,各国对空间交通管理的国际规则,特别是国际电信联盟有关空间频率轨道资源分配规则的关注日益密切[12]。

从地球和卫星上,特别是从卫星上发出的高频和甚高频电波所形成的远距离磁场,对其他卫星的无线电通信会产生不同程度的干扰,并对射电天文观察产生妨碍作用。

人类从地面和空间发射激光,对空间环境和空间活动都将产生巨大影响。在外空军事化日益加剧的形势下,高能激光武器和粒子束武器的发展将对外空的和平利用构成严重威胁[13]。

3.1.3　对空间环境的污染危害

航天活动需要使用空间存在的元素并排出废弃物质,因此可能使空间环境遭受不同程度的污染。即由于航天活动对空间或其中某一部分带来过多的物质、成分、电波、辐射等,从而对空间环境结构和空间活动产生不利的影响和障碍。包括有形的、直接的物质损害和无形的、非直接的物质损害。

1. 化学污染

航天器的排出物对位于 80 km 以上的电离层有重要影响。即使排出的是无毒的水蒸气,进入电离层后也能降低其中电子的密度。这将干扰无线电通信,因为无线电通信必须靠电离层传递信号。航天器排出的废气和化学物质对红外天文观察也会产生不利影响。

另外,空间物体重返大气层时,由于空气的阻力,在高温中迅速烧毁,产生金属蒸汽,这种大量的金属蒸汽对电离层和无线电通信也有不利影响。

2. 生物污染

人类空间活动的生物污染有"向外污染"和"返回污染"两种。"向外污染"是指航天器所载的地球上的微机体对空间环境和其他星球造成的污染。"返回污染"是指航天器将地球领域以外的微机体带回地球后对地球造成的污染。这两种生物污染曾引起空间科学界的很大关注。但由于迄今未发现其他星球具备存在生物的条件,所以尚未发现"返回污染";另一方面,美国空间实验室的研究表明,细菌类在空间环境中比在地球上生长得快,而人在空间环境的抵抗力相对减弱。人类为开展对空间生命学的研究,在外空设置生物实验室,对病菌进行研究,就可能将菌类引入空间环境而造成生物污染。

3. 放射性污染

放射性污染来自放射性物质和电磁波的辐射。核动力卫星发射失败以及失控的核动力卫星在重返大气层时解体,都可能对空间和地面造成放射性污染。1978年苏联核动力卫星"宇宙-954"失事坠入加拿大,造成核污染事故就是典型案例。自此,外空使用核动力源问题引起国际社会的巨大关注,迄今已多次发生这类事件。

在外层空间进行核爆炸同在大气层一样,其放射性尘埃将在高空中广泛散开,不仅会改变高空的环境结构,还会破坏在轨道上运行的卫星上的电子设施。

随着各国核电站的日益增加,引起尖锐的处理核废料问题。有人设想将核废料运往外层空间,以使地球免遭污染。显然,这种办法有可能产生对空间的放射性污染。

3.1.4　空间环境是影响空间交通管理的重要因素

有学者把空间碎片定义为"报废的空间物体、火箭遗弃的各级装置、分离装置、保护罩以及空间物体解体后的大小零部件和颗粒等",这种解释相对比较简单,无法涵盖现存碎片的范围。从航天学的角度,空间碎片是指分布在人造地球卫星利用的环绕地球轨道上并已丧失功能的空间物体。本书所讲的空间碎片是人为空间碎片,是人类在太阳系空间,尤其是地球外层空间的太空探索活动产生、遗弃的碎片和颗粒物质,主要由报废的空间装置、失效的载荷、火箭残骸、绝热防护材料、分离装置等,及其因碰撞、风化产生的碎屑物质组成。

据欧空局空间碎片办公室 2022 年 5 月 10 日发布的信息,空间监视网络定期跟踪并保存在其目录中的碎片物体的数量约 31 590 个[14]。碎片的分布如图 3-1 所示,由图可见,空间碎片集中分布在人类航天活动比较频繁的轨道,已编目空间碎片分布主要集中在 300~1 000 km 的低地球轨道和地球同步轨道,其中低地球轨道的碎片密度最大,最近 10 年公布的在轨空间碎片碰撞和预警事件也绝大部分发生在低地球轨道。而我国目前在轨的航天器大部分都运行在低轨,后续大量科研卫星、业务卫星以及以载人空间站为代表的我国航天重点工程都将运行在低轨道,因此迫切需要优先解决低轨空间碎片对我国在轨的航天器及未来规划的航天器的影响问题。

空间碎片的增加对低地球轨道和地球静止轨道上卫星的安全运行造成极大的威胁,空间环境污染直接干扰在轨卫星的正常运行,这会间接影响地球上的发展活动。例如:受到干扰的卫星无法正常准确地把遥感地球的数据发送到地球的接收

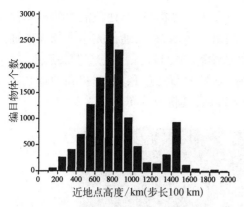
（a）低轨在轨编目物体近地点高度分布

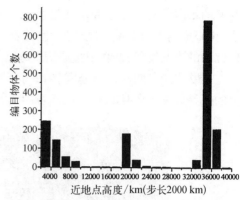
（b）中高轨在轨编目物体近地点高度分布

图 3-1　在轨编目物体近地点高度分布图

器,这将影响地球上自然灾害预警和预防,并造成巨大的经济损失和人员伤亡。空间活动目前面临的主要问题包括空间碎片问题,地球静止轨道资源有限性问题和空间环境污染问题[15]。

空间环境对航天器的影响表现为一种综合效应,即一个环境因素对航天器可能会产生多方面的影响,航天器的状态也会受到多种环境因素的作用。因此,开展空间交通管理的相关研究,空间环境是首要的因素。

3.2　低轨巨型星座

3.2.1　基本情况

一般称距地球表面 500~2 000 km 的卫星轨道为低地球轨道(LEO)。LEO 轨道是人类航天活动最先进入的地方,因其轨道高度较低,非常适合开展对地遥感卫星、通信卫星等工作。事实上,目前世界上绝大部分的对地遥感卫星都工作在 LEO 轨道上。以卫星对地光学遥感为例:R_P 为地面像元分辨率;H 为航天器轨道高度;f 为遥感器光学焦距;d 为像元尺寸。则有:$R_P = \left(\dfrac{H}{f}\right)d$;即地面像元分辨率随着航天器轨道高度的降低而更清晰。

而在 20 世纪 80 年代以来,随着卫星通信技术的发展,低轨卫星通信系统因其卫星轨道高度仅为地球同步静止轨道的 $\dfrac{1}{80}$~$\dfrac{1}{20}$,信号路径损耗比 GEO 轨道低数十分贝,信号时延只有 GEO 轨道的 $\dfrac{1}{75}$,非常适合实现通信终端的手机化和达到话音延迟低的要求。虽然为了保证低轨卫星通信用户在全球任意地点都可以享受到

24 h 的不间断的通信服务需要发射几十至上百颗有强大星上处理能力的卫星星座,精心配制多条卫星星座轨道,但随着天基组网技术、移动通信技术和物联网通信应用的飞速发展,低轨卫星通信星座已经成为现在卫星通信的一个发展热点。

据欧空局空间碎片办公室 2022 年 5 月 10 日发布的信息,全球仍在地球轨道上的卫星数量约 8 410 颗,仍在运行的约 5 800 颗,其轨道分布参见图 3 - 2。

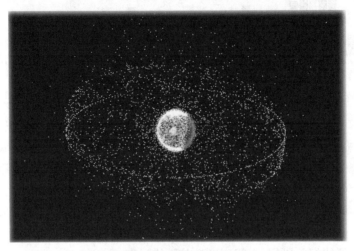

图 3 - 2　全球在轨卫星全景分布(图片来自 satfiare.com)

3.2.2　呈现出爆发式发展的趋势

3.2.2.1　低轨微小卫星星座发展迅猛

由于微小卫星技术的迅猛发展,因其技术新、响应快、应用灵活、成本低等特点,1995 年以来,以萨里大学、轨道科学公司为代表,国外现代小卫星的发展风起云涌。

- 2000~2004 年,工业界高性能小卫星和大学技术验证类微小卫星的发展并驾齐驱。
- 2005~2009 年,小卫星全面进入实用化。
- 2010~2014 年,形成小卫星体系化应用,并开辟快响卫星等新领域,同时皮纳卫星发展迅猛。
- 2015 年至今,国际上不断丰富拓展小卫星应用领域,微纳卫星发射活动和发射计划爆炸式增长。

由于微小卫星技术及其应用的特点,微小卫星的应用方式主要是用于 LEO 轨道和组成大规模的微小卫星星座。

目前,低轨卫星及巨型星座正在呈现爆发式的增长态势。

2015 年英国一网(OneWeb)公司和美国太空探索技术(SpaceX)公司等启动了

低轨微小卫星巨型星座计划。OneWeb 公司计划在 LEO 区域 1 200 km 高度部署 720 颗微小卫星,这些微小卫星分布在 18 个不同的轨道面上,用于全球高速通信。SpaceX 公司计划在 LEO 区域 1 100 km 高度部署 4 025 颗微小卫星,用于全球高速网络通信。

2013~2018 年,国外低轨卫星发射情况如图 3 - 3 所示,2014~2017 年 66%新增卫星为微纳卫星;2018 年,发射航天器总数的 80%以上为质量 500 kg 以下的小卫星。

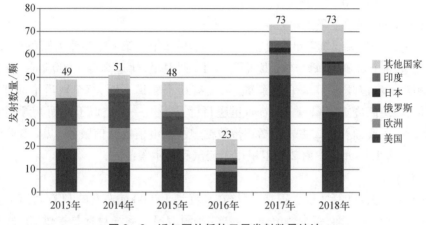

图 3 - 3　近年国外低轨卫星发射数量统计

3.2.2.2　美国已有的及未来规划中的低轨卫星巨型星座

以未来的移动通信、物联网通信应用为目标,在未来的低轨卫星星座计划中,规划了数量惊人的卫星。

- Iridium NEXT

Iridium NEXT 星座与第一代铱星星座所采用的星座构型相同,均为高度 778 km、倾角为 86.4°的圆轨道。星座采用星形构型,星座由 6 个轨道面每个轨道面 11+1(备份)颗卫星共 66+6(备份)颗卫星组成。铱星系统是基于卫星网络,以提供话音、数据为主的全球卫星通信系统,目前已完成星座部署,并正式开始运营。

- OneWeb

OneWeb 星座由 18 个轨道面,每轨道面 40 颗卫星组成。星座采用高度 1 200 km,倾角 87.9°的星形星座实现全球覆盖。每颗卫星均采用缝隙阵天线,形成 16 个对地子波束,每个波束覆盖 65 km 高度 1 140 km 宽度区域。OneWeb 星座采用透明转发的服务形式,提供全球范围内的互联网宽带接入服务。当前 OneWeb 星座已发射 6 颗试验星,星座规模缩减为 12 个轨道面,每轨道面 48 颗卫星。

- StarLink(SpaceX)

StarLink 第一阶段计划包含 4 425 颗卫星,分布在轨道高度 1 110~1 325 km 的

83 个轨道平面上,星座采用混合设计模式,既包含极轨星座也包含低倾角 Walker 星座。StarLink 星座的主要应用包括"卫星通信和传输服务""高速无线宽带服务"以及"卫星成像服务"和"遥感服务"等。StarLink 第一阶段将会把轨道高度降低到 550 km 以降低星座对 GEO 卫星的干扰。

StarLink 第二阶段计划包含 7 518 颗卫星,与第一阶段卫星共同分布在 200 个极地和倾斜轨道平面上(53.8°、70°、74°、81°)。

2019 年 10 月 15 日,SpaceX 公司又提交了 30 000 颗卫星的申请文件。计划发射卫星数总计超 50 000 个。

- Telesat(通信卫星公司)

计划由 117 颗低轨卫星组成,分布在两个星座上。第一个星座为倾角 99.5°的极地轨道,6 个轨道面,每个轨道平面部署 12 颗卫星,轨道高度 1 000 km。第二星座为相对于赤道倾斜 37.4°的倾斜轨道,具有 5 个轨道平面,每个轨道平面部署 9 颗卫星,轨道高度 1 248 km。Telesat 星座目标是提供一个类似于地面光纤网络的宽带服务,主要商业模式主要包括宽带数据、政府、电信等通信服务,以及专业咨询服务。目前 Telesat 已发射 2 颗卫星用于测试和演示验证。

- LEOsat

LEOsat 星座包括 108 颗卫星,部署在高度为 1 400 km 左右的 LEO 轨道上。星座采用了 6 个轨道面,每个轨道面上部署 18 颗卫星。系统目标是提供 Gb 速率的全球数据接入,为全球电信、能源、海事、政府和国际商业市场的业务运营提供高度安全的卫星通信服务。目前还未发射试验用卫星。

- O3b 星座

O3b 星座由 42 颗轨道高度 8 062 km 的 MEO 卫星组成,其星座使用 3 个轨道面,每轨道面 14 颗的形式。同时采用低倾角圆轨道,实现低纬度地区覆盖服务。星座的设计目的是为低纬度地区提供网络接入服务。目前星座已完成星座部署,开展业务服务。

国外主要星座计划参见表 3-1。

表 3-1　国外宽带低轨卫星星座统计

系　统	卫星数量	轨道高度/km	倾角/(°)	工作年份	功　能
铱星	66	780	87	1998	语音
全球星	48	1 400	52	2000	语音
一网	720	1 200	86.4	2019	宽带
太空探索技术公司	11 943	550,1 110~1 325	53.8,70,74,81	2022	宽带

续　表

系　　统	卫星数量	轨道高度/km	倾角/(°)	工作年份	功　能
三星	4 600	<1 500	待定	待定	宽带
通信卫星公司	117	1 000,1 200	37.4,99.5	2022	宽带
亚马逊	3 236	590~630	待定	待定	宽带

注：SpaceX 公司在上表的基础上，又向国际电联提交了总共 30 000 颗卫星的低轨巨型星座的频率、轨位的 20 份申请。

- 低轨遥感星座

小卫星技术高速发展降低了人类利用空间的准入门槛，在政府支持和商业资本的双重驱动下，大量互联网企业进军航天，发展数十颗卫星或数百颗卫星规模的低轨遥感小卫星星座，实现规模化组网运行。

低轨遥感小卫星星座具备全球持续覆盖和数据近实时更新能力，在云计算、大数据技术驱动下，卫星遥感与信息技术深度融合，面向用户开放基于云平台的遥感数据远程在线访问服务，可根据用户需求提供定制化、近实时的数据获取和分析服务，并利用大数据挖掘技术，分析潜在事件发生概率，实现应急响应和预警告知。在这种颠覆式理念驱动下，卫星遥感应用逐步从政府高端用户，向行业用户和大众消费市场用户拓展，真正以服务用户为中心，出现不少互联网与卫星遥感结合的企业，例如：美国行星公司(Planet)借鉴互联网思维发展微纳卫星遥感星座，迄今部署的 3U 立方体遥感卫星已超过 200 颗，通过收购中分辨率运营商"快眼"(RapidEye)星座和新兴运营商的高分辨率"天空卫星"(SkySat)星座，构建了成像与视频兼备、高分辨率与中分辨率兼备的星座，并基于谷歌公司云平台提供数据在线处理、开放标准接口 API 供用户及第三方开发定制化 APP 等增值服务。美国螺旋(Spire)公司发展百星规模的"狐猴"(Lemur)星座，提供基于无线电掩星技术的商业气象预报服务，并搭载 AIS 海事监测和 ADS－B 空事监测载荷，实现多源数据融合，利用移动互联网技术面向行业及大众用户提供定制化、快速响应的增值服务。

2017 年对地观测卫星发射数量达到 233 颗，首次超过 200 颗，与 2016 年相比翻一番，远超过其他类别卫星发射总和，如图 3－4 所示。数量跃升主要源于小型对地观测星座发展成熟并大量应用，特别是质量小于 100 kg 的微纳卫星。

截至 2017 年 12 月 31 日，国外在轨对地观测卫星 509 颗，其中美国对地观测卫星数量最多，为 334 颗，约占 65%，俄罗斯 22 颗、欧洲 52 颗、日本 24 颗、印度 18 颗。光学成像卫星数量最多，约占 62%。在轨工作的 509 颗卫星中，传统卫星(以单颗或几颗卫星组成系统)数量 245 颗，新型卫星(以星座组成系统)数量已达 264 颗(表 3－2)；后者增幅迅猛，数量已开始赶超传统卫星。

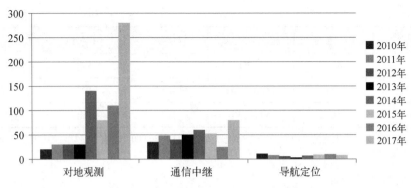

图 3-4   全球应用卫星发射统计

表 3-2   新型卫星系统在轨统计情况

星 座 名 称	目前在轨数量	国 家	类 型
"鸽群"(Flock)星座	192	美国	光学成像
"狐猴"(Lemur)星座	41	美国	气象探测
"天空卫星"(SkySat)星座	13	美国	光学成像
"旋风全球导航卫星系统"(CYGNSS)星座	8	美国	气象探测
"西塞罗"(CICERO)星座	4	美国	气象探测
"新卫星"(NewSat)星座	2	阿根廷	光学成像
"科维斯"(Corvus-BC)星座	2	美国	光学成像
"气象新闻公司卫星"(WNISAT)星座	2	日本	气象探测

3.2.2.3   国内已提出的规划

• 鸿雁星座

鸿雁星座由 1 070 km 的极轨圆轨道组成,星座构型为星形星座,一期系统以移动通信为主,由 6 个轨道面、每轨道面 9 颗卫星组成。鸿雁星座的一期系统主要应用为全球范围内 L 频段的窄带通信。鸿雁星座已完成首发试验星发射。

• 虹云星座

虹云星座由 1 000 km 的极轨圆轨道组成,星座构型为星形星座,由 13 个轨道面、每轨道面 12 颗卫星组成。虹云星座的主要应用为全球范围内卫星互联网接入与网络服务,主要用户为政府、军队。虹云星座已完成首发试验星发射。

• 卫星互联网星座

卫星互联网星座由 1 175 km 的极轨圆轨道组成,星座构型为极轨星形星座,由 18 个轨道面、每轨道面 48 颗卫星组成。卫星互联网星座的主要应用为全球范围内卫星互联网宽带接入。图内还有其他低轨卫星星座计划(表 3-3)。

表 3-3　国内未来规划低轨卫星星座统计

系统名称	建设单位	卫星数量	时　间	主　要　功　能	
网通一号	中电集团	240	2018 年首发双星,2027 年建成	无线通信	宽带无线通信
鹊桥星座	世域天基通讯公司	186	2018 年发射试验星	5G 毫米波卫星通信	
天音计划	千寻位置公司	2200 个地基增强站配合高低轨增强卫星	2020 年发射	北斗导航增强	导航增强
微厘空间一号	北京未来导航科技有限公司	120	2018 年 9 月 29 日首发	低轨导航增强	
翔云	欧科微航天科技有限公司	28	2018 年 11 月首发嘉定一号,2021 年建成	低成本卫星通信	窄带通信、物联网
天启星座	北京国电高科	38	2018 年 10 月 29 日首发,2020 年底建成	物联网采集传输服务	
行云	航天科工集团	80	2018 年正式启动	移动通信、天基物联网、云计算	
瓢虫系列	九天微星科技、航天八院	72	2018 年 12 月 7 日首发 7 颗,2022 年建成	物联网、动物保护、野外救援	
和德一号	航天八院、和德宇航技术公司	40	2017 年 11 月 15 日首发,后续计划不详	AIS(船舶自动识别)商用海事卫星	专业用途
珞珈一号	武汉大学、长光卫星	科学实验卫星暂定数量:3	2018 年 6 月首发,2020 年发射 3 颗	夜光遥感、导航增强	

3.2.3　人类面临"轨道封锁"问题的重要因素

巨型微小卫星星座的迅猛发展使得典型轨道区域内卫星密集度急剧增加,使轨道和频率资源日趋紧张,更重要的是这些微小卫星一般不具备主动离轨能力,而其目前工作所处的轨道高度将使其完成任务使命后,依然要在轨运行数百年,将使 LEO 轨道空间的碰撞概率剧增,使地球 LEO 轨道环境急剧恶化。给目前的空间碎片减缓指南的实施和未来的空间交通管理带来新的、巨大的挑战。

3.2.3.1　低轨巨型星座爆发式发展带来的挑战

1. 使低轨区域卫星碰撞概率大增

低轨巨型星座的迅猛发展使得典型轨道区域内卫星密集度急剧增加,数量庞大的低轨巨型星座将使所在区域卫星碰撞概率均明显增大,最大增加了约 20 倍。在该高度航天器将会遭遇巨大的碰撞威胁(图 3-5、图 3-6)[16]。

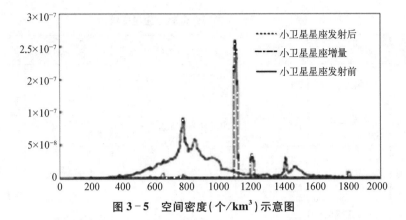

图 3-5 空间密度(个/km³)示意图

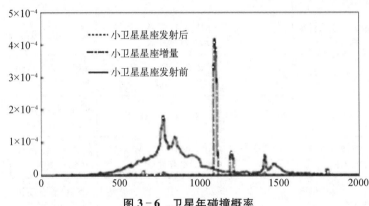

图 3-6 卫星年碰撞概率

由于目前计划的低轨巨型星座主要建设在 300~500 km 和 1 000~1 400 km 区域,其巨量的发射入轨将穿越目前低轨卫星最密集的区域,即 500~900 km 区域,对目前部署在该区域的、数量巨大的、高价值的低轨卫星造成巨大威胁。

同时,由于低轨巨型星座主要是商业航天公司为主参与开发,为了追求商业利益,降低成本,减少风险,卫星大量采用成熟的、低成本商业现货元器件;简化的工作流程批量制造,卫星产品、平台型谱化,卫星组件、软件通用化;使用开源操作管理系统,提供卫星设计管理一站式解决方案等;造成卫星产品的可靠性低,卫星入轨失败率高。同时,卫星入轨后运行中的失效率高,也很难以保证可靠的任务后离轨。以 2019 年 6 月 28 日 SpaceX 一箭发射的 60 颗星链卫星为例,卫星发射入轨后不久,就有 3 颗失联,2 颗将主动坠落,其中的 5% 成为空间碎片。

为了追求更高的商业利益,低轨巨型星座中的卫星基本都设计成微小卫星,便于一箭多星的发射。目前,一箭多星搭载发射小卫星成为常态,例如:PSLV 一箭104 星;联盟-2 一箭 73 星等。采用小型火箭提供专用发射,前景看好,例如:SS-520-4 火箭、Electron 火箭首发失利,Vega 将开展专用发射;发射组织服务实现创新,专业代理服务商协调国际客户,火箭运营商与客户直接联系等。由此,造成因微小卫星的目标特征小、功能又尽量简单,使得地面的测控监视设备难以发现、测量其轨道特性,针对其的预警、监测非常困难,预警规避难度大。2019 年 9 月 2 日,ESA 地球观测卫星 Aeolus 采取了机动规避,以避免与 SpaceX 6 月 28 日发射的 60 颗微小卫星中的 44 号发生碰撞。

2. 严重恶化空间环境

国际机构间空间碎片协调委员会(IADC)、美国宇航局、欧空局等都对巨型微小卫星星座数量激增带来的空间环境恶化做过相应的分析研究,认为按照目前的趋势,2050 年 10 cm 以上碎片数量将超过 5 万个,2100 年将超过 10 万个,使得 LEO 区域卫星碰撞概率增加 6 倍。

IADC 从 2015 开始,每年都在外空委大会中提交大规模星座相关问题的声明,认为:巨型小卫星星座将导致空间碎片环境严重恶化,对现有减缓指南实施构成了严峻挑战。

IADC 向外空委提出了以下建议:

- 微小卫星大型星座不要在轨道高度上重叠,避免相互碰撞;
- 在 400 km 以上轨道高度的微小卫星必须自带角反射器等,能告知卫星运营自身的空间位置,以避免和其他卫星碰撞;
- 微小卫星在任务结束后进行迅速可靠的钝化、离轨处置,在寿命结束后 5 年内必须离轨;
- 微小卫星制造时选用适当的材料,使得卫星在重返大气层时能够彻底分解,确保没有碎片到达地面,以免对地面上的人或财产构成重大风险。

3.2.3.2 "轨道封锁"的出现概率大增[17]

在空间碎片日益稠密的今天,越来越多的人在关注空间碎片密度是否存在一个极限值,大于这个极限值,人类的空间探索活动将变得举步维艰。可以直观地想象,这个极限值是存在的,达到这个密度值之后,将会产生一系列的正反馈现象,导致产生碰撞级联效应,使密度无法阻挡地增长下去,从而使空间变得无法利用。NASA 空间碎片计划首任首席科学家 D. J. Kessler 首先对这种碎片的碰撞级联效应进行了研究,因此,这种现象也就以他的名字命名为"凯斯勒现象"(Kessler syndrome)。Kessler 首先提出了一个恶性循环的可能性,当某一轨道高度的碎片密度达到临界值时,这一轨道变得尤为拥堵,加剧了碎片之间碰撞的可能性,碎片之间的碰撞产生更多新碎片,新碎片能够继续碰撞使得空间更加拥堵(图 3-7)。

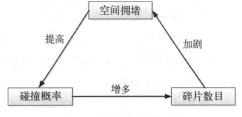

图 3-7 凯斯勒现象示意图

同时,凯斯勒对 2020 年后,在假设无新发射活动的条件下,仿真了 LEO 区域厘米级以上已有的空间目标(包括卫星和空间碎片)数量的自然演化情况的增长预测(图 3 - 8)。

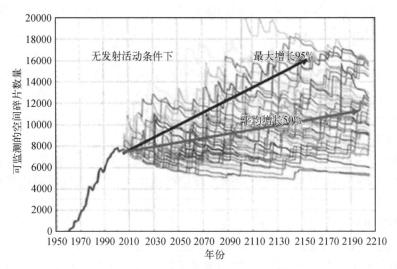

图 3 - 8　凯斯勒对 2020 年后 LEO 区间空间碎片的仿真预测

在 LEO 区域,厘米级空间碎片由 2005 年的 30 万个增长到 2015 年的 50 万个,年增长率达 15%。仿真推算认为:在 LEO 区域 70 年后碎片密度将达到一个临界值,将发生碎片链式撞击效应,近地空间将彻底不可用,这也就是"凯斯勒灾难"(注:"凯斯勒灾难"是凯斯勒于 1978 年提出的概念,是指当近地轨道上的卫星及碎片等空间垃圾多到一定程度,人造卫星和航天器会时常遭到撞击,由此滚雪球般产生更多碎片,最终将迫使人类不得不放弃继续发射卫星到这一区域的现象)。

因此,爆炸式发展的低轨巨型星座是引发人类"轨道封锁"问题的极为重要的因素,未来不加以控制的话,"凯斯勒灾难"将变成事实存在。

3.2.4　非对称性将对现有的测控管理系统带来巨大挑战

空间系统信息传输的非对称性是指地面系统与空间系统节点(卫星)间的信息传输的非对称性。其前向链路(地面到空间节点)传输的信息与反向链路(空间节点到地面)传输的信息相比,在传输数量和传输速率上都存在着数量级的差别。其中,前向链路主要是传输跟踪测量、监视和控制等指令数据信息,基本在几十到上百 kbps 的量级。反向链路主要传输通信、遥感、遥测等实时数据,基本在几十到上百 Mbps,甚至是 Gbps 的量级。

巨型星座的出现,是人类航天技术发展的新阶段。也使得各国现有的航天测控、运控管理能力面临巨大的压力和挑战。

3.2.4.1　航天器的测控运管任务

1. 测控任务

航天器在地球轨道上的正常工作运行,需要航天测控系统、航天指挥控制系统的支撑,才能完成其运行任务。

航天测控系统是航天工程的重要组成部分,其主要作用是对各飞行阶段的运载火箭和航天器进行跟踪、测量与控制,确保测控对象按照预定的状态和计划完成预定任务。

运行段测控是在航天器从入轨到工作寿命终止的飞行段对其进行跟踪测量、监视和控制的过程。包括对航天器跟踪测轨,即测量航天器的位置、速度、加速度,以精确测定航天器的轨道参数;对航天器飞行状态、设备状态和生物生理状态等进行数据采集和传输;对航天器运行轨道、航天器设备工作参数和系统工作安全实施指令控制;对航天器进行图像、话音和数据的传输。

航天器飞行控制是地面飞行控制人员依据航天器工况监视数据,对航天器的姿态、轨道、平台和有效载荷等控制的过程。航天指挥控制中心是对航天器飞行任务实施指挥和控制的设施与场所。

在航天器测控任务中,通常包括一个任务指挥控制中心(测控中心)和若干个的地面测控站,必要的航天测量船和天基测控网。

任务指挥控制中心是测控任务实施的中枢机构,一方面汇总来自各方的航天器遥测数据、跟踪测量信息等,并进行相关的数据分析处理,完成测定轨、遥测数据分析等任务;另一方面作出任务决策,统筹调度各测控站、船,实施测控指令上行任务[18]。

地面测控站是星地数据交换的最前沿,测控站通过各类测控设备直接测量航天器的运动状态、接收各类遥测信息,并向航天器发送遥控指令等。测控设备设施主要包括各种跟踪测量设备、遥测设备、遥控设备、计算机、通信设备、监控显示设备和时间统一系统等。地面测控站也分为固定测控站和机动站。航天测量船是海上移动部署的机动测控站,只有在地面测控站无法满足测控时长需求时,才需要派出航天测量船。

地面测控站对中低轨道航天器跟踪测控的覆盖范围很有限,只能跟踪很短的轨道弧段,一些航天活动,例如火箭发射过程、载人航天活动以及对地实时观测等,都需要高的测控覆盖率,甚至需要全程测控,采用天基测控是非常有效的手段。

天基测控能力发展的必然性主要包括:

(1) 在轨卫星数量的日益增多,地面测控能力发展到了瓶颈期,需要更高效率的测控系统,天基高轨道卫星宽覆盖能力是提升测控管理能力的有效途径;

(2) 军事斗争对实时信息要求的提高,需要提高对卫星调度管理的实效性,利用天基卫星测控系统也是有效的途径;

（3）空间技术发展也推动了天基测控系统实现的可行性。

利用数据中继卫星（DRS）作为天基测控的中继站，对航天器进行测控是航天测控技术的一项重要发展。通过跟踪与数据中继卫星系统（TDRSS）可以对近地轨道航天器进行跟踪与测控，由地面站指令中继卫星星上天线指向用户航天器预期的方位，建立前向和反向通信链路后，即可对用户航天器进行跟踪测量，遥控指令经前向链路送到用户航天器，遥测数据沿反向链路送到地面站。从地面发送测距和测速信号，沿前向信道经中继卫星转发到用户航天器，反向的信号从用户航天器经中继卫星传回地面站，从而实现双向多普勒测速和伪码时延测距，此时测得的距离值为地面站天线到中继卫星和中继卫星到用户航天器的距离之和。利用用户航天器发射的信标也可通过反向信道进行单向多普勒测速，精度将低于双向测速。中继卫星免去了大量地面测控站的需求，只用单个地面测控站即实现了中、低轨道航天器，特别是对载人的航天飞机和空间站近于完全的轨道覆盖，实现不间断的通信与监控[19]。

2. 地面运控与应用系统

地面运控与应用系统是部署在地面，对航天器进行运行控制、实行功能管理，并接收、记录和处理航天器数据信息，为各类用户提供航天器数据和服务的系统，简称"地面运控与应用系统"。

在不同的航天工程系统里，由于分工不同，相关系统的名称不完全一致：如果仅仅对航天器进行运行控制，如轨道控制、姿态控制、业务控制等，则称"运控系统"；仅承担有效载荷业务计划相关的数据地面接收则称为"地面接收系统"；仅承担有效载荷业务计划相关的数据处理与分发，则称为"地面处理与分发系统"；仅面向应用进行数据高级处理和用户服务，则称为"应用系统"；也有兼具上述几种功能，则在名称上进行一定的组合，比如地面运控系统、地面应用系统等。有的工程系统中直接将这一系统统称为"地面段"，这是相对航天器系统的"空间段"而言的。

这其中需要注意的是运控系统与前述的测控系统的区别，运控系统是某个航天器工程的专用系统，更强调飞行器任务的规划与控制，一般来说都由航天器的用户直接负责；而测控系统则类似一种长期存在的地面基础设施，是通用的，更强调利用测控站网部署的广泛性提供遥测数据下行和控制指令上行的通道，同时负责对航天器在轨飞行基本安全的监控，也包括变轨或轨位保持机动操作、碎片规避、寿命末期离轨操作等任务执行。

3. 天基测控系统的优势

天基测控系统通过建立星间通信链路，为中、低轨道航天器（飞行器）提供遥控、遥测、定位和定轨服务；还可为航天器发射入轨提供测控服务。

天基测控系统具有下列优势。

1）覆盖范围大

依靠地球同步轨道的高远位置资源，一颗测控中继卫星对用户星的观测覆盖率>50%。如果采用两星组网,两颗星相距130°,整个系统可取得85%以上的观测覆盖率。

2) 实时性强

目前的陆基测控系统仅在卫星进入国土上空时提供相应的测控跟踪服务。其使用方式及实时性受限。天基测控系统宽覆盖特性,可为中、低轨用户星及飞行器提供实时测控服务,这是可提供实时观测国境外所有地区的临时性突发事件的唯一手段,有利于及时采取措施。

3) 兼容性好

天基测控系统的服务对象是各类中、低轨道航天器或飞行器,采用 S 波段对遥测遥控信息进行传送,用户卫星上仅需配备一副全向天线和一套标准的 S 波段测控终端即可实现天基测控功能。能兼容中、低数据率传输的需求。

4) 系统容量大

测控中继卫星可安装多址相控阵天线,根据计划流程可对不同天线波束内的用户星进行测控、跟踪。

5) 运行管理维护成本低

随着在轨运行卫星增加,对测控任务的需求量会大幅增加,现有的陆基测控系统若要满足将来的任务需求,势必要进行大规模扩建,其短期费用和长期费用将极其高昂,包括基础建设费用、设备采购费用、运行维护费用和管理费用等。与现有陆基测控系统相比,除测控中继卫星以外,天基测控系统仅需一至两个测控中继卫星地面中心站和若干测距副站,其成本和费用均比扩建陆基测控系统低。

6) 可观测弧段大

测控中继星上天线极大增加了可观测弧段,使跟踪弧段的长短和用户星的轨道高低几乎无关,对测轨而言,这可克服陆基测控站跟踪弧段短,影响轨道定位精度差的弱点,同时也消除了各跟踪站观测弧段融合的烦琐计算和坐标变换过程。

7) 多用户测控能力

能方便地对多个用户星同时提供跟踪和通信手段,这对采用星座方式工作的用户星系统,带有多颗伴星工作的用户星和载人航天器的交会对接都是十分需要的支持手段。

8) 可支持运载火箭发射主动段时的测控

美国用第一代的 TDRSS 做过实验,跟踪运载火箭由发射场起飞一直到把卫星送入轨道,已取得了全程测控的实际结果。天基测控思路的出现,不但可对运载火箭主动段、LEO 轨道上的各种用户星、载人航天器、洲际导弹、巡航导弹等多个目标提供全程跟踪通信,而且也可对 MEO、GSO 上的航天器提供支持,因而它是一种有效的测控通信永久设施[20]。

4. 航天测控的发展趋势

国内外航天测控网的发展趋势可以归纳为以下几点。

1) 由任务测控向任务服务转变

地基时代的世界航天测控体制经历了从分离测控体制到统一载波测控体制的转变,测控网的职能也复杂化了,从以跟踪为主转向以获取数据为主,包括跟踪、遥测、遥控、话音、定轨、数据传输等多项任务。

2) 从地基向天基发展

随着卫星应用的发展,对测控网的跟踪能力、数传能力、通信能力等提出了更高的要求,载人航天的出现,要求至少有 50%的测控通信覆盖率。而美国的事实证明在世界范围内大量布设测控站,不但达不到测控覆盖率的要求,而且带来了高额的维护费用,而以 TDRSS 为代表的天基测控系统是解决全轨道跟踪、高速数传、多目标跟踪和大量压缩海外站及复杂昂贵的通信线路的最佳途径。

3) 向自主化、智能化转变

空间系统依靠天基自主定位、自主导航、自主故障诊断。20 世纪 70 年代起美国对卫星的自主导航就开始了研究,组建 GPS 导航星座,先后发射了 GPS Block Ⅰ、GPS Block Ⅱ、GPS Block ⅡA、GPS Block ⅡR 等卫星。其中,从 GPS Block ⅡR 开始具备自主导航的功能,其星历数据和时钟可以自主维持 180 天。

4) 全球协作是趋势之一

美、欧、日正在致力于在 Ka 频段建立互操作系统,实现三方互连并且进行了一些试验,因此采用统一的、开放的体系结构和系统标准是未来天基测控技术的发展趋势。

5) 在顶层设计上考虑星地一体化

美国提出了建造一个具有开放的体系结构,开放的系统标准,兼容 TCP/IP 协议的、灵活的高级空间通信网络,相当于把地球上的因特网(Internet)搬到天上。将来这个网络对地球科学数据收集的速率将达到 20 Gbps,比特误码率将优于 10^{-9},采用有效带宽调制技术和编码性能接近 Shannon 极限的 8-PSK 或 16QAM Turbo 编码技术及成熟的低温低噪放大器技术,还要促进天线机械装置的开发,完善空间通信标准,增加网络的安全性。这些相关的技术里有些同样可以用于天基测控网,未来的天基测控网要采用更先进的技术,提供更强大的跟踪测控能力,而且空间链路光通信的出现,能够进一步提高数传速率,增加传输容量[21]。

3.2.4.2　低轨巨型星座测控运管的需求

低轨巨型星座基本上是采用微小卫星(及组网)的工作方式,而微小卫星本身就是航天高技术发展的必然产物。其突出优点是体积小、重量轻、成本低、周期短、性能高,并能利用多种发射方式快速灵活发射。由于采用了集成化、模块化等新的设计技术,微电子、微机械、轻型材料、超精加工等高新技术和新的管理模式,使微小型航天器的"功能密度"(capability density)显著提高,形成了其特有的"快、好、省"的技术特点。低轨巨型星座的出现,突破了微小型航天器在通信、遥感、科学研究、技术演示、行星探测等许多领域只作为大卫星的必要补充的工作模式,其星座本身就可以独立完成一个(或几个)特定的功能,成为大卫星的直接"替代品"。[21,22]

低轨巨型星座卫星数量的爆发式增长,突破了过去的发展模式,变革了传统的卫星应用体系,给传统的测控传输管理系统带来了极大的问题。

1. 问题的提出

未来低轨巨型星座的最广泛的应用形式是微小卫星的多星星座及组网应用,应用时其卫星数量将非常多,现有的地基测控通信网对低轨巨型星座组网的运行管理、监视测控和信息传输将不能适应其使用要求,带来很大的网络管理问题。主要包括以下问题。

1) 测控监视

低轨巨型星座及组网的运行管理、监视测控将与现有的大卫星运行管理、监视测控模式有极大的、革命性区别。

现有的大卫星由于其数量少、周期长,基本是单星工作模式,现有的地基测控通信网可以满足这些卫星的运行管理、监视测控需求。

低轨巨型星座及其组网运行由于其卫星数量将非常多,运行周期很短,星座组网工作模式,现有的地基测控通信网基本上不能满足这些低轨巨型星座组网的运行管理、监视测控需求。

尽管在微小卫星上可以采用自主运行工作方式,但仍然需要对卫星的实施管理、监视测控,尤其在应急事件期间就更重要,需要按照应急事件需求及时地向卫星发送业务指令,因此需要一个高效的低轨巨型星座运行管理网络来支持未来低轨巨型星座的使用需要。

2) 信息传输

低轨巨型星座投入使用,是为了更好地得到从空间获取、传输的各种信息资源,微小卫星的质量、体积、功耗与大卫星相比,有较大减少,但是,对其从空间获取的各种信息的信息量的要求不但没有减少,甚至有提高。

尽管在微小卫星上可以采用更高比例的数据压缩处理技术、数据融合技术等新的处理技术,以部分降低对信息传输的压力,但是,由于低轨巨型星座组网的卫星数量非常多,现有的以大卫星为服务目标的地基测控通信网基本上不能满足这些低轨巨型星座组网的空间获取信息的传输需求。尤其在应急事件期间就更重要,需要按照应急事件响应需求及时获取微小卫星获得的各级、各类空间获取、传输的信息,因此也需要一个高效的微小卫星运行管理网络来支持未来各类场景的使用需要。

2. 主要测控、管理需求

以下述条件,对低轨巨型星座卫星提出测控、管理需求:

(1) 每颗卫星每天需测控一次,未来,可以放宽到每 3 天测控一次;

(2) 每次测控需 5 min。

我们以表 3-1 中的 SpaceX 公司的 StarLink 星座的一、二期星座为例,其 11 943 颗卫星,按照上述传统的测控管理要求,每天需要测控的时间是 59 715 min;一个地面站的一副天线每天能为 288 颗卫星提供测控服务,理论上,StarLink 星座的一、二期星座需要约 42 副天线才能完成每天的测控、管理需求;如果算上表 3-1 注中的卫星,理论上,StarLink 星座需要约 146 副天线才能完成每天的测控、管理需求。

由于 StarLink 星座是单星工作模式下的通信卫星星座,理论上,StarLink 星座中的每颗卫星都需要有一副地面站天线对应工作,因此,StarLink 星座正常工作需要的地面站数量和地面站中的天线数量是目前的测控网所不能承受的。

3.3　频率轨道资源

人类的生产和生活活动中的各种业务都离不开无线电频率,通信、广播、测绘、导航定位、气象、地球探测、天文、安全和救援、家用电器等都要使用无线电频率。就拿通信业务来说,就有地面通信和卫星通信,而卫星通信又有静止轨道的卫星通信和非静止轨道的卫星通信。国内外各公司的卫星通信业务都要使用无线电频率。大量的业务需要大量的频率,而无线电频率却是有限的,它的可用范围仅为 9 kHz~400 GHz,适用于特定电器的频率就更少了。

地球静止轨道只有地球赤道上空 36 000 km 外的一条,其长度约为 264 928 km,换句话说,每度地心角长度为 736 km。这么长的轨道看似可以容纳很多颗卫星,但是实际上能够容纳使用相同频段的卫星却极为有限,这是因为这些卫星系统之间会有互相干扰。加上地球人口分布不均匀,适用的轨道位置就更少了。非静止轨道虽然很多,但使用这种轨道的卫星网络之间和使用静止轨道的卫星网络之间也会产生干扰。

每个国家有自己的主权,各国的电子设备采用什么频率是各国的权利,其他国家无权干涉,但是无线电波不会在国境线终止,卫星向地面的发射更做不到只向各自的国家内部发射,电波辐射到其他国家自然会干扰他们的电子设备;相反,其他国家的无线电波也会干扰自己的电子设备。

无线电频率和任何相关轨道均为人类有限的共同自然资源,属于全世界所有,必须平等、合理、经济、有效地使用。在联合国《外层空间条约》、国际电联《组织法》等国际法规框架下,无线电频率和轨道的分配及应用需遵守《无线电规则》,各成员国平等拥有和平探索和利用外层空间活动的权利。国际电联规定各国使用空间业务频率和轨道资源前应按照程序先向国际电联无线电通信局提出应用申请,以便采用有效的干扰控制机制来充分利用轨位和频率资源。因此充分了解国际规则,紧密跟踪、掌握并参与国际规则的修改和制定工作非常重要[23]。

频率和轨道资源作为空间业务领域战略规划、顶层设计、工程建设和稳定运行的基本保障条件,已成为各国尤其是发达国家激烈争夺的对象。

出于政治、经济、军事等多方面的考虑,各国都加强了对空间业务的重视程度和对卫星频率和轨道资源的储备力度,使得本已趋于饱和的频率和轨道资源呈现更加紧缺的态势。在我国,以 L 频段资源为代表的频率资源争夺已进入白热化阶段,伴随着地面 5G 系统的飞速发展,地面和空间系统之间的频率资源争夺也日趋紧张。国际上,同样也面临极为紧张的局面,比如美国国内近期也出现了地面和空间系统针对 Ka 频段的争夺。为缓解这种发展态势,国际电信联盟已逐步采取措施,包括限制"纸卫星"、缴纳成本回收费用、将发射通知纳入程序、核查频率登记总表的卫星实际使用状态等,使卫星网络资料的申报程序进一步趋于规范合理[24]。

通信卫星使用的频率轨道资源历来是各国申报抢占的焦点,地球静止轨道早已非常拥挤,大约每隔 2.5° 就有一颗 C 频段在轨通信卫星,每隔 2° 左右就有一颗 Ku 频段在轨通信卫星,而全球低轨卫星互联网星座建设热潮的兴起,将通信卫星频率轨道资源争夺战的战场进一步扩展到几乎整个近地空间[25]。

尽管理论上通信卫星能够使用的频段较多,但实际上受器件研制水平等技术条件的限制与约束,目前绝大多数通信卫星系统集中使用 C 频段(5 850~6 725/3 400~4 200 MHz)、Ku 频段(13.75~14.5/10.95~11.2,11.45~11.7,12.2~12.75 GHz)、Ka 频段(27.5~31/17.7~21.2 GHz)、V 频段(37.5~51.4 GHz)和 E 频段(66~86 GHz)。考虑到 C 频段作为通信卫星系统最早使用的传统频段,其全球使用格局早在二十年前就已经基本确定,

目前,主要针对 Ku 频段、Ka 频段、V 频段(37.5~51.4 GHz)和 E 频段(66~86 GHz)的申报使用情况。

3.3.1　轨位、频率资源的争夺日趋激烈

3.3.1.1　GEO 轨位、频率资源基本饱和

1. GEO 轨位基本饱和

地球静止轨道是倾角为 0 的圆形地球同步轨道,被称为黄金轨道,它是一条特殊的地球同步轨道,在地球静止轨道上的卫星运行方向与地球自转方向一致,绕地球运行一周的时间和地球自转周期相同,在这种轨道上运行的卫星其星下点轨迹是赤道上的一点,在地面上的人看来是静止不动的,所以称为地球静止卫星。实际上这种卫星并非静止不动,只是它绕地轴转动的角速度与地球自转的角速度大小相等、方向相同。地球静止卫星距地面的高度为 35 786(一般称 36 000)km,运动速度为 3.07 km/s。在地球上任意一点观测在该轨道上的卫星是静止的,不需要地球

站采用跟踪天线,从而使空间和地面设备的价格比非静止轨道卫星系统低得多。此外,单颗静止轨道卫星覆盖面大,对覆盖区域内的地球站,由卫星本身在轨道中的漂移运动而引起的多普勒频移很小,因此,很多通信卫星、广播卫星、气象卫星都使用静止轨道。

安放在地球静止轨道上的卫星可以与地球同步运转,并与地球的自转方向相同。但问题是其可放置的卫星数量,为了避免地球静止轨道上的卫星相互间的频率干扰,当前同一频段、覆盖区域相同或部分重叠的对地静止卫星必须间隔一定的距离。这就意味着轨道位置是有限的,因此,静止轨道上运行的卫星数量也是一定的。例如,若卫星每个以 2°间隔,不能超过 180 颗;若卫星每个以 1°间隔,不能超过 360 颗。这意味着地球静止轨道是一个极其稀缺的空间资源。随着该轨道上的卫星不断增加,所留的空间越来越少,这个现实引发很多中小国家特别是赤道国家的忧虑和不满。于是 1976 年 8 个赤道国家发表了《波哥大宣言》,主张位于其领土上的地球静止轨道属于其领土范围。但这一主张遭到国际社会的强烈反对,很多学者认为该主张违反了外空不得据为已有原则。这一问题一直争论不休。但问题是"先来先占"就一定合理吗? 后起的空间国家和中小落后国家无法享有这一资源,这不就是间接违反了共同利益原则吗?

公开资料显示,截至 2018 年 12 月,全球共有公开记录的地球静止轨道上运行的卫星 565 颗,其中在轨卫星 371 颗,占比达 65.66%;计划发射卫星 35 颗,占比达 6.19%;已退役卫星 67 颗,占比达 11.86%。并且每年各国向国际新申报的卫星网络资料数量已达到每年数千份,并呈现持续增长态势。而在亚太地区上空,在东经110°轨道位置上甚至有 6 颗卫星共轨运行,静止卫星轨道位置已几乎被全部占满。同时,随着卫星业务需求的增长,常规 C 和 Ku 频段资源已几乎瓜分殆尽,在卫星技术成熟的 L、S、扩展 C、扩展 Ku 以及 Ka 频段的使用也已逐渐接近饱和。

从所申报的通信轨道特性来看(图 3-9),申报 Ka 频段的 GEO 卫星基本遍布全球,轨道最为拥挤,以东经10°到东经20°弧段为例,目前已申报有多达 138 份卫星网络资料;Ku 频段的轨道分布也呈现出较为饱和的状态,东经30°到东经40°弧

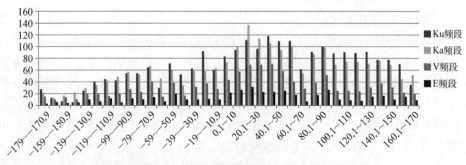

图 3-9　GEO 宽带通信类卫星网络轨道频率申报情况[单位:(°)]

段已申报有 119 份卫星网络。

目前在轨空间物体为 1 396 个;据预测,按照目前的增加速度,30 年后可用轨位将耗尽,GEO 轨道将无新的轨位资源可用。

截至 2020 年 1 月 7 日,向国际电联申报的使用 GEO 轨道的对地观测类遥感卫星网络共计 93 个,使用非地球静止轨道(NGSO)的对地观测类遥感卫星网络共计 562 个。使用 GEO 轨道的对地观测类遥感卫星网络占比 14.2%,申报国家集中在美国、英国、中国等 10 个国家,具体申报情况如图 3 - 10 所示。

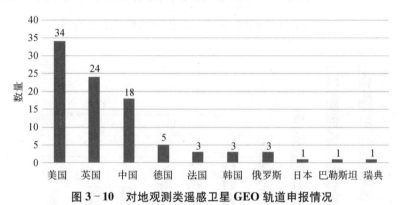

图 3 - 10　对地观测类遥感卫星 GEO 轨道申报情况

2. GEO 频率日渐拥挤

目前,从所申报的频段来看,Ku 频段卫星网络的申报数量最多,占比约 38.1%,明显高于其他频段;Ka 频段紧随其后,申报卫星网络数量占比约 36.3%。另一方面,随着技术的进步,以及 Ku、Ka 频段资源的拥挤、协调压力的增大,V 频段的申报也日趋增多,已逐渐成为下一个被争夺的热点频段,如图 3 - 11、图 3 - 12 所示。

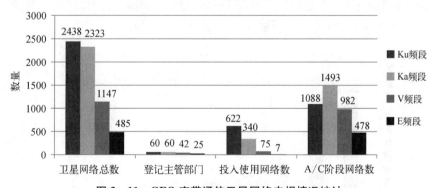

图 3 - 11　GEO 宽带通信卫星网络申报情况统计

具体地,Ku 频段共有 60 个主管部门申报了 GEO 通信类卫星网络资料,总计 2 438 份,其中 1 088 份 A/C 阶段网络资料、622 份 N 资料,已申报卫星总数为 2 438 颗。美国、法国、中国申报的卫星网络数量位居前三,如图 3 - 13 所示。

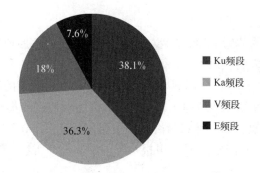

图 3－12　GEO 宽带通信卫星网络申报频段占比情况

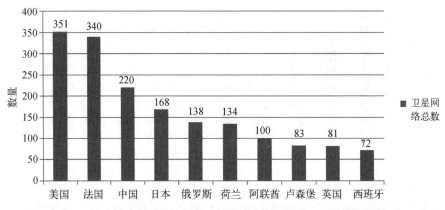

图 3－13　各国主管部门申报 Ku 频段 GEO 通信类卫星网络资料情况

Ka 频段共有 60 个主管部门申报了 GEO 通信类卫星网络资料,总计 2 323 份,其中 1 493 份 A/C 阶段网络资料、340 份 N 阶段资料,已申报卫星总数为 2 323 颗。法国、美国、中国、英国申报的卫星网络资料数量相对较多,其中,法国申报的卫星网络数量总量多达 333 个,占比约 14.3%,如图 3－14 所示。

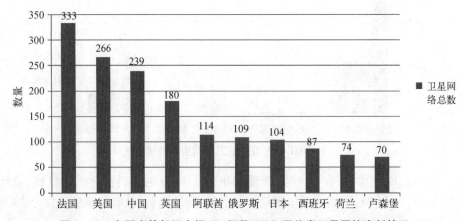

图 3－14　各国主管部门申报 Ka 频段 GEO 通信类卫星网络资料情况

V 频段共有 42 个主管部门申报了 GEO 通信类卫星网络资料,总计 1 147 份,其中 982 份 A/C 阶段网络资料、75 份 N 阶段资料,已申报卫星总数为 1 147 颗。法国申报的卫星网络数量最多,且协调地位相对优先;美国、阿联酋、中国、英国申报的卫星网络数量属于第二梯队,如图 3 - 15 所示。

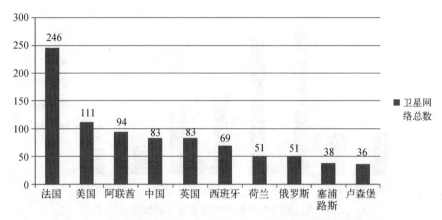

图 3 - 15　各国主管部门申报 V 频段 GEO 通信类卫星网络资料情况

E 频段共有 25 个主管部门申报了 GEO 通信类卫星网络资料,总计 485 份,其中 478 份 A/C 阶段网络资料、7 份 N 阶段资料,已申报卫星总数为 485 颗。法国申报的卫星网络数量最多,多达 192 份,占比 39.6%,如图 3 - 16 所示。

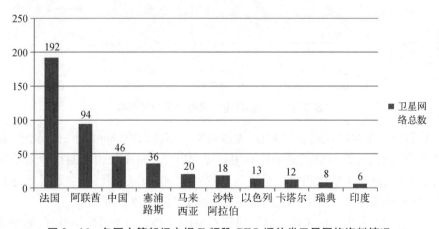

图 3 - 16　各国主管部门申报 E 频段 GEO 通信类卫星网络资料情况

3.3.1.2　NGSO 卫星轨道、频率资源正被抢占

1. NGSO 通信卫星

截至 2020 年 1 月,国际电联处共申报有 225 份 NGSO 宽带星座卫星网络资料,所涉及的卫星总数多达 215 531 颗。

从所申报的频段来看,更高频段的宽带卫星星座已逐渐成为发展趋势,Ka频段是各国主管部门最为青睐的主用业务频段,卫星网络申报数量位居第一,V频段的申报数量紧随其后,值得我们关注的是,V频段卫星网络所包含的卫星总数排名第一,即申报使用V频段的卫星星座规模最为庞大,如图3-17、图3-18所示。

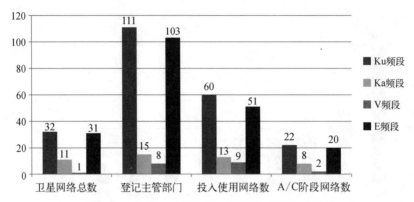

图 3-17　NGSO 宽带通信卫星网络申报情况统计

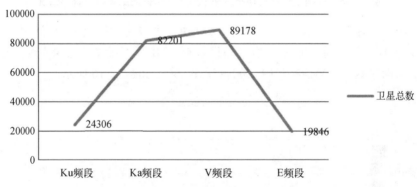

图 3-18　NGSO 宽带通信卫星申报总数

从目前所申报的轨道特性来看,大多数星座选择2 000 km以下的低轨道 LEO,占比近70%;占比约30%的星座选择中轨道 MEO,其星座规模普遍小于低轨道星座,但单星重量通常较低轨道卫星更大,载荷能力也相应提升;极少数星座选择极低轨道(<500 km),占比仅1%,具体申报情况如图3-19所示。

综上,不难看出目前全球低轨宽带卫星星座大都偏向中低轨道设计,频率多以 Ku 和 Ka 频段为主,与此同时,V 频段及更高频段已成为竞争新热点和发展趋势。

2. 遥感卫星

在向国际电联申报的使用 NGSO 轨道的对地观测类遥感卫星网络资料中,卫星轨道高度从 200~1 600 km 不等。按照轨道高度进行统计后发现,对地观测类遥感卫星的轨道高度基本集中在 400~800 km,占比达到 82.9%,如图3-20所示。

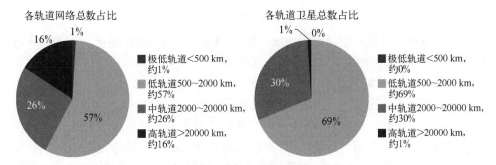

图 3-19　NGSO 宽带通信卫星网络申报轨道高度占比情况

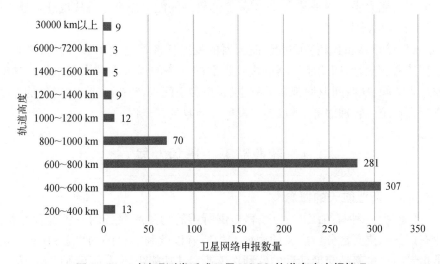

图 3-20　对地观测类遥感卫星 NGSO 轨道高度申报情况

在轨道面申报数量方面,2015 年之前,向国际电联申报的对地观测类遥感卫星网络基本为单星系统,偶尔有 2~3 个轨道面、每轨道面 2~3 颗星的多星组网系统;自 2015 年以后,以美国、法国为代表的部分国家开始向国际电联申报包含多于 20 个轨道面的大规模遥感卫星星座系统。截至 2020 年 1 月 7 日,向国际电联申报的对地观测类遥感卫星网络包含的轨道面数量最多为 81 个,是澳大利亚于 2019 年申报的 MNSAT 卫星网络。

3.3.2　对空间交通管理的影响

所有卫星频率、轨位对空间交通管理的影响主要体现在以下几个方面。

1. 卫星系统的顶层规划管理

卫星频率已经成为重要战略资源,所以,需要对所有卫星系统的测控、数传频率资源需求在空间交通管理的顶层层面统一进行顶层规划设计,协调统一管理,以防止在轨卫星相互之间出现无线电干扰。

卫星轨位正成为航天大国竞相争夺的稀缺战略资源,所以,需要对所有卫星轨位资源在空间交通管理的顶层层面统一管理,按国家安全、国民经济等不同需求进行等级划分,需求冲突时按划分等级分配轨位[26]。

2. 空间目标的编目管理

随着空间系统的爆发式发展,空间目标数量的急剧增多,作为空间交通管理主要工作基础的空间目标编目、碰撞告警变得越来越重要。对所有卫星统一进行探测、跟踪和识别,对空间目标的轨道特性、几何特性和物理特性等进行统一编目管理,并向各国、企业等提供碰撞告警服务。而随着空间目标数量的急剧增多,目标特征的识别能力要求越来越高,对空间交通管理的能力需求与挑战也越来越多。

3. 发射与回收服务

随着空间系统的爆发式发展,航天器的发射任务将逐渐增多;同时,未来完成了工作使命、寿命到期的航天器的离轨返回的任务的需求也越来越迫切。这些航天器进入空间、从空间返回都事关领土、领空和空间资产安全,所以,卫星的发射和回收应进行统一管理服务,重点突出发射和回收的安全性设计。

3.4   商业航天正迅猛发展[27]

3.4.1   商业航天的概念

"商业"是一种有组织的、为顾客提供所需的物品或服务的一种经营性行为。商业有广义和狭义之分。广义的商业是指所有以营利为目的的事业;而狭义的商业是指专门从事商品交换活动的营利性事业。其功能主要是为了满足人们的不同需要而进行各种交易的媒介活动。它能进一步搞活流通市场,促进人们生活生产水平和效率的提高和改进,不断促进发展生产力。

"航天"又称空间飞行或宇宙航行。狭义是指人类在空间的航行活动。广义是指人类探索、开发和利用空间以及地球以外天体的活动。这些活动必须借助航天器来实现(国防科技名词大典《航天》卷、国防科技名词大典《技术》卷)[28]。

所谓"市场机制",是指通过市场竞争配置资源的方式,即资源在市场上通过自由竞争与自由交换来实现配置的机制,也是价值规律的实现形式。对比商业航天活动和传统航天活动,可以发现传统航天活动在项目的授予和获取、利益分配上都是以国家指令计划的形式进行的,其项目和资源、利益的分配不是以市场机制决定的,而是以国家非经济层面的因素(如国家安全、不同集团之间利益平衡、产业扶持、领导人个人偏好等)决定的。而商业航天活动最本质的特征就是项目和资源、利益通过"市场机制"进行分配,而不是什么别的机制。可以说,如果满足在该环节的活动的利益分配是通过"市场机制"进行的,并且该活动又属于航天领域的活动,那么我们就可以把这个活动称为商业航天活动,否则就不能称为商业航天活动。

关于商业航天目前国内外还没有统一的、被业内广泛接受的成熟概念，各航天大国都是根据自己国情、发展目的、技术基础等做出了相关内涵界定，目前主要有美国和欧洲两种。

2010 年美国《国家航天政策》中提出，商业航天活动是"私营企业在承担适度的投资风险和责任的前提下，提供航天产品和服务的活动。商业航天活动与基于市场动机的活动都以控制成本、优化投资回报率为目标，均具有为现有或潜在非政府用户提供产品和服务的法定资格。"

欧洲主要航天国家对商业航天的普遍认识是，按市场规则运行的所有航天活动，如企业以竞争性方式承接欧盟、欧空局或欧洲国家的政府项目，包括使用公私合作模式（PPP），由公私各方共同承担责任和融资风险，实现航天资源的高效配置。对企业的所有制属性不作过多限制。

美国和欧洲对商业航天的理解包括两层含义：

（1）企业与政府之间在项目承接方式上与之前有较大的区别，主要表现为政府只作为客户，对研制过程和实施途径的干预大幅减少；资金的提供方式也从以前的"旱涝保收"转为只提供固定数额资金，研制企业同样承担风险，产品归企业所有，政府只采购服务，企业可将该产品用于商业用途。

（2）商业航天是私营企业以控制成本和优化投资回报等为目标，为非政府用户提供产品和服务的航天活动。其内涵即是私营企业按市场规律为非政府用户提供服务。

对商业航天和传统航天的模式对比（来自美国国家航空航天局《新空间：新兴商业航天工业》报告）如表 3-4 所示。

表 3-4 NASA 对商业航天项目与传统航天项目的界定

要 素	传 统 航 天	商 业 航 天
产品所有者	美国国家航空航天局（NASA）	研制企业
合同管理	NASA+主承包商	公私伙伴管理
用户	NASA	政府和非政府用户
能力验证投资	NASA 通过里程碑提供投资	NASA 只采购能力
NASA 的作用	NASA 决定需求和实施途径	NASA 只确定需要，实施途径由企业决定
需求定义	NASA 确定详细需求	NASA 确定顶级能力需求
成本结构	NASA 承担全部成本	NASA 与工业界分担成本

从美国的商业航天和普通航天的对比可以发现，其对商业航天和普通航天的界定和区别主要在航天器所有者、签订合同类型、投资方式、NASA 的角色等。也就是说，对商业航天来讲，其航天器所有者不局限于 NASA，用户也不局限于政府用户，而是以企业为主体。从合同类型来看，成本加利润合同一般不用于商业合同领

域,而是采用固定价格合同。投资方式来看,由 NASA 大包大揽,根据项目节点(里程碑)拨款的模式到直接采购服务和能力的模式。从 NASA 的总体角色看,由原来的既承担宏观调控功能,又承担具体研制工作转变为只承担宏观调控功能,其他的,则留给市场自己完成。

3.4.2　商业航天是目前发展的热点

3.4.2.1　美国商业化发展现状

1. 陆续出台各类商业航天政策

美国是世界上最早开展航天商业化利用的国家,也是商业航天政策法规最为完善的国家。美国的商业航天活动主要是私营企业根据相关法律法规,按照市场运行规律以及相关的国际协定开展商业活动。为保障国家国防安全和经济利益,规范和促进外空的商业化利用,引导商业航天健康可持续发展,美国制定了完善的政策法规体系。

在航天发射领域,美国先后颁布了《空间商业发射法案》(1984 年)、《商业空间法》(1998 年)以及小布什、奥巴马任期内发布的《国家航天运输政策》和《美国国家航天政策》,美国众议院通过的《2015 年关于促进私营航天竞争力、推进创业的法案》和《商业航天发射竞争法案》等,为商业资本参与航天活动提供了更多的机会和保障,从而对商业航天的发展起到了积极的推动作用。

在卫星通信领域,美国先后制定了《通信卫星法案》《电信法案》《轨道法案》等,鼓励商业卫星通信发展,促成建立完全竞争的全球卫星通信市场。

在卫星遥感领域,先后颁布了《陆地遥感商业化法》(1984 年)、《陆地遥感政策法案》(1992 年),试图逐步实现陆地卫星的商业化。先后出台了《商业遥感政策》(1994 年)、《国家商业遥感政策》(2003 年)、《2014 年情报授权法案》(2014 年),逐步放宽了政府对高分辨率遥感数据的管控,允许私营公司发展高分辨率商业遥感卫星并销售分辨率优于 0.25 m 的遥感图像。

在卫星导航领域,先后出台了《全球定位系统政策》《美国天基定位、导航和授时政策》,为国家安全以及民用、科学和商业应用制订天基定位、导航与授时计划,并为相关活动提供指导与执行指南。

在载人航天领域,发布了《国家航天运输政策》(2013 版),鼓励私营企业加入近地轨道的载人航天活动,明确了未来将由商业部门提供美国近地轨道载人和货物运输服务。

总之,美国的商业航天政策法规,几乎涵盖所有商业化应用领域,并随着商业航天发展的深入,进行持续的动态调整与完善。

2. 鼓励各类商业公司的探索

在多年鼓励商业航天发展的良好环境下,美国涌现了蓝色起源公司(Blue

Origin）、SpaceX 公司、数字全球公司（Digital Globe）、天盒成像（Skybox）、行星实验室（Planet Labs）等新生力量，以谷歌公司（Google）为代表的互联网巨头也开始进军航天，与老牌的波音公司、轨道科学公司、内华达山脉公司等一起在商业航天领域展开竞争，培育了一个有竞争、有活力的市场。卫星通信市场完全放开，形成良性循环；卫星遥感主要以政府采购数据产品和服务为主；卫星导航全面支持民用市场发展。

美国通过鼓励商业航天发展，使商业航天公司逐步具备从设计、制造、验证到发射、运营的能力，实现了政府、军方、科研机构等用户从市场购买服务的能力。商业航天模式显著降低了航天成本，性价比大为提高。例如，猎鹰 9 火箭的商业发射报价仅为 6 120 万美元（商业发射报价与军用项目报价不同，美国空军 GPS Ⅲ 卫星发射服务合同为 8 270 万美元），极大拉低了商业卫星发射价格，迅速占领了商用发射市场。在组织管理、产品研制和技术创新方面的效率相对于传统模式更高，缩短管理链条，缩短研制周期。例如：猎鹰 9 火箭从方案设计到首飞，仅用了 4 年半时间。2014 年，SpaceX 公司推出了第二代载人型龙飞船，距第一代货运龙飞船的首次对接仅仅过去 2 年。

3. 处于高速发展阶段

当前，美国商业航天正处于快速发展的新阶段，其业务范围正从传统的商业卫星发射、商业卫星应用，扩展到政府从私营企业购买商业发射服务和发展商业载人航天飞行等领域，以美国太空探索技术公司（SpaceX）、轨道科学公司（OSC，现更名为轨道-阿连特技术系统公司，简称轨道 ATK 公司）、数字全球公司（Digital Globe）、美丽大地公司（原天盒成像公司，Skybox Imaging）等为代表的新兴航天企业快速崛起，以谷歌公司（Google）为代表的互联网巨头也开始进军航天。商业航天发展的新思维、新理念与新模式对传统航天产业产生了巨大冲击和影响。

1）发射与运输服务业

美国商业运载火箭研制生产力量中，具备研制生产重型运载火箭能力的企业和机构有 2 家——波音和太空探索技术公司；具备研制生产大中型运载火箭能力的企业有 4 家——波音、洛克希德·马丁、轨道科学和太空探索技术公司；具备研制生产小型运载火箭能力的新兴企业较多，如维珍银河公司、火箭实验室公司和萤火虫空间系统公司等。

2）卫星制造业

目前形成了以洛克希德·马丁公司、波音公司和劳拉空间系统公司为主的大型卫星，轨道 ATK、鲍尔航空航天与技术、诺斯罗普·格鲁曼等为代表的中小型卫星，天盒成像、行星实验室、内华达山脉等为代表的众多微小卫星制造的局面。近几年的市场占有率保持在 50%~60%。

3）卫星应用服务业

通信卫星应用服务业由传统卫星运营商国际通信卫星公司和电信卫星控股公

司占据主导地位,新兴的外联网全球广播公司、太空探索技术公司正与谷歌、亚马逊等为代表的互联网巨头跨界融合构建低轨道通信卫星星座以推动卫星运营服务业迈向新高度。

遥感卫星应用服务业数字地球公司占据主导地位,占该区市场份额的 80%～90%,空客防御与航天公司以及麦迪公司在该领域也有一定的市场,合计 10% 左右。而新兴起的天盒成像、行星实验室、地球光学和顶尖公司等正在以积极的举措进军该业务。

4) 地面设备制造业

美国的著名设备制造商当属 iDirect 公司和卫讯公司,其借助良好的质量和品牌效应在国际市场上占据着主流的地位。

总的来看,美国的商业航天发展独具特点,在其强大的经济基础、完善的法律政策环境支撑下,在发射服务、卫星制造、货运服务、运营服务、终端制造、芯片开发等领域都有很强优势。在政府引导下,私营企业发育成熟,在技术研发、商业模式探索上取得了很多成就,持续、稳定的发展可以预期[29]。

3.4.2.2　欧洲

欧洲尚没有独立的商业航天相关政策与法律法规,但其在有关的航天政策和策略措施中提到了支持商业航天的发展。欧洲整体的航天政策法规体系由在欧盟共同安全与外交基础上形成的法律法规体系、欧空局的政府间的法规体系以及欧洲整体相互协调形成的统一的欧洲航天政策所构成。其中涉及商业航天领域的政策法规主要包括《欧洲航天政策决议》《欧洲空间政策》绿皮书以及《地平线 2020 计划》(详见表 3-5)。

表 3-5　欧洲颁布的商业航天政策法规(按时间顺序)

序号	法律名称	颁布时间	基　本　内　容
1	《欧洲空间政策》绿皮书	2003 年	提高欧洲在空间领域地位的适用措施、优化欧洲的空间技术开发力量,大幅度提高欧洲空间技术研究力度,改善相关机构运作框架
2	《欧洲航天政策决议》	2007 年	建立更好地协调欧盟、欧空局及其成员国之间航天活动的机制,最大程度地发挥投资价值,避免难以支持的重复研制,从而满足欧洲的共同需求
3	《地平线 2020 计划》	2010 年	要求欧盟所有的研发与创新计划聚焦于三个共同的战略优先领域:基础科学、工业技术、社会挑战,其中在工业技术领域提出要撬动风险投资,激励研发和创新领域的私人投资和风险投资;实施中小企业创新计划,促进各类中小企业各种形式的创新

欧洲的商业航天发展主要经历了两个发展阶段。

第一阶段是从 20 世纪 70 年代后期到 20 世纪末。欧洲逐步开展研制阿里安系列运载火箭,并于 1980 年正式成立阿里安宇航公司,积极推动航天活动向商业化过渡,因"挑战者号"航天飞机失事、"大力神""德尔塔"火箭相继失利,全球发射服务市场出现大量卫星排队等待发射,阿里安公司在任务失败的形势下,仍向用户承诺发射机会,逐渐开始占领商业发射服务市场。

第二阶段是从 20 世纪末至今。国际海事卫星组织、欧洲卫星通信公司、欧洲卫星公司相继开始实现商业化经营;卫星制造业开始合并重组,逐渐形成了空客防务与航天公司、泰雷兹·阿莱尼亚航天公司两家大型欧洲企业;而近些年新兴的一网(OneWeb)等公司为欧洲商业航天进一步繁荣做出了重要的贡献。

欧洲阿里安公司、国际海事卫星组织、欧洲卫星通信公司、欧洲卫星公司、诺达公司等商业化经营卓有成效。空客防务与航天公司、泰雷兹·阿莱尼亚航天公司在全球市场举足轻重。萨里卫星技术有限公司的小卫星研制能力突出。

最具代表的阿里安公司主要从事地球同步转移轨道(GTO)商业载荷发射,占国际商业发射市场 40%~50% 份额。为应对新挑战,近期降低了 5.35 吨以下卫星发射服务价格(5.35 吨是猎鹰九号火箭 GTO 运载能力上限),避免丢掉订单。在2014 年 12 月召开的欧空局部长级会议上,为了保证欧洲在国际商业发射服务市场中的份额,明确了新一代运载火箭阿里安-6 的技术方案。

总的来看,欧洲的商业航天发展环境较为完善,政策、技术、效果都不错。发射服务具备很强的市场竞争力。在 Galileo 导航系统建设上,探索采用了公私合营(PPP)模式,但效率较低,系统部署进展受到很大影响。小卫星技术可圈可点,具备一定的引领性。光学、微波等大卫星研制质量过硬,赢得了大量国际订单。通信、导航、遥感服务运营发展较为成熟。

3.4.2.3　俄罗斯

俄罗斯是世界上最早进入国际商业航天发射市场的国家之一。其通过采用"弹改箭"模式,既可提高火箭可靠性,同时又能降低发射成本,使俄罗斯火箭在参与国际商业发射竞争中优势明显。近几年,俄罗斯主要通过自上而下的机构改革为牵引,推动以对内提升效率、对外扩大出口为主要途径来推动航天商业化,商业化发展路径正在探索中。从俄罗斯在"市场化"和"国有化"两条道路上的争议和摇摆,可以看出俄罗斯对中央集权和计划经济传统治理模式的高度依赖。

以机构改革推动航天商业化进程。2000 年,俄罗斯航天局改组为航空航天局,将航天和航空工业合并一家;2004 年,原航空航天局的职能拆分为航天和航空两部分,成立联邦航天局和联邦工业局;2015 年,成立俄罗斯国家航天集团公司。目前以国家集团公司的形式改变了国家对众多企业扁平式的管理模式工作,重新形成了硬性垂直管理模式。同时俄罗斯对航天企业进行股份制改革,建立现代企业制度,最终实现从封闭军工企业到公众公司的转变,增强企业活力。

以对内提升效率、对外扩大出口推动航天商业化。目前俄罗斯一是通过提高国防预算、强化采办管理巩固现有航天工业基础,支持航天企业向商业化逐步过渡;二是将众多不同所有制的公司合并成为一家,将原来各自为营的航天企业整合成超大型集团,减少企业内部竞争,将大量专业化企业集聚在一地,以达到提高生产效率、实现企业规模效益最大化;三是国家主导,集中力量,有效利用资源,更积极投入到国际竞争中,力图进一步抢占国际市场份额,使技术力量和成果得到更有效的利用,以逐步形成内生式发展模式,推动航天产业可持续发展。

俄罗斯火箭以其低廉的发射价格受到广大用户的青睐。通过开展国际合作,尤其是同欧美国家的合作,创建股份制公司,冲破了以往的发射局限,拓宽了俄罗斯运载火箭的使用范围,在商业发射服务市场上占据着半壁江山。从事商业航天发射的俄罗斯企业已经形成了比较规范的服务体系,不但提供火箭发射,而且向客户提供技术支持、人员保障、售后跟踪等多种服务。

为应对国际竞争,俄罗斯主动将质子号火箭价格降到了 6 500 万美元左右(2015 年 9 月),同时推出了质子号轻型和中型火箭。新型安加拉火箭最大特点是采用模块化设计,已于 2014 年完成了首飞。为了确保价格竞争力,2015 年已经开始向国际市场以低于质子号火箭的价格推销安加拉火箭。

总的看来,俄罗斯发射服务在国际市场上优势很大,但近年来发生了多起失败事件,影响了其火箭声誉。俄罗斯在卫星研制上技术雄厚,但近年受经济实力影响,后续通信、导航、遥感卫星发展规模受到一定限制。商业航天发展政策环境不很完善,企业改制频发,体制机制尚未完全理顺。

3.4.3　商业航天是空间技术及其应用日趋成熟的标志

商业航天活动,重视以商业化、市场化运作牵引投融资、公司治理、项目获取、利润分配等发展模式变革。企业以自己投资或利用社会融资开展的航天活动属于典型的商业航天,政府通过市场渠道采购航天产品和服务也属于商业航天范畴。

除了具有传统航天产业高技术、高投入、高风险等基本特点外,商业航天有如下几个特点。

一是新型的投融资模式。商业航天鼓励并提倡民营资本进入航天领域。并带来不同于单纯政府投资的新型投融资模式,如在资本市场上民营资本可以天使投资、风险投资基金、股权战略投资、上市公司定向增发等方式形成混合所有制企业或民营控股企业;在项目融资方式上,可由民营资本进入形成公私合营(PPP 模式)、服务租赁、融资租赁等模式。

二是完善的现代公司治理制度。完备的现代公司治理制度是商业航天的重要标志,也是社会资本进入航天领域的首要条件。如果没有值得以信用为基础的公司治理的委托——代理机制,社会资本进入航天领域将顾虑重重。建立现代公司制度,即完备的股东大会制度和董事会、监事会、职工代表大会制度,才能保证各方利益。

三是市场化的项目、利润分配以及较大的企业自主权。商业航天的项目获取将主要取决于市场化的规则,即以产品或服务的性能、成本等为主要竞争要素。在利润分配和定价机制上,不同于传统航天体制下的成本加成制度,而是采用弹性定价制度。采购方对卫星等航天器产品拥有完全自主权,卫星测控、运管、运营等都可委托专业公司完成。采购方也拥有对卫星的财产所有权,包括对航天资产的处置、赠与、抵押、销毁等权利。

四是产业链、价值链、资金链上与传统航天差异巨大。

产业链:商业航天需要专业分工达到新高度,逐步形成高度商业化的产业生态圈。高度的专业分工带动集成、测试、运管等专业公司出现。通过成熟供应链和服务外包体系高效利用资源、占有市场、创造利润。

价值链:商业航天会促进企业持续分化、洗牌和调整。运营、应用和卫星制造壁垒逐渐模糊,价值链后端与前端互动。主要核心利润集中在价值链后端,即卫星应用和服务产业,通过资本运作,制造业和服务产业形成利益共同体。

资金链:商业航天投资主体从单一国家为主向市场为主的多元化转变,利用经济杠杆进行调节,特别是互联网经济的介入,商业航天市场的开放,吸引了大量经济大鳄介入,使得项目资金来源、规模、运作方式出现巨大改变。

商业化,要求同时具备技术的成熟和市场的培育,两者缺一不可。传统航天的高技术、高投入、高风险的特点,使其技术一直处于探索之中;而初期的公益性,市场除了电视直播等业务外,基本为政府、行业用户,无法培育出真正的大众市场。

因此,目前空间活动的商业化,是在技术、市场日趋成熟下,投融资、运作模式的市场化变革,也是空间技术及其应用日趋成熟的标志之一。

3.4.4　外空商业化的非国家主体是对空间交通管理体系的重大挑战

目前的外空管理体系是以联合国牵头、各国签署的"五大公约"为核心框架构建的国际管理体系,其责任主体为国家。再由各国制定符合国际管理体系的国内法律体系,管理各国国内航天活动。这在以国家为航天活动主体,投资、制造、发射、应用及市场基本以政府、行业用户为主的传统航天产业中,可以实施有效的管理。

而外空商业化的实施主体主要是"私人公司""企业"等非国家主体,它们出于商业目的从事航天活动,其实施主体甚至为跨国企业,而主要航天活动区域也可以是在国际公域中开展,由此,对现有的以"五大公约"为核心框架、各国国内法律体系进行管理的现有外空管理体系带来重大挑战。

3.4.4.1　非国家主体成为未来外空商业化发展的主要力量

20111~2015 年期间,高轨道商业发射服务市场全球总共签订了 64 个高轨卫星的发射订单。其中,阿里安公司 33 个,国际发射服务公司 9 个,海上发射公司 4

个,洛克希德·马丁公司 1 个,SpaceX 公司 12 个,日本三菱重工株式会社 2 个,中国 3 个。2015 年,阿里安公司签署 21 份发射服务合同,其中高轨卫星发射订单达 17 份;SpaceX 公司签署 9 份发射服务合同,其中高轨卫星发射订单达 5 份;国际发射服务公司签署 6 份合同,均为高轨卫星发射订单;中国签署 1 份亚太 6C 高轨卫星发射服务合同。

从高轨商业发射服务签约数量看,国际商业发射市场已由阿里安公司和国际发射服务公司为主导的俄欧独大局面,全面转向美欧领衔的新格局,美国空间探索公司接连完成里程碑式发射,并以低成本、高可靠的优势得到众多用户青睐。国际发射服务公司的明星产品质子号火箭故障频发,海上发射服务公司待重组后才能重新进入市场。日本三菱重工株式会社一直在努力进入国际商业卫星发射服务市场,在 2014 年获得了运营商 Telesat 和空客防务与航天公司(ADS)的认可并夺得订单,其未来竞争实力在发射市场上不容小觑。

低轨(LEO/SSO)商业发射服务市场竞争态势表现为供应充足,竞争激烈。过去的几年中,微小卫星技术实现了巨大进步,在应用能力上实现突破,将扩展到通信和对地观测领域。巨大的市场需求和巨额投资的涌入,互联网思维的引进,使得微小卫星全面进入了商业领域,加速了低轨发射市场的蓬勃发展。2006~2015 年 10 年间,全球共发射了 1 480 颗微小卫星,市场总额达 125 亿美元。1 000 kg 以下的卫星占每年发射卫星的比例已稳定保持在 40%以上。

未来 10 年,高轨商业通信卫星市场需求可能持平或略有下降,每年维持 20 颗左右的订单规模。另外还有 120 颗低地球轨道和中地球轨道通信卫星发射需求。随着 OneWeb、SpaceX 为代表的新概念低轨通信卫星星座的出现,未来 5~10 年有可能出现规模达数百甚至数千颗卫星进入部署阶段,并有可能改变整个市场业态。

从需求来源看,运营商的替换性项目或网络增容项目需求构成了市场需求的主体,其中,全球运营商的订单将占 70%,另有 28%的订单来自区域运营商,仅有 2%的订单来自新进入卫星运营商市场的商业机构以及初次采购通信卫星的国家。

3.4.4.2　在各项国际公约中的非国家主体的责任缺位

目前,仅仅靠国家、政府投入的传统航天发展模式难以为继,商业航天作为未来航天发展的重要组成已渐成发展大趋势。商业航天与传统航天在发展理念和发展模式上截然不同,呈现出快速响应用户需求、低成本和灵活的批量制造、研发/生产制造/运营管理各环节全面简化等特点。而这些特点都是由市场带来的。

因此,各国政府在政策制定时更注重构建合理有序的市场秩序。如美国,在政府相关政策的鼓励下,商业航天发展模式不断创新,其总体趋势是在掌握价值链关键环节的基础上,注重航天与互联网跨界融合形成新业态。它主要包括:掌控卫星设计制造、相关数据的应用服务等价值链关键环节,兼具设计制造商、运营商和服务供应商多种角色于一体;将微小卫星技术与云服务结合,提供互联网在线服务;创新卫星数据的应用服务领域;便捷、廉价地为用户提供定制化、多样化应用服务;吸引互联网巨头、风险投资公司等社会资源多渠道获得资金支持等。

从目前的发展来看,各国政府在针对商业航天的政策制定、法律法规构建等方面,为适应商业航天的发展特点,已经进行了诸多探索。

而联合国有关外空条约,主要为缔约国规定了以下义务:不得对外空主张主权;和平利用外空、限制外空的军事化;对本国空间活动(无论是由政府机构还是非政府团体所为)承担国际责任;对本国非政府团体的空间活动进行持续监督;作为空间物体的发射国,对该物体导致的损害承担赔偿责任;应设立国家登记册,对其发射的空间物体进行登记;营救和送回宇航员;送还他国的空间物体;保护空间环境和地球环境;避免对他国的空间活动产生干扰等。这些义务大多需要国家立法专门作出规定,以便将这些国际义务转化为国内法上的义务。

在联合国"五大公约"为核心框架构建的国际管理体系中,责任主体是签署了这些公约的国家。大多数国家在其商业航天相关的法规中都突出履行国际义务的立法原则。如英国 1986 年《外层空间法》第 38 章就规定,"本法授予国务大臣以批准权和其他权力,以保证联合王国对于本国相关的人发射和运营空间物体及在外层空间进行其他活动承担国际责任"。其"发放许可证活动"部分也规定"(发放许可证)不与联合王国的国际义务相抵触"。比利时在其《空间物体发射、飞行操作与指导活动法》第二章"活动的许可和监督"第四条第 3 款明确,"活动的开展必须遵守国际法,尤其要遵守比利时参加的"。

但是,这些法律法规的责任主体也仅是受各国管理的非国家主体,对于商业航天活动中出现的、在国家公域开展活动的非国家主体,各国的国内法律法规没有管辖权。

因此,急需在联合国层面构建的国际管理体系中补齐对目前的管理体系中的非国家主体的责任缺位[30]。

3.5　外空军事化、武器化[31]

联合国有关外空条约中,对各缔约国规定了以下义务:不得对外空主张主权;和平利用外空、限制外空的军事化,以及和平利用外空原则。

因为无论在战时还是在和平时期,军事活动都会对空间环境造成严重破坏。进而妨碍其他开发利用活动。

3.5.1　外空军事化、武器化已不可避免

2016 年美国哈德逊研究所发布《太空与自卫权》报告中认为全球"太空武器化"进程正在加快。美国的对手国家针对美国空间"弱点"正在不断发展针对性武

器,如反卫、高超声速武器等。为增强空间防御力量,美国必须充分利用有限的空间去保护美国本土、盟友以及空间资产。其中最有效的方式就是部署具有天基动能杀伤拦截弹的卫星星座。

报告指出,尽管部署天基拦截武器仍具有争议性,一些反对者认为天基拦截武器(SBI)仍存在造成空间碎片、催生新军备竞赛、受相关条约和协议限制发展等问题,但是目前还没有禁止部署 SBI 能力的条约、国际公约或准则,SBI 成本风险是可控,技术上近期可实现,其造成的空间碎片风险也是可管控的。因此报告认为 SBI 完全可行,是美国继续保持其全球优势地位的必然选择。

3.5.1.1　空间武器的概念[32]

空间武器又称太空武器、外空武器,目前也没有统一、明确的定义。美国空军大学空军军事学院《增强空间武器化——对未来发展的建议》中对于空间武器的定义是:攻击时位于空间,用于摧毁位于任何地方(空间、空中、地面、地下、海上或海下)的目标或干扰其正常运行的一种装置;或者位于任何地方,用于摧毁一个空间目标或者干扰其正常运行的一种装置。美国兰德公司空间项目部《空间武器——地球战争》关于空间武器的定义为:在空间部署的或主要部件部署在空间的,用于引起伤害的武器。中国政府于 1984 年在联合国裁军委员会上首次明确提出了太空武器的定义:一切以太空(包括月球和其他天体)、陆地、海洋、大气层为基地,对太空的航天器进行打击、破坏、损害其正常功能或改变其轨道的任何装置或设施,以及以太空(包括月球或其他天体)为基地,对大气层、陆地、海洋的目标实施打击、破坏或损害其功能的任何装置或设施。《中国军事百科全书·军事航天技术分册》关于空间武器的定义是:用于攻击空间目标,干扰星间、星地链路,以及从空间攻击空中、海洋与陆地目标攻击的武器统称。《中国国防科技名词大典》对空间武器的表述为:又称太空武器,部署在外层空间或外层空间使用,或以空间系统为攻击目标的武器。《中国军事辞海》对空间武器的定义是:亦称为太空武器,部署在宇宙空间或陆地、海洋和空中,用于打击、破坏与干扰空间目标的,以及从空间攻击陆地、海洋和空中目标的所有武器的统称。

3.5.1.2　现有国际规则的漏洞[33]

"全球公域"中的人类活动向来是"人本的",通过在竞争价值间寻找平衡,谋求最大程度上的需求满足。尽管人类的开发利用活动常伴随着环境保护,这从来不是出于捍卫良好环境的固有价值,而是为了实现实际利益。当国家在追求安全利益时,特别是涉及军事安全时,从来不会被环境保护的"纯洁理想"所束缚。最好的佐证是,国家作为制定国际法的主体,经常想方设法使其军队豁免于民事主体所承担的环境保护责任。只有当军事活动对空间环境的破坏威胁到人类安全,或者军事活动给其他开发利用活动带来的价值减损超出相应的预计军事利益时,国家才会从环境保护出发对军事活动进行限制。

例如,南极洲的成功非军事化在很大程度上得益于以下认识:军事活动会对南极洲脆弱的生态系统造成不能修补的破坏,进而葬送其巨大的科研价值。与此类似,禁止外空核试验的初衷之一是为了避免核试验对航天器的电磁辐射。

军事用途是当今空间活动的主要目的之一,但国家在空间开展军事活动的权利并非不受限制。1967 年《外层空间条约》第 4 条第 1 款禁止在绕地球轨道放置任何携带核武器或任何其他类型大规模毁灭性武器的实体,禁止在天体配置这种武器,禁止以任何其他方式在外层空间部署此种武器。第 4 条第 2 款还禁止在天体建立军事基地、设施和工事,禁止在天体试验任何类型的武器以及进行军事演习。但该条款未禁止天基常规武器以及地基反卫星武器。这一漏洞为一些国家发展空间武器提供了可乘之机,而一些航天国家发展空间武器的计划早已众人皆知。这些计划一旦实施,势必迫使其他国家走上相同的道路,引发一场空间常规武器竞赛。尽管仅有小部分国家有财力与能力发展复杂昂贵的天基武器,然而多数国家可能会选择技术含量较低且廉价的地基反卫星武器[34]。

空间军备控制是维护空间安全的重要手段,而防止空间武器化是空间军备控制谈判的焦点,也是长期未能实现突破的难点。目前,空间武器化风险因美国追求一超独霸已基本不可避免,外层空间对抗装备技术发展迅猛,发展方式越来越隐蔽。

3.5.1.3　外空军事化正在进行中

1. 外空军事化已成现实,其战争"制高点"作用凸显

以天基系统为基础的综合电子信息系统是现代战争的神经中枢。谁能控制外层空间,掌握制信息权,谁就能掌握现代战争的主动权。1960 年 8 月,美国成功发射"发现者- 13"号间谍卫星并回收,第一次获得来自空间的侦察照片,标志着人类军事上运用空间的开始,也意味着激烈的空间军事竞争从此全面展开。此后,大量的侦察、通信、气象、导航等军事卫星在空间部署,一些反卫星武器的研制也取得初步成果。各种空间军事系统被用于美苏冷战及局部战争中,并发挥了巨大的作用。通过空间系统的侦察、监视、预警、通信、导航和定位等,对陆、海、空作战提供支援,空间信息支援与保障为特征的空间作战从此粉墨登场。目前,美军 95% 的军事情报、90% 的军事通信、100% 的导航定位和气象信息都依赖于卫星系统。依靠天基信息系统,美军从发现目标到摧毁目标的时间,海湾战争时期为天,科索沃战争到了小时,阿富汗战争和伊拉克战争到了分钟,真正实现了"发现就是歼灭"。

2010 年 8 月,美军利用"军号"等电子侦察卫星对艾哈迈德使用的卫星电话进行严密监视,进而找到了本·拉登在巴基斯坦阿伯塔巴德地区的藏匿地点。随后,美军利用军事侦察卫星和商用遥感卫星对电子情报中推断的拉登藏匿地点进行侦察,验证了该处即为拉登藏身地点,并确定了入口和适于机降的两块空地。最终,在 2011 年 5 月 1 日,美军特种作战队员开始行动,利用头盔摄像装置,将所处位

置、进攻目标的音频信息和图像信息通过通信卫星实时传送给白宫战情室,奥巴马等美国官员利用通信卫星实时指挥作战行动,完整观看了击毙本·拉登的全过程。美军综合利用天基信息系统和其他先进军事装备,成功地完成了隐蔽奔袭巴基斯坦和击毙本·拉登的军事作战任务,将外空军事利用提升到了一个全新的水平。

2. 美国空间作战理论的发展[35]

1998 年美军航天司令部发布的《2020 年设想》中,提出了控制空间、全球作战、力量集成和全球合作等作战思想,标志着 21 世纪美军空间作战理论的正式出台。1998 年 8 月颁布了《美国空军太空作战条令》(AFDD 2 - 2),该文件是军事史上第一份关于空间作战行动的条令,并于 2001 年和 2006 年经过了 2 次修订。2002 年颁布了《联合太空作战条令》(JP 3 - 14),并于 2009 年进行了最新修订。2004 年美军还进一步颁布了《美国空军太空对抗作战条令》(AFDD 2 - 2.1)。

JP 3 - 14 和 AFDD 2 - 2 将空间军事行动划分为空间力量增强、控制空间、空间力量运用和空间支持四类。其中将控制空间领域定义为确保美国及盟国在空间行动自由、阻止敌人空间行动自由的军事行动,包括进攻性控制空间、防御性控制空间和空间态势感知。

AFDD 2 - 2.1 审视了美国可能面对的短期和长期威胁,更具体地列举了可能发生的各种威胁以及军事策划人员必须考虑的、旨在建立和维护空间优势的军事进攻和防御应对措施,被视为美国发展以进攻为目的的武器能力的参照清单。

这些充分表明控制空间已经不再完全依附于核威慑战略,美军空间作战思想和控制空间装备发展战略日趋成熟和完善。

2004 年美军发布了《美国空军航天司令部 2006~2030 财年战略主导计划》,具体细化了控制空间装备发展战略,将空间态势感知装备、防御性空间对抗装备、进攻性空间对抗装备的优先级由高到低,依次排列。具体到防御性空间对抗领域,美军在近期主要通过改进防御战术、技术和方法,部署攻击探测和报告体系,发展星上被动和主动探测措施;中远期将发展诱饵卫星、护卫卫星等非星载防御性空间对抗装备,协助天基系统防御动能武器和物理攻击。

2016 年 11 月发布了新版《国防部航天政策》,与 2012 年版本有较大变动。新版《国防部航天政策》进一步明确军事航天目标和方针。2012 年版《国防部航天政策》在 2010 年版《国家太空政策》和 2011 年版《国家安全太空战略》指引下制定,由于是美国军事航天战略转型初期,提出的军事航天发展目标非常模糊,即"应对拥挤、对抗和竞争带来的挑战"。这说明当时美国还没有完全适应国际空间安全环境的变化,在如何应对上还没有系统完整的思路。经过这些年的深化研究和论证后,在美军新版《国防部航天政策》中明确了军事航天发展的目标和方针。

3. 外空军事同盟的出现

美国试图组建美国为首的空间军事同盟,孤立遏制竞争对手。其提出与负责任的国家、国际组织和商业公司开展合作的一系列举措,反映出美国在军事航天领域开展合作的战略意图很可能是试图建立空间中的"北约",即建立空间军事同盟,孤立和压制竞争对手,控制空间主导权。

近期,美国先后与澳大利亚、法国等传统盟友签订空间态势感知领域的合作协议,通过共享监测数据,海外布站等方式,推动空间安全领域合作,这些举措都与美国《国家安全太空战略》提出的发展方针保持一致。

4. 美国已具备空间作战能力

在武器装备方面,美国进攻性空间对抗装备包括动能攻击、定向能杀伤、电子干扰、网络攻击、天基操控装备。明确部署的美国可用于空间对抗的核心装备包括地基/海基中段反导系统拦截弹、"卫星通信对抗系统"(CCS)、X-37B 轨道转移飞行器。此外,多类技术可用于天基操控武器[36]。

在装备能力方面,美国已初具多样化地基进攻性空间对抗能力,攻击手段涵盖动能、定向能和电磁网络攻击;攻击效果包括硬摧毁和软杀伤,可使敌方空间系统永久或暂时失去部分或全部效能;攻击目标覆盖低、中、高轨目标,涵盖通信、导航和侦察卫星系统等关键军事航天系统。

在技术能力方面,美国已开展低轨空间操控和一系列高、低轨自主抵近与交会技术试验,并已实施 5 次 X-37B 轨道试验飞行器在轨任务,相关技术已发展成熟,目前出于非军事因素考虑未部署作战系统,一旦决策部署,可快速形成共轨式武器装备,具备天基高低轨动能攻击和低轨灵活操控作战能力。

3.5.1.4　美国反对制定任何新的外空军控条约[37,38]

在冷战时期,1982 年和 1988 年美国国家空间政策均提出"将考虑缔结与美国安全利益相一致的、旨在禁止或限制在空间试验和部署武器的可验证的、平等的空间军控措施"。冷战结束后,美国的空间政策转向"追求空间行动自由",认为没有必要再寻求旨在限制空间武器的条约。2008 年的空间政策明确指出:"美国将反对制定新的法律框架或其他限制,禁止或限制美国进入空间或利用空间。拟议的军备控制协定或限制不得损害美国的权利——为了国家利益在空间进行研究、开发、试验、作战或其他活动",这个立场至今未变。具体表现为,在日内瓦裁军谈判会议(裁谈会)和联合国外空问题政府专家组等场合反对中俄在裁谈会提交的《防止在外空放置武器、不对外空物体使用或威胁使用武力条约草案》(PPWT,CD/1839),专门向裁谈会提交了美国对 PPWT 草案所作的评论(CD/1847),认为这个草案难以接受。对联合国外空政府专家组(GGE)的工作建议中反对将具有法律约束力的军控概念和建议的讨论纳入 GGE 讨论的范围内,认为 PPWT 草案与政府专家组的工作不相干。2014 年美在裁谈会对中俄 PPWT 新案文(CD/1985)提出质疑,目的是表明目前不具备谈判外空军控条约的条件。奥巴马政府曾冻结关于"禁止所有摧毁性的反卫星武器试验"的提案,原因是五角大楼担心这一提案会限制美国的外空行动。美国国务院明确表示：美国不会签署任何限制保卫美国及其盟友行动的行为规范或者其他协议。2018 年 8 月 14 日,美国负责军控的助理国务卿波夫莱特日内瓦裁军谈判会议上再次强烈反对 PPWT 草案,称其存在严重漏洞,并指责俄罗斯"言行不一",反映了特朗普政府对于外空军控条约的态度立场与奥巴马政府的高度一致。

与布什政府对外空军控立场的强硬态度相比,奥巴马政府表现出一定的灵活性。为防止那些有可能限制美未来空间活动的条约或规章制度,美积极参与营造国际空间法制环境。美 2012 年的国家空间政策鼓励在和平利用空间方面采取负责任的行为,在"具有公平性、可有效核查并能够增加美国及其盟国的安全的前提下,将考虑外空军控概念和措施"。美积极参加了联合国政府专家组工作,支持联合国外空委可持续工作组制定空间行为准则。在 2014 年裁谈会外空议题非正式讨论中,美再次强调外空透明与建立信任措施,赞成制定外空行为准则,认为核心义务是各国不采取任何损害外空物体的行动,无论是否产生空间碎片、针对本国或别国外空物体。美国在联合国外空委"空间活动长期可持续性"(LTS)工作组选择性考虑对其有利的空间军备控制概念和措施,强调各国应确保支持在轨系统运行的地面基础设施的安全和安全保障,试图主导建立"空间物体与事件专家组",全面掌控外空态势,这些提议遭到了俄罗斯等国的强烈反对[39,40]。

3.5.1.5 欧洲以民掩军发展新型空间作战能力

欧洲坚持和平利用空间的发展政策,但是欧洲开展的一些技术验证项目显示用于进攻性装备研制的潜力。例如,以应对空间碎片的增长而开展的"移除碎片"技术验证项目,空间碎片与空间作战目标的在轨特性完全一致,其技术完全可以应用于进攻性空间对抗装备。

2018 年 4 月,欧洲成功发射"移除碎片"(RemoveDebris)系统,完成首次低成本主动碎片移除(ADR)技术在轨演示试验。"移除碎片"项目于 2013 年 10 月正式启动,完成各项地面试验后,首颗试验卫星于 2018 年 4 月发射入轨,2019 年 4 月完成多项在轨演示验证任务。

RemoveDebris 试验卫星由"移除卫星"(RemoveSat)试验平台(图 3-21)和 2 颗 2U 立方体试验"碎片卫星"(DS)组成。碎片卫星-1、2(DS-1、2)由萨瑞卫星技术公司负责研制,其中 DS-1 是网捕试验的抓捕目标,用于试验网捕碎片技术;DS-2 是视觉导航任务的非合作自主交会目标,用于试验自主视觉导航技术。RemoveDebris 试验任务的地面操作中心是位于萨里卫星技术公司的任务操作中心。

该项目设计的在轨演示任务将在轨释放的立方体卫星作为被捕获的人造"碎片"目标,试验平台在轨演示了使用抓捕网和鱼叉装置捕获目标的过程,并在轨验证了视觉导航(VBN)及阻力帆部署等技术。RemoveSat 任务成为世界首例在轨使

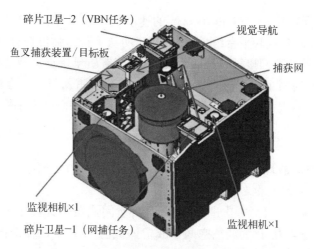

碎片卫星-2（VBN任务）

视觉导航

鱼叉捕获装置/目标板

捕获网

监视相机×1

碎片卫星-1（网捕任务）

监视相机×1

图 3 - 21　RemoveSat 任务试验平台构成示意图

用鱼叉捕获系统和网捕系统进行空间碎片捕获的任务，并首次将立方体卫星用作人造"空间碎片"目标。

网捕系统是发展前景最好的空间碎片捕获结构之一（图 3 - 22），适用于不同形状、尺寸和翻滚速率的目标，其对非合作目标捕获也非常适用。RemoveSat 任务网捕系统展开为大型半球形网，其设计捕获尺寸达 2 m，在轨演示任务期间捕获了直径约 1 m 的人造"碎片卫星"，未来更大型的网捕系统可捕获直径 12 m 的空间目标。

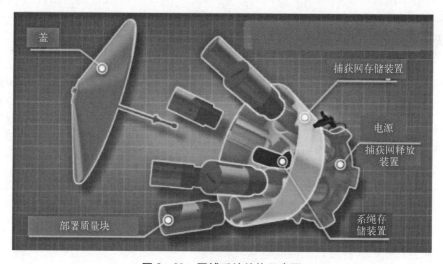

盖

捕获网存储装置

电源

捕获网释放装置

部署质量块

系绳存储装置

图 3 - 22　网捕系统结构示意图

网捕系统部署时依靠部署质量块，质量块加速运动可将捕获网拉出存储装置并展开部署。网捕演示任务过程如下：首先试验平台在轨释放 DS－1 立方体卫星作为任务的目标碎片,DS－1以5 cm/s的速度低速移动,同时充气膨胀至直径约1 m。当DS－1距离试验平台约6 m时,捕获网从平台上弹出释放,捕获网尺寸可扩展至5 m,一旦捕获网接触到目标,网末端的部署质量块将会带动捕获网缠绕目标,同时使用方向锁定离合器将捕获网卷起,防止其重新打开。在网捕演示过程中,平台上两个监视相机记录下图像数据并传回地面,用于评估网捕演示试验是否成功。

3.5.2　空间战场的出现是空间军事化、武器化发展必然

3.5.2.1　各国竞相发展独立的太空军(天军)

21世纪以来,空间军事化进程明显加快,空间武器化日益加剧。美国全面发展空间军事任务能力,持续调整空间作战指挥机构,组建空间作战部队,积极发展空间作战武器与空间对抗技术。

美国的一意孤行与日益开展的空间军事化活动引发了连锁反应:俄罗斯采取了一系列实质性的空间控制措施,组建军事航天部队,制定了雄心勃勃的空间复兴计划,准备重启并重点发展反卫武器研究,研制新型空间武器;日本已突破和平利用空间的法律限制,正在加快军事航天发展步伐,准备推动通过"空间基本法"和组建空间战略司令部,以便通过开发和利用空间来加强国家安全;印度已发展了一批具有军事意义的卫星,并在2019年3月进行了反卫星武器试验,2019年4月印度宣布成立国防空间署,以免遭到来自空间的袭击,据印度时报报道,印度军队在7月进行本国首次空间军事演习;2019年7月,法国宣布将组建空间指挥部,以应对空间领域的未来挑战,确保加强法国的空间能力,最终将会形成法国的空天部队。

1. 俄罗斯

俄罗斯空天军是俄罗斯武装力量三大军种之一。根据俄罗斯总统普京的命令,2015年8月1日将俄罗斯空军和俄罗斯空天防御军合并,组建俄罗斯空天军。新组建的俄罗斯空天军受俄罗斯总参谋部领导,由俄罗斯空天军总司令部直接指挥。俄罗斯空天军总司令部位于俄罗斯国防部大厦,坐落在莫斯科阿尔巴特区。

新组建的俄罗斯空天军担负下列任务:

- 抵御空天进攻,保护国土免受敌人空天武器的打击;
- 使用常规武器与核武器对敌方目标实施打击;
- 对可能攻击俄罗斯国土目标的导弹实施拦截;
- 为其他军兵种部队提供航空保障;
- 为最高指挥机关提供外军洲际弹道导弹发射与攻击预警;
- 对空间目标进行监视,消除来自空间的威胁,必要时对其进行拦截;
- 发射轨道航空器,控制军用卫星系统,利用卫星提供必要的军事信息保障;

- 在规定体制内保持战备,运行军用卫星系统及其发射、控制设施;
- 其他的一系列任务。

在俄罗斯空军与俄罗斯空天防御军的指挥机构基础之上,组建俄罗斯空天军司令部和参谋部,将其所属的军团、兵团与部队组建成属于俄罗斯空天军的三个兵种:

- 俄罗斯空军;
- 俄罗斯导弹防卫部队;
- 俄罗斯航天部队。

2. 美国[41]

空间是美国繁荣和国家安全的根本保障,不受限制地进出空间和在空间中自由行动是一项至关重要的国家利益。长期的战略竞争给美国繁荣和国家安全带来了核心挑战,而空间是竞争的关键内容。潜在对手已经认识到美军在现代军事行动中对空间的依赖,以及空间为联合部队及盟军提供的优势;对手正推进战略、相关组织和能力发展,以利用美国在空间中可能存在的漏洞。空间因此成为作战疆域。

新的环境突出了空间在改变战争性质方面的作用,并为军事航天部队带来了新的挑战和机遇。空间系统不再仅用于支援地面部队作战并赢得胜利;空间中的行动也将直接影响未来危机或冲突。为了维护和平并慑止侵略,国防部必须做出调整,确保在空间中的自由行动。改革军事航天的组织架构,是改变美国利用空间疆域的方式、为 21 世纪战争做好准备的基本步骤。

美国太空军是由时任美国总统特朗普在 2018 年 6 月 18 日下令美国防部立即启动组建的军队,太空军独立于空军,成为美国武装力量的第六军种(注:美国武装力量共有陆军、海军、空军、海军陆战队以及海岸警卫队五个军种。美国空军于 1947 年 9 月从美国陆军分离出来,此后美军的军种构成再未发生改变)。

2018 年 3 月,特朗普组建太空军的想法被写入《国防战略》报告。

2018 年 6 月 18 日,时任美国总统特朗普下令美国防部立即启动组建的军队,太空军独立于空军,成为美国武装力量的第六军种。同日,特朗普还签署一项有关空间政策的行政命令。

2018 年 8 月 9 日,美国弗吉尼亚,时任美国副总统彭斯公布五角大楼关于美国太空军的详细计划,包括建立空间发展机构、发展空间作战部队、立法支持创建计划、建立太空司令部等。

2019 年 2 月 19 日,美国总统特朗普签署新指令,要求美国防部起草法案组建"太空军",作为美国第六军种。

2019 年 2 月 27 日,美代理国防部长沙纳汉以电子邮件形式向国会提交了国防部有关组建美国太空军的立法提案(75 页)和《美国太空军》战略概述(20 页)。

2019 年 3 月 1 日,美国防部网站公布了这些文件。其中,《美国太空军》战略概述描述了美国当前面临的战略环境,总结了美国太空军的作用和使命、职能和权限、组织结构、过渡计划、人事和预算计划,以及其与其他军部和军种、作战司令部和情报界的关系等。

2019 年 8 月 29 日,美国总统特朗普宣布正式成立美国太空司令部,距离组建独立的"太空军"更近一步。特朗普表示:"美国对地外空间的探索事关国家安全。美国在空间中仅有'存在感'是不够的,还要具有'统治力'。建立太空军对于维护美国的国家安全而言至关重要。"

2019 年 12 月 20 日,时任美国总统特朗普在马里兰州安德鲁斯美军基地签署《2020 财年国防授权法案》,正式开始创建美国第六大军种——太空军(Space Force)。特朗普在签署仪式上说:"今天标志着一个里程碑式的成就,我们正式成立了最新的武装力量分支——美国太空军。"

根据这一法案,原美国空军太空司令部将更名为太空军。美国太空司令部司令、空军上将约翰·雷蒙德将担任首任太空军参谋长,并将在 2020 年 12 月正式成为美国参谋长联席会议成员。

空军下属的 3 400 名军官、6 200 名士兵及部分文职人员共约 16 000 人将转入太空军序列。美国国防部将在 60 天内,在"太空军规划小组"的基础上成立太空作战司令办公室,最初配备约 40 名工作人员,未来将扩张到 200 人左右。

当前法案规定,美国陆军及海军的空间作战人员及机构暂不转入太空军麾下。但空军部长芭芭拉·巴雷特透露,"计划最终让他们加入",陆军和海军官员已经参与了太空军的规划和部署。巴雷特还计划为国民警卫队和预备役部队制定一个进入太空军服役的方案。据悉,仅在美国陆军,就有超过 2 000 名太空专家和航天"操作手"。

特别值得关注的是,虽然太空军军种独立,但仍将接受国防部空军部领导,美国太空军与空军的关系与海军陆战队和海军的关系极为类似,作战上互不隶属,经费却需依靠空军划拨。

3. 法国

2019 年 7 月 13 日,法国总统马克龙在法国国庆节前夕做出于当年 9 月成立空间军事指挥部的重大决定,宣布"为确保空间实力的建设和发展",9 月将在空军内部成立空间军事指挥部,同时空军将在适当时候转变为"航空和空间部队",加快法国空间军事力量发展,应对未来在空间可能发生的冲突。马克龙在的讲话中强调,由发生在空间的冲突引发的各种矛盾使得该领域已成为一个"真正的国家安全问题",法国将加强对空间局势的了解,更好地保护法国的卫星,并在这一领域加大投资力度。

法国空间军事指挥部不仅负责空间和宇航领域的军事事务,维护网络安全、防范网络间谍和黑客行为等也将纳入其管辖范围。

　　法国之所以提出成立空间军事指挥部,是因为时任美国总统特朗普 2019 年 2 月要求美国国防部起草组建太空军法案,并称太空部队将是美国军队的第六军种。空间已经成为大国角力的新战场,一方面,法国希望加强自身在空间领域的战略地位和军事能力;另一方面,法国认为在空间领域正受到越来越大的威胁。法方称,由于监视、干扰、网络攻击等威胁越来越多,法国必须加强在这个高度战略性领域中的实力。

　　马克龙成立空间军事指挥部的决定将空间防御问题提升到军事战略高度,让法国有实力跻身空间军事强国之列,将使法国在未来空间防务领域"成为领导者"。法国成立空间军事指挥部,除了有争夺"空间权"的内在需要,也有推动欧洲打造自身独立防务能力的外在动力。在大国对抗氛围渐浓、美国对欧政策强调"美国优先"的背景下,欧洲在防务问题上"脱美自立"的呼声越发高涨,大力推进欧洲共同防务可以为欧洲人在北约框架外增加一道安全保险。分析人士指出,法国在欧洲率先成立空间军事指挥部,是为了给整个欧洲做出和美国等国在空间防务领域分庭抗礼的表率,同时也是为了巩固法国的欧洲"领头羊"地位。

3.5.2.2　空间战场(外空战场)成为独立的作战域

　　空间战场指地球大气层之外的宇宙空间,一般与外空定义相同。

　　空间战场的出现,是人类战争的一次质的飞跃,它将会对世界军事、政治、经济等诸多方面带来广泛而又深刻的影响和全方位的冲击,引发剧烈的振荡。

　　空间战场有理论战场和实际战场之分:前者是从最大可能性上定义的,后者是当前军事航天实际达到的范围。理论战场又有当前理论战场和未来理论战场之分。随着军事航天技术的不断提高,后者可能扩大到太阳系或银河系等。当前各国公认的空间战理论战场只有一个,可从不同的角度来描述。

　　在空间技术发展的早期,空间是附属于陆、海、空战场的支撑域,随着空间技术的发展和空间成为未来战争的新制高点,各国的太空军(天军)作为一个独立军种的出现,标志着空间作为一个独立的作战域成为现实。

　　战争中的制高点对作战行动起着重要的控制和支配作用。航天技术、空间武器和天军的出现与发展,必将把战争的制高点由空中移向更高的外层空间,并对战争起着重要的控制和支配作用。空间战场将成为未来战争的新制高点,成为战争的中枢,对战争全局有着重要的控制、驾驭作用。传统的陆、海、空战场上的作战行动,越来越依赖于空间战场的支援与保障。空间战场所独有的"态势"优势和技术优势,使其成为未来战争的主宰。

　　美国认识到空间已成为战场,继 2017 年底发布的《国家安全战略》之后再次强调"自由进出空间和在空间中的行动自由是美国的重要国家利益""任何有害干扰和有意攻击美国航天体系或其关键组成部分、直接侵害上述重大利益的行为,必将招致美国在自己选择的时间、地点、方式和作战域给予有准备的相应反击"。结合美国军方近期动向初步判断：一是表明美国对其空间利益的高度重视,视其为国家利益的重要组成,表明越过"红线"将招致反击,以此威慑吓阻敌手;二是从其"美国在自己选择的时间、地点、方式和作战域"的表述来看,美国当前对其他国家的空间进攻手段在空间域仍没有好的应对方法,因此才强调"不限于空间域"的反击;三突出强调"以实力求和平",这也从美国军方的一系列举动得到印证,美国当前正面向空间作战,以中俄为主要对手和假想敌实施战备,开展空间作战试验探索、流程完善和人员训练。

当空间成为战场,存在一个可以预见的结果,即其空间环境状况将急剧恶化。

当空间成为独立的作战域后,针对空间作战的独特武器装备、作战理论与模式、作战战法将被竞相研究、开发与应用起来,互相针锋相对的空间军事行动会越来越多和密集,空间战出现的危险急剧增大。人类六十年多航天活动制造的空间碎片(空间垃圾)恐怕还不如几分钟甚至几秒钟空间战制造的多。

3.5.2.3   空间武器被竞相开发出来

(1)美、俄等国已通过多年技术研究和装备建设,具备了天、地基动能、激光毁伤和通信干扰等"软杀伤"对抗实战能力。

当前各国均有策略地发展空间对抗技术,积极发展电磁空间对抗技术,有策略地利用在轨服务和碎片移除等两用技术发展进攻性能力,大力发展少碎片、无碎片进攻技术,攻防关注重点从低轨转向高轨高价值目标,空间进攻更加强调灵活性和可控性。同时,鉴于空间防御技术的发展,空间进攻理念正发生显著变化,带动空间对抗技术向小型化、多样化、静默式发展,美国大力发展"母子卫星""在轨预置"等新型系统技术,将研究重点转向隐秘、灵活、效果可控的对抗技术,大力发展基于微小卫星的高低轨目标自主抵近与操控等技术。同时重视发展直接入轨上面级、小卫星布设器等微小卫星入轨技术,形成秘密入轨、秘密运行、秘密攻击配套能力,具备灵活、隐秘、多样化空间作战实战能力。

(2)空间防御由单星防御向体系防御拓展。

未来空间对抗将日趋激烈,空间武器能力将不断提升,攻击将以干扰、致盲等"软杀伤"方式为主,摧毁性的动能、定向能武器等"硬杀伤"手段将作为一种战略威慑而存在。针对这种不断恶化的空间环境,美国采取"主动防御、体系防御"的发展思路,大力发展天基攻击告警有效载荷等攻击告警和定位系统与技术,加大抗干扰、致盲、防止信息截获等应对"软杀伤"攻击手段的防护技术研究和工程应用,主动防御"软杀伤";大力推进弹性和分散体系建设,发展快速响应系统,增强体系弹性,提升抗毁能力和快速恢复能力,体系防御"硬杀伤"。

3.5.3   空间军事化、武器化是对空间交通管理的极大威胁

无论是在和平时期还是在战时,军事活动对环境的破坏作用不言而喻,空间也

不例外。天基武器和地基反卫星武器的试验、部署和使用会导致大量空间碎片的产生。早在 1987 年,世界环境与发展委员会出版的《我们共同的未来》就已经认识到"在空间武器的试验和使用中,空间碎片的产生不可避免""如果部署大量星载武器和武器关联传感器的计划得以实施,军事活动对地球碎片带的'贡献'将大幅增加"。倘若"空间战"爆发,空间武器对空间环境的破坏将更加严重。保守估计:一场摧毁 30 颗卫星的空间战可使空间碎片数量增加 3 倍,一场破坏 100 颗卫星的空间战则可使其数量增加 12.5 倍,这还不包括著名的"凯斯勒现象"所引发的后果。由此可见:空间战的爆发将使地球轨道沦为被"碎片云"所笼罩的"不可接近的地带"。高速飞行的空间碎片具有巨大的破坏力,甚至一片体积微小的碎片都可能摧毁庞大的卫星。尽管大多卫星可以抵御直径 1 cm 以下的碎片的撞击,但反复冲击可累积成巨大的破坏潮。空间碎片数量的激增给人类空间活动带来严重的威胁。随着人类社会对外空技术的依赖性不断提高,人类为破坏空间环境所承担的潜在代价也不断增加。

空间环境的自我恢复远比地球脆弱。空间碎片的降解速度异常缓慢。据研究。距海平面 800 km 以上的空间碎片可存在几十年。1 000 km 以上的碎片可存在几百年,而 1 500 km 以上的碎片几乎可以永远存在。由于在空间活动中无法避免空间碎片的产生,其产生速度又远高于降解速度,除非人类掌握较廉价的碎片控制或处理技术,其数量的增加趋势无法阻挡。过去几十年的空间探索历史见证了空间碎片的急剧增加。如今,人类追踪着 2.1 万片直径大于 10 cm 的碎片。据估计体积大于弹珠的碎片超过 10 万片。空间碎片的急剧增加可能使绕地球轨道变得一无所用,不仅在现代的时间上损害其他国家的利益,而且在后续的相当长的时间上损害后代的利益。鉴于空间环境的脆弱性以及军事活动对空间环境的巨大破坏,防止外空军备竞赛是确保其可持续利用的前提。

3.6　小　　结

目前的空间秩序正面临着失序的巨大挑战。

- 空间军事化活动加剧了空间碎片的产生及其危害

2018 年以来,美国全面发展空间支持、力量增强、空间控制、力量运用等四大军事任务能力,持续调整空间作战指挥机构,组建空间作战部队,积极发展空间作战武器与空间对抗技术。俄罗斯组建军事航天部队,重启反卫武器研究,研制新型空间武器。2019 年 7 月法国宣布将组建空间指挥部,形成空天部队。2019 年印度实施了反卫星武器试验。这表明空间已成为新的、独立的作战领域,各主要强国已开始为真正的空间战作准备。而空间作战必然加剧空间碎片的产生,严重危害我国的空间资产安全。

• 空间碎片数量剧增碰撞风险不断攀升

在 LEO 区域,从 2005 年到 2015 年,厘米级空间碎片实际年增长率达 15%;据预测,70 年后在 LEO 区域将发生碎片链式撞击效应(凯斯勒灾难),近地空间将彻底不可用。

在 GEO 区域,目前在轨空间物体为 1 396 个;据预测,按照目前的增加速度,30 年后可用轨位将耗尽,无新的轨位资源可用。

• 低轨巨型星座的爆发式发展加剧了空间秩序的失序

数量庞大的微小卫星星座(表 3-6)将使所在区域年碰撞概率均明显增大,最大增加了约 20 倍。在该高度航天器将会遭遇巨大的碰撞威胁。

表 3-6　低轨巨型星座的部分规划设想

星座名称	国　家	频率方案	轨道类型	星座规模	FCC 批准情况
O3b	英国	Ka/V	MEO	42	是
OneWeb	英国	Ku/Ka/V	LEO	720	是
		Ku/Ka/V/E	MEO	2 560	还未批准
StarLink (SpaceX)	美国	Ku/Ka	LEO	4 409	是
		V	LEO	300	是
		V	VLEO	7 518	是
		VHF/Ku/Ka/V	VLEO	20×1 500	还未批准
Boing	美国	V(ISS：Ka/V/E)	LEO	3 088	还未批准
		Ka	HEO	75	还未批准
Telesat	加拿大	Ka	LEO	117	是
		V	LEO	117	是
LeoSat	荷兰	Ka	LEO	78	是
Kepler	加拿大	Ku	LEO	140	是
Audancy	美国	Ka/V(ISS：Ka/V/E)	MEO	3	是
Karousel	美国	Ku/Ka	IGSO	12	是
Space Norway	挪威	Ku/Ka	MEO	2	是
Theia Holding	美国	Ku/Ka/V	LEO	120	是
Viasat	美国	Ka/V	MEO	20	还未批准
Facebook	美国	E	VLEO	—	还未批准
Kuiper	美国	Ka	VLEO	3 236	还未批准

• 空间轨位与频率资源竞争激烈,资源愈加稀缺

随着航天器数量的增加和空间竞争的加剧,轨位与频率资源日益紧张,尤其是

地球静止轨道轨位资源以及通信导航频率资源争夺更为激烈。以美国为首的西方国家抢占了大部分轨位和频率资源(表 3-7),发展中国家很难找到充足的资源满足各类卫星发展的需要。

表 3-7　部分国家空间频率申请表

	英国				法国				加拿大				列支敦士登				挪威				美国				塞浦路斯			
	c	K/u	K/a	Q/V	c	K/u	K/a	Q/V	c	K/u	K/a	Q/V	c	K/u	K/a	Q/V	c	K/u	K/a	Q/V	c	K/u	K/a	Q/V	c	K/u	K/a	Q/V
2011			•				•																					
2012											•																	
2013																												
2014	•		•			•	•						•	•			•	•										
2015	•	•	•				•		•				•														•	
2016	•	•	•				•			•	•				•		•						•					
2017	•	•	•		•	•	•		•						•					•	•	•	•		•		•	•

	中国				德国				卢森堡				俄罗斯				新西兰				荷兰							
	c	K/u	K/a	Q/V	c	K/u	K/a	Q/V	c	K/u	K/a	Q/V	c	K/u	K/a	Q/V	c	K/u	K/a	Q/V	c	K/u	K/a	Q/V	c	K/u	K/a	Q/V
2011																												
2012																												
2013																												
2014																												
2015			•																									
2016					•				•					•			•	•			•							
2017													•	•														

- 空间交通管理是当前和未来国内外前沿和热点话题

空间交通管理涉及进入空间、在轨运行及再入过程中保障航天器安全和不受外界干扰的各种技术和政策规则法规及基础设施,保障空间长期可持续使用。因其具有重要的政治、军事、外交、经济、技术等意义,且涉及发射、在轨运行、空间操作、测控、数据共享、再入返回、空间碎片、空间态势感知等众多领域,具有战略性强,牵扯面广的特点。主要包括技术领域、运行领域、政策领域、基础设施建设领域等。目前,随着低轨巨型星座的爆发式发展及美欧的空间交通管理进入真正的实施阶段,空间交通管理的相关研究正成为当前的研究热点,国际社会在空间交通管理领域将可能启动新一轮外空规则博弈和相关技术装备的激烈竞争。

参考文献

[1] 彭成荣. 航天器总体设计[M]. 北京：中国科学技术出版社, 2011.

[2] 联合国和平利用外层空间委员会的科学技术小组委员会的报告[R]. 纽约：联合国, 1967.

[3] 曼弗莱特·拉克斯. 外层空间法[M]. 郑衍杓, 秦镜, 许之森, 译. 上海：上海社会科学院出版社, 1990.

[4] 贺其治. 外层空间法[M]. 北京：法律出版社, 1992.

[5] 杨晓宁, 杨勇. 航天器空间环境工程[M]. 北京：北京理工大学出版社, 2018.

[6] 李双庆, 刘恒振, 孙广勃, 等. 国防科技名词大典(航天卷)[M]. 北京：航空工业出版社, 2002.

[7] 李春来, 欧阳自远, 都亨. 空间碎片与空间环境[J]. 第四纪研究, 2002, 22(6)：540－551.

[8] Mineiro M. FY－1C and USA－193 ASAT intercepts：An assessment of legal obligationa under article IX of the outer space treaty[J]. Journal of Space Law, 2008, 34：321－337.

[9] 龚自正. 空间碎片移除势在必行[J]. 太空探索, 2018(1)：42－43.

[10] David A K. ASAT-Isfaction：Customary international law and the regulation of anti-satellita weapon[J]. Michigan Journal of international law, 2009(30)：1187－1272.

[11] 陈道明. 发射卫星与国际登记[J]. 国际太空, 2001(5)：18－22.

[12] ITU. Radio regulations. [EB/OL]. [2011－04－29]. http：//www. itu. int/pub/R-REC-RR/en.

[13] 国际电信联盟. ITU—R 研究组[M]. 瑞士日内瓦：国际电联总部, 2010.

[14] 欧空局空间碎片办公室. 空间环境数据统计[EB/OL]. [2022－04－22]. http：//sdup. esoc. esa. int/discosweb/statistics/.

[15] International Academy of Astronautics. Cosmic study on space traffic management[M]. Paris：International Academy of Astronautics, 2006：10.

[16] 胡敏, 范丽, 任子轩. 空间交通管理研究现状与分析[C]. 烟台：第一届中国空天安全会议论文集, 2015：77－82.

[17] Kessler D J. Collision frequency of artificial satellites：The creation of a debris belt[J]. Journal of Geophysical Research, 1978, 6：2637－2646.

[18] 周钠, 黄宇民, 李集林, 等. 我国中继卫星地面站站址选择设想[J]. 飞行器测控学报, 1999, 18(3)：20－25.

[19] Fritz D A, Doshi B, Oak A C, et al. Military satellite communications：Space-based communications for the gloal information grid[J]. Johns Hopkins APL Technical Digest, 2006, 27(1)：32－40.

[20] Karapantazis S, Pavlidou F. Broudband comminications via high-altitude platforms：A survey [J]. IEEE Comminications Surveys&Tutorials, 2005, 7(1)：2－31.

[21] Silverman G, Bhasin K, Capots L, et al. Technology drivers for the future of space-based science communications[C]. McLean：Military Communications Conference, 2001：800－810.

[22] Re E D, Pierucci L. Next-generation mobile satellite network[J]. IEEE Communication Magazine, 2002, 40(9)：150－159.

[23] 翁木云, 张其星, 谢绍斌. 频谱管理与监测[M]. 北京：电子工业出版社, 2009.

[24]　Giovanni Verlini. "纸卫星"——卫星产业面临的一道难题[J]. 王琦译. 卫星与网络,2010 (6)：62-64.

[25]　Robeas L D. A lost connection：Geostationary satellite networks and the international telecommunication union[J]. Berkeley Technology Law Journal, 2000(15)：1129.

[26]　肖业伦. 航天器轨道设计中太阳照射条件的分析[J]. 航天器工程,1998,7(2)：10-16.

[27]　钱学森空间技术实验室发展战略研究部. 2019 年中国商业航天发展研究报告[R/OL]. [2019-11-15]. http：//www. iresearch. com. cn/Detail/report? id=3472&isfree=0.

[28]　王小谟,童志鹏,熊群力,等. 国防科技名词大典(电子卷)[M]. 北京：航空工业出版社, 2002：92-96,241-243.

[29]　徐爱民,张国亭. 对我国商业航天测控管理有关问题的初步探讨[J]. 飞行器测控学报. 2017,36(3)：157-163.

[30]　高莉. 外层空间环境的国际法律保护[EB/OL]. [2015-06-13]. http：//www. riel. whu. edu. cn/Article. asp? id=25822.

[31]　孙恺嘉. 国际规范理论视域下防止外空武器化和军备竞赛研究[D]. 长沙：国防科技大 学,2017.

[32]　杨博超. 中国与外空非武器化[J]. 学术交流,2010,197(8)：39-41.

[33]　赵海峰. 外空武器化与国际法治[J]. 学习与探索,2011(2)：125-129.

[34]　Mowthorpe M. The militarization and weaponization of space[M]. Lexington：Lexington Books,2004.

[35]　朱秀丽,杨军. 美国空间战理论及电子装备发展研究[J]. 光电技术应用,2008,23(1)： 5-9.

[36]　Quinn A. The new age of space law：the outer space treaty and the weaponization of space[J]. Minnesota Journal of International Law, 2008(17)：475-502.

[37]　赵海峰,李晶珠. 外空军事化的法律学说评析[J]. 学术交流,2013(3)：98-101.

[38]　何奇松,程汝佳. 21 世纪初美国太空军控政策：从小布什政府到特朗普政府[J]. 中国海 洋大学学报(社会科学版),2021(1)：49-60.

[39]　王国语. "空间活动长期可持续性"问题与我国的对策[J]. 中国航天,2012(6)：28-33.

[40]　和平利用外层空间委员会. 科学和技术小组委员会外层空间活动长期可持续性工作组的 职权范围和工作方法[EB/OL]. [2015-07-18]. http：//www. unoosa. org/pdf/limited/ 1/AC105L277Cpdf.

[41]　贺绍飞,谷振丰,王佳奇,等. 美国太空军事力量建设进展与计划[J]. 中国航天,2019(6)： 56-62.

第 4 章
空间交通管理技术体系

技术体系是指社会中各种技术之间相互作用、相互联系、按一定目的、一定结构方式组成的技术整体。技术体系是科技生产力的一种形式,受自然规律和社会因素制约,是一个极其复杂的纵横交错的立体网络结构。技术体系的形成和确立,首先会受到国家、民族和地区具体条件的制约;同时,又会受到社会经济水平和能力的制约;最后,还受到社会整体文化知识水平的制约。

空间交通管理技术体系是指空间交通管理领域中各种技术之间相互作用、相互联系、按一定目的、一定结构方式组成的技术整体。

在第 2 章中,定义了空间交通管理的对象,包括空间物体(狭义的)、空间碎片、近地小行星及微流星、轨道及频谱等几大类。在本章中,分析的空间交通管理对象的技术特性主要是指空间物体(狭义的)、空间碎片、轨道及频谱的技术特性。

4.1 空间交通管理对象的技术特性

由于空间物体(狭义的)、空间碎片是人为产生的,轨道及频谱是人类应用的结果,本章依据其主要运动特性及运动区域,可以将其分为过空间、在空间、再入大气、轨道及频谱等几大类。

4.1.1 过空间的对象及其主要特性内涵

过空间的对象一般是指由地面穿越了地球大气与空间的对象,主要包括没有达到第一宇宙速度、但飞行高度大于 100 km 以上的、无法在空间运行的对象。理论上直接超过了第二宇宙速度、进入了太阳系以外的宇宙空间的对象也属于过空间的对象,但这类对象穿越时间短,不在本章讨论的范围。因此,过空间的对象是各类地地弹道导弹,当然,发射失败、未成功入轨的运载火箭及其载荷也属于此类对象。

过空间的对象主要是已经进入了空间的弹道导弹,主要探讨其在空间飞行的特性。

4.1.1.1 主要分类

过空间对象主要是地地弹道导弹,包括各类陆基、海基(含潜射)、空基的战术

（战役）、战略弹道导弹,均为一类除了一小段为有动力飞行并有制导的弹道外,大部分为沿着无动力的自由抛物体弹道飞行的导弹。

按照作战任务分类,可以分成战术（战役）弹道导弹和战略弹道导弹。其中,战略弹道导弹主要装有核弹头,通常射程在 3 500 km 以上,包括洲际弹道导弹（ICBM）、远程弹道导弹（IRBM）、潜射弹道导弹（SLBM）,主要用于打击敌方有重要战略价值的目标。战术（战役）弹道导弹通常装有常规弹药（或小当量核弹头或生化武器头）,除了少数中程战术弹道导弹射程到达 3 000~3 500 km,大部分射程在 1 000 km 之内,主要用于打击敌方战术、战役纵深目标和部分战略目标[1]。

按照射程可以分为洲际弹道导弹、远程弹道导弹、中程弹道导弹（MRBM）和近程弹道导弹（SRBM）四类（表 4-1）。

表 4-1　弹道导弹按射程分类　　　　　（单位: km）

按任务分类	按射程分类	中国划分法	美国划分法	其他划分法
战略	洲际弹道导弹	>8 000	>5 500	>5 500
	远程弹道导弹	>4 000	>3 500	>2 400
战术	中程弹道导弹	>1 100	>1 100	>800
	近程弹道导弹	<1 100	<1 100	>150

注: 未对潜射弹道导弹分类。

4.1.1.2　飞行参数[2]

弹道导弹与常规武器相比的最大优势就是其速度非常高和射程非常远,这是过空间对象的主要特性的来源。例如: 射程为 120~3 000 km 的弹道导弹飞行时间为 1.7~15 min,再入速度为 1.1~5 km/s,再入角约为 44°~39°,弹道顶点高度为 30~600 km;而洲际弹道导弹飞行时间为 25~35 min,再入速度为 7~7.5 km/s,再入角约为 15°~35°,弹道顶点高度为 1 600 km。表 4-2 是弹道导弹的飞行参数。

表 4-2　弹道导弹的飞行参数

射程/km	发动机关机点高度/km	助推段时间/s	再入速度/(km/s)	再入角度/(°)	飞行时间/min
120		16	1.0		2.7
500		36	2.0		6.1
1 000	80~120	55	2.9	44.7~39.4	8.4
2 000		85	3.9		11.8
3 000		122	4.7		14.8
10 000	200~240	230	7.5	15~35	30

4.1.1.3　运动轨迹

弹道导弹的飞行过程一般由垂直起飞、程序转弯、发动机关机、头体分离、自由

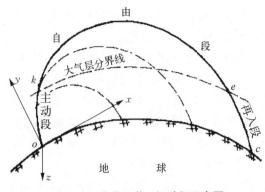

图 4-1   弹道导弹飞行过程示意图

飞行段、再入段飞行和击中目标等几部分组成。这里以二级液体火箭发动机推动的远程弹道导弹为例,简化说明该类导弹的飞行过程及其飞行弹道(图 4-1)。

接到发射指令后,按下点火按钮,一级发动机点火工作,推力逐渐增加,当推力达到导弹起飞重量时,导弹离开发射台垂直起飞,此时记作导弹飞行的零秒。当导弹飞行 1 s 左右时,发动机推力达到额定值。而当导弹垂直上升累计时间几秒后,导弹在控制系统作用下逐渐向目标方向转动,弹道也开始向目标方向转弯,开始程序段飞行。随着时间的增长,导弹的飞行速度、飞行高度及飞行距离逐渐增大,而速度方向与发射点处地平面的夹角却逐渐减小。当导弹的飞行速度及其质心空间位置等参数(高度、运动倾角等)达到一级预令关机的要求时,一级火箭发动机关机,二级火箭主发动机启动,一、二级解锁,并依靠二级火箭主发动机喷出的高速燃气流所具有的动能实现一、二级的热分离。分离后的一级火箭弹体惯性飞行一段时间后陨落。二级火箭则在其发动机推力和控制系统的作用下沿着预定的弹道继续飞行。随着时间的增长,导弹的飞行速度、飞行高度及飞行距离逐渐增加。当导弹的飞行速度及其质心空间位置等参数(高度、运动倾角等)满足二级主令关机的要求时,控制系统发出二级主发动机关机主令。当导弹满足给定的命中目标的参数值时,控制系统发出二级发动机关机预令,游动发动机关机,而主发动机已在其预令关机的几秒后自动关闭。

二级关机预令后,再经过几秒,头体解锁,实现头体的冷分离。分离后的二级火箭弹体再飞行一段时间后陨落。而分离后的弹头,若无任何控制情况下,则将依靠分离时所获得的能量在接近真空的大气环境中(以 100 km 以上的高度)按预定的自由段弹道惯性飞向目标,作用在弹头上的力主要是地球引力;若有姿态控制情况下,则在其飞行过程中的初始时间内,将以一定的角速度绕其质心作翻转运动,如果携带有突防物,同时将其释放。

当其重返大气层时,称为在再入段(也称末段),弹头再入稠密大气层,以极高的速度下落,装在上面的姿态控制火箭工作,并按姿态控制程序规定的动作和飞行姿态稳定地飞入大气层,直至飞向目标。

整个弹道导弹的质心运动轨迹是一个近似椭圆的部分弧段。

图 4-2 是弹道导弹飞行中速度、高度随时间的变化规律示意图。

一般情况下,常将导弹头体分离点 k 称为主动段关机点,而其所对应的弹道参数(速度、速度倾角、质心空间位置等参数)则称为关机点参数。

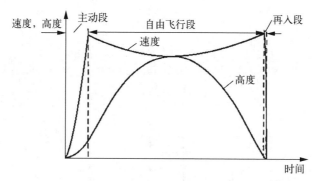

图 4-2 弹道导弹飞行中速度、高度随时间的变化规律图

由图 4-1 中可以看出,关机点 k 到再入点的自由段,自由段弹道为椭圆弹道的一部分,且其弹道约占全部弹道的 80%~90% 或更多,是过空间的主要区段。而实践表明,关机点弹道参数对导弹的自由段飞行特性至关重要。

由于此段弹道高度较高(>100 km),弹头是在极为稀薄的大气中飞行,此时,作用在弹头上的空气动力要远远小于其他作用力(地球引力和地转惯性力等),空气动力基本可以忽略,可以认为自由段飞行的弹头是在真空中飞行。

4.1.1.4 主要运动特性

在自由段飞行的弹头一般可以认为只受地球引力的作用,如果把地球视为均质圆球体(即地球引力场为有心力场),弹头将按照椭圆弹道规律运行。

为了方便研究过空间对象(弹头)的运动特性,选用以地心 O_e 为坐标原点、c 为初始极轴、r 为极轴和 f 为极角的极坐标系(图 4-3)[3]。

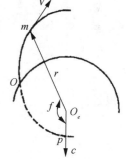

显然,顺着飞行方向若规定任一瞬时极轴 r 与初始极轴 c 之间极角 f 为正时,则相反的方向为负值。

根据万有引力定律,设过空间对象某瞬时的质量为 m,地心矢径为 r 时,则地球引力 G 的矢量式为

$$G = - G \frac{Mm}{r^2} \frac{r}{r} \qquad (4-1)$$

式中,G 为万有引力常量,M 为地球质量。

图 4-3 弹道导弹飞行极坐标系示意图

根据牛顿第二定律,有

$$\ddot{r} = - \frac{\mu}{r^2} \frac{r}{r} \qquad (4-2)$$

式中,$\ddot{r}$ 为导弹质心的加速度矢量,$\mu = GM$ 为地球引力常数。

过空间对象是位于有心力场的,遵循着动量矩守恒定律和机械能守恒定律,经过一系列的变换,可以得到过空间对象在自由段的任一时刻的地心距为

$$r = \frac{\dfrac{h^2}{\mu}}{1 + \dfrac{c}{\mu}\cos f} \tag{4-3}$$

若令

$$\begin{cases} P = \dfrac{h^2}{\mu} \\ e = \dfrac{c}{\mu} \end{cases} \tag{4-4}$$

则得到椭圆弹道假设条件下的过空间对象运动微分方程积分式:

$$r = \frac{P}{1 + e\cos f} \tag{4-5}$$

式(4-5)称为椭圆弹道方程,或称过空间对象运动自由飞行段弹道方程。对式(4-5)求导,并进行变换,可得过空间对象的径向速度 V_r、周向速度 V_f 和总速度 V 以及弹道倾角 Θ。

$$\begin{cases} V_r = \sqrt{\dfrac{\mu}{P}}\, e\sin f \\ V_f = \sqrt{\dfrac{\mu}{P}}\,(1 + e\cos f) \\ V = \sqrt{\dfrac{\mu}{P}(1 + 2e\cos f + e^2)} \end{cases} \tag{4-6}$$

和

$$\Theta = \arctan\frac{V_r}{V_f} = \arctan\frac{e\sin f}{(1 + e\cos f)} \tag{4-7}$$

当 $e = 0$ 时,则为圆,其半径可由弹道方程得到:

$$r = P = r_k$$

根据

$$e = \sqrt{1 + v_k(v_k - 2)\cos^2\Theta_k} \tag{4-8}$$

可解得

$$v_k = 1 \pm \sqrt{1 - \frac{1}{\cos^2 \Theta_k}} \tag{4-9}$$

由于能量参量 v_k 不能为虚数,所以,必须 $\Theta_k = 0$,上式才能有实际意义。

由于

$$v_k = \frac{V_k^2}{\frac{u}{r_k}} \tag{4-10}$$

这表明只有在关机点速度矢量 V_k 与当地水平面相平行的情况下,才能使过空间对象的运动轨道为圆。在此条件下, $V_k = 1$,即有

$$V_1 = V_k = \sqrt{\frac{\mu}{r_k}} \tag{4-11}$$

V_1 称为第一宇宙速度,即成为地球卫星的最低速度。

当 $V < V_1$ 时,其运动轨迹的一部分没入地球内,而地球外的部分即过空间对象的飞行轨迹。

第一宇宙速度又称环绕速度,指物体在地面附近绕地球做匀速圆周运动的速度。第一宇宙速度是最小发射速度,又是最大环绕速度。第一宇宙速度的求解如下:

若地球质量 M 约为 6×10^{24} kg,地球平均半径 6.4×10^3 km,万有引力常量 $G = 6.67 \times 10^{-11}$ N·m²/kg²,假设航天器(质量为 m)的环绕半径约为地球半径,根据万有引力定律,地球对航天器的引力提供近地航天器环绕地球的向心力,由牛顿第二定律得: $G\frac{Mm}{R^2} = m\frac{V_1^2}{R}$,解得 $V_1 = \sqrt{\frac{GM}{R}}$,代入数据得 $V_1 = 7.9$ km/s。

4.1.2　在空间的对象及其主要特性[4]

由上节可知, $V \geqslant V_1$ 时,运行的物体将不再落到地面,成为在空间运行的物体,即地球卫星,此时称其为在空间的对象。

在空间对象依据我国 2001 年发布的《空间物体登记管理办法》的定义为进入外层空间的人造地球卫星、载人航天器、空间探测器、空间站、运载工具及其部件,以及其他人造物体[5]。

影响空间交通管理的主要要素就是这些长期运行在空间的对象。因此,其主要特性也极为重要。

在空间的对象是人造物体,是由地面发射、进入空间轨道并运行在空间的人造

物体,其执行的任务各不相同,在整个飞行过程中的轨道运动特性因其任务不同而异,其在空间的主要特性包括在轨运行的特性、入轨特性、轨道机动特性、轨道维持特性、轨道摄动等。

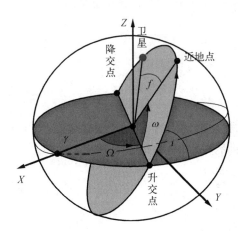

图 4 - 4　卫星轨道六根数示意图

在空间的对象为工作航天器时,具有上述所有的特性。而空间碎片(含废弃的、失效的、无机动能力的航天器)只具有在轨运行的特性和轨道摄动特性。

4.1.2.1　轨道参数

轨道参数又称航天器轨道根数,是表示航天器轨道形状、大小、轨道平面空间位置和方向,以及航天器在轨道上的瞬时位置的参数(图 4 - 4)。根据开普勒三大定律,航天器在空间的瞬时位置可以由六个开普勒轨道根数确定[6]。六个轨道根数 $(a$、e、i、ω、Ω、$f)$ 相关意义如表 4 - 3 所示。

表 4 - 3　轨道根数相关意义

根数	名　称	描　述	定　义	备　注
a	半长轴	轨道大小	椭圆长轴的一半	轨道周期和能量取决于轨道大小
e	偏心率	轨道形状	焦点距离的一半与半长轴之比	闭合轨道:$0 < e < 1$ 开放轨道:$1 < e$
i	倾角	轨道面的倾斜程度	轨道面与赤道面之间的夹角,从升交点逆时针测量	顺行轨道:$i < 90°$ 极地轨道:$i = 90°$ 逆行轨道:$90° < i$
Ω	升交点赤经	轨道面围绕地球的旋转	从春分点到升交点,自西向东测得的角度	$0° \leqslant \Omega \leqslant 360°$ 当 $i = 0°$ 或 $180°$ 时,Ω 不确定
ω	近地点幅角	轨道在轨道面内的方向	顺着航天器运动方向从升交点到近地点的角度	$0° \leqslant \omega < 360°$ 当 $i = 0°$ 或 $180°$时,或者当 $e = 0$ 时,ω 不确定
f	真近点角	航天器在轨道上的位置	顺着航天器运动方向从近地点到航天器位置的角度	$0° \leqslant f < 360°$ 当 $e = 0$ 时,f 不确定

1. 半长轴 a

半长轴 a 指椭圆近地点与远地点之间距离的一半,表示轨道的大小。半长轴也等于平均半径,因此这是一个非常重要的量度,是衡量轨道的一个指标,确定轨道大小的参数,如图 4 - 5 所示。S 为航天器的质心,F_1 为地球质心,F_1 和 F_2 为椭圆的两个焦点,当 F_1 和 F_2 为重合时,椭圆轨道变为圆轨道。对于圆轨道而言,半长轴就是圆轨道的半径,r 为航天器质心与地球质心的距离,c 为焦点半径。

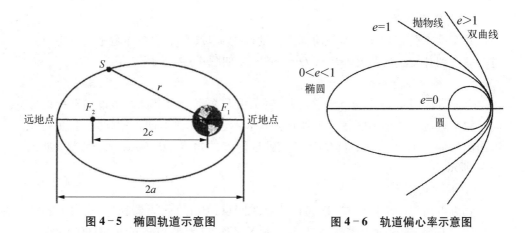

图 4－5　椭圆轨道示意图　　　　　图 4－6　轨道偏心率示意图

2. 偏心率 e

偏心率 e 确定轨道的形状。当 $e = 0$ 时为圆，当 $0 < e < 1$ 时为椭圆，当 $e = 1$ 时为抛物线，而当 $e > 1$ 时为双曲线。当 $e \geq 1$，航天器将脱离地球引力进入太阳系，成为围绕太阳运转的人造行星，或者到其他星球上去，如图 4－6 所示。

3. 轨道倾角 i

轨道倾角 i 用于衡量轨道面朝向的角度，表示轨道面倾斜的程度。轨道倾角是轨道面与赤道面之间的夹角，如图 4－7 所示。

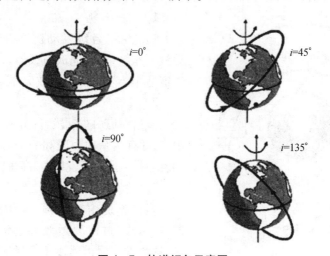

图 4－7　轨道倾角示意图

几种不同倾角的轨道有：倾角等于 0° 或 180° 的轨道，其轨道面与赤道面重合，称为赤道轨道；倾角等于 90° 的倾角，航天器飞越地球南北极，称为极地轨道；如果 $i <$ 90°，航天器轨道与地球自转方向一致（自西向东绕地球运动），叫作顺行轨道；如果 $i > 90°$，航天器轨道与地球自转方向相反（自东向西围绕地球运转），叫作逆行轨道。

4. 升交点赤经 Ω

升交点赤经 Ω 用于衡量轨道面围绕地球的旋转,它是指在赤道平面内春分点自西向东到升交点的角度 ($0° \leqslant \Omega \leqslant 360°$),如图 4–4 所示。

5. 近地点幅角 ω

近地点幅角 ω 也称为近地点角距,表示由升交点起沿椭圆轨道的逆时针的方向至轨道近地点的幅角度量。近地点幅角表示轨道在轨道面内的朝向,它是指轨道面内按照航天器运动方向从升交点到近地点的角度 ($0° \leqslant \omega < 360°$),如图 4–4 所示。

6. 真近点角 f

真近点角是一个角度量,描述在特定时间点(历元)航天器在轨道上的位置,它是轨道面内顺着航天器运动方向从近地点到航天器位置的角度 ($0° \leqslant f < 360°$)。 真近点角的确定与航天器位置、时间相关,是轨道根数中唯一随时间变化的要素,如图 4–4 所示。

4.1.2.2　入轨特性[7]

航天器进入运行轨道称为入轨,进入运行轨道时的初始位置称为入轨点。入轨点也是运载火箭最后一级推力终止点。

航天器入轨点的运动状态参数(如位置、速度等)决定航天器运行的轨道要素。航天器入轨有直接入轨、滑行入轨和过渡入轨之分。

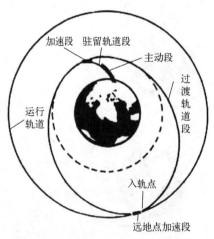

图 4–8　过渡入轨示意图

1. 直接入轨

运载火箭各级发动机逐级连续工作,发动机工作结束后,完成航天器入轨,这种发射轨道适用于发射低轨道航天器。

2. 滑行入轨

发射弹道由主动段、自由飞行段和加速段组成,即有两个动力段和一个自由飞行段,这种发射弹道适用于发射中、高轨道的航天器。

3. 过渡入轨

发射弹道由主动段、停泊(驻留)轨道段、加速段、过渡轨道段和远地点加速段组成,这种发射轨道适用于发射地球静止卫星,如图 4–8 所示。

4.1.2.3　轨道机动

将航天器从原来的轨道转移到另一条预定轨道的操作称为轨道机动。如果忽略摄动的影响,航天器轨道在惯性空间是保持不变的,当对其施以作用力改变其速度,轨道将随之改变。利用施加在航天器上的冲量产生的速度增量,可以实现轨道机动。轨道机动也常称为变轨或轨道转移[8]。

轨道机动不仅是航天器在飞行中最直接最重要的应用,也是航天器轨道保持和交会对接等空间操作的基础。

1. 单个轨道面机动

一种情况是指在轨道 1 的近地点施加一个速度增量使其变成轨道 2,即是将轨道 1 的远地点抬高而近地点的位置和高度保持不变。这种轨道的半长轴和偏心率同时发生了变化。如果施加的速度增量是反向的,即是减速机动,则轨道的远地点将降低。

对于另外一种情况,速度增量在两个轨道相交处施加,两个轨道有两个交点,在这两个交点处都可以进行单脉冲的机动并达到同样的目的,但所需要的速度增量是不一样的,可以根据具体的问题,可以利用二体问题来得出所需增加的速度增量的大小和方向。

2. 霍曼机动

霍曼机动为同一平面两轨道之间的二次冲量转移(图 4-9)。

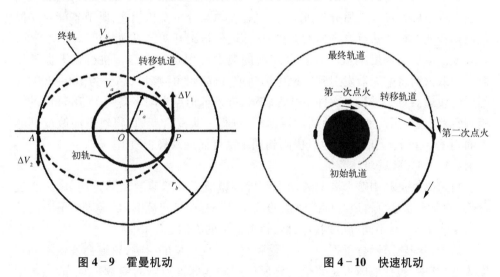

图 4-9　霍曼机动　　　　　　　　图 4-10　快速机动

要完成霍曼机动,就需要二次推进。每次推进都可以改变航天器的速度,并且将其推进至新的轨道。如果需要增加高度,出发点将成为转移轨道的近地点,更高圆形轨道的射入点成为转移轨道的远地点。霍曼机动能使所需速度变化减到最小,这就可以使用最少的燃料。霍曼机动的缺点是它比其他大多转移时间更长。图 4-10 则为快速机动示意图,追求机动时间最短,不计燃料代价。

3. 非共面机动

非共面机动是指航天器轨道从原来的平面内机动到另一个平面的过程。如果在惯性空间把轨道面转一角度 θ 而保持轨道的大小 a 和形状 e 不变,即只改变轨道

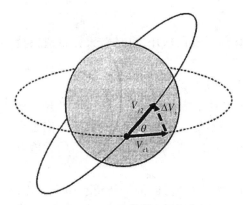

图 4-11　不同轨道平面机动

角动量矢量的方向,可以用一次冲量实现,给航天器施加含有垂直轨道面方向分量的速度增量,使航天器速度向量转入终轨平面。从图 4-11 看出,初轨速度矢量 V_{c1} 和终轨速度矢量 V_{c2},若两个速度矢量大小相等,将速度矢量 V_{c1} 改变 θ 角成为 V_{c2},所需速度增量 $\Delta V_s = 2V_c \sin\left(\dfrac{\theta}{2}\right)$。

改变轨道面所需的速度增量与初轨的速度成正比,对于椭圆轨道,远地点比近地点速度小,因此变轨点选在远地点可节省很多能量。与单个轨道面改变相比较,改变轨道面需要更大的速度增量。

4. 复合变轨

轨道面与轨道的大小或形状同时改变称为复合变轨。虽然改变轨道面和改变轨道大小或形状可以先后分步进行,但复合变轨与分步变轨相比,既节省能量又简化操作步骤。在变轨点改变速度矢量,使速度矢量离开初轨平面而进入终轨平面,同时改变成所需速度的大小。复合变轨的典型应用是地球静止轨道航天器的发射。运载火箭将航天器发射到近地停泊轨道,例如倾角为 28°,高度为 200~300 km 的近圆轨道。首先进行一次冲量共面转移,进入远地点为同步高度 35 786 km 的大椭圆转移轨道,当远地点进动到赤道面时,进行一次复合变轨,将轨道面改变到赤道面内 ($i = 0°$),同时将近地点提高到同步高度而进入静止轨道。

4.1.2.4　轨道维持[9]

轨道维持是利用航天器上的动力装置调整航天器的速度及其方向,修正轨道参数,使航天器运行轨道与标准轨道的偏离量限制在给定范围内(常以星下点的偏离值来表征)。对不同高度的航天器,轨道保持的方法也不相同。

航天器在轨道运行过程中,由于受到空间不同环境的影响,轨道会发生不同程度改变,其中,包括地球不是完全对称所引起的地球重力场的细微非对称性、太阳和月球的万有引力、太阳辐射压力、低轨道的大气阻力等。航天器必须携带足够的推进剂来完成这项任务。轨位保持需要的推进剂取决于几个因素。首先,全部或部分处于低轨道的航天器,相比高轨航天器必须补偿更多的大气阻力。在太阳活动高峰期间,因为地球大气层外边缘会膨胀,从而增加不同程度的阻力。其次,由于国际协议的管制,某些特定航天器的轨位必须严格加以维持,例如,地球同步轨道航天器的位置就受到国际协议的管制,以防止航天器相互干扰。最后,所需推进剂还取决于推进系统的类型和效率,例如采用传统的化学推进器或长时间提供推力的离子推进器等。

4.1.2.5　轨道摄动

在实际运行中,航天器除了受地球中心引力作用外,还受其他的作用力影响,这些作用力统称为摄动力,摄动力的作用结果使得卫星偏离理想的运行轨道,把偏离理想轨道的运动称为轨道摄动。摄动力作用的原因和影响各不相同,这些作用按照其影响进行了命名和分类[10],主要的摄动包括以下几种。

1. 地球非球形摄动

地球的质量分布是不均匀的,其形状也是不规则的扁状球体,赤道半径大于极半径,同时赤道又呈轻微的椭圆状,这些现象使卫星在轨道的切线和法线方向都受到引力场作用,而且径向引力不仅与距离有关,还和航天器的经纬度有关。这些附加的力学因素,统称为地球形状摄动。因此,地球引力的等位面不是等球面,在引力位函数中,要附加一系列球面调和函数,这些函数称为摄动函数。

对于低轨道,地球形状摄动的主要因素是地球的扁状,在地球引力位函数中,如仅考虑四阶带谐项引力位函数,表示成:

$$U = \frac{\mu}{r}\left[1 - \frac{J_2 R_e^2}{2r^2}(3\sin^2\varphi - 1) - \frac{J_3 R_e^3}{2r^3}(5\sin^3\varphi - 3\sin\varphi) - \right.$$
$$\left. \frac{J_4 R_e^4}{8r^4}(35\sin^4\varphi - 30\sin^2\varphi + 3) \right] \tag{4-12}$$

其中,r、λ、φ 分别是航天器的地心距、地心经度和纬度;R_e 是地球平均赤道半径。

2. 大气阻力摄动

地球大气不是突然消失的,而是进入太空后,越来越稀薄,直至消失。但是,在大约 1 000 km 以上的高空,其作用变得微乎其微,在 1 000 km 以下的轨道,需要考虑大气阻力的影响。通常,在预测航天器位置时,可建立大气阻力模型。由于很多因素对高层大气的影响,现在精确的大气模型是难以建立的,它受到各种因素影响,包括地球昼夜周期、季节性变化、太阳距离变化、地磁场波动、太阳自转周期、太阳黑子周期等。此外,阻力也取决于航天器的阻力系数和迎风面积,不同航天器之间区别较大。

大气阻力引起航天器的加速度的公式如下:

$$a_d = -\frac{1}{2}\rho \frac{A_d}{m} C_d v^2 \tag{4-13}$$

式中,ρ 为大气密度;A_d 为迎风面积;m 为卫星质量;C_d 为与航天器形状有关的阻力系数,一般在 2~2.5 之间;v 为航天器相对大气的速度。

与其他摄动力不同,大气阻力持续地消耗航天器轨道能量,使得轨道不能保持能量守恒,轨道半长轴不断减小,轨道高度不断降低。近地圆轨道航天器每运行一

圈后,轨道半长轴的减少量 Δa_{rev} 为

$$\Delta a_{\mathrm{rev}} = 2\pi(C_D A/m)\rho a^2 \tag{4-14}$$

大面积质量比的航天器将受到更大的大气阻力的摄动影响。轨道高度降低导致大气密度 ρ 增大,大气阻力的摄动显著增大,因此低轨道航天器远比高轨道航天器寿命短。

3. 太阳辐射压摄动

航天器运行在日照区将受到太阳辐射,在地球附近的空间,太阳电磁辐射平均强度约为 1 367 W/m^2。太阳光照射到航天器表面时,一部分光子被吸收,其余光子被反射,光子的动量传递给航天器,使航天器动量改变而引起轨道摄动。摄动力 F_d 为

$$F_d = k\frac{A_r}{m}P_e \tag{4-15}$$

式中,$P_e = 4.5 \times 10^{-6}$ N/m^2,为平均太阳辐射压的近似值;$\dfrac{A_r}{m}$ 为航天器的向阳面积与质量比;k 为表面特性系数,一般在 1 与 2 之间,全镜面反射表面为 2,全吸收表面为 1。

太阳辐射压摄动力与航天器到太阳距离的平方成反比,对于轨道高度在 700 km 以上的航天器,太阳辐射压摄动影响将超过大气阻力的影响。太阳辐射压力引起航天器轨道参数的周期性变化。对于静止轨道的偏心率则以年为周期作长期变化,尤其对表面积大而质量轻的航天器有较大的影响。

4. 第三体影响摄动

其他天体的引力影响,对航天器轨道产生的摄动,称为第三体引力摄动,根据万有引力定律,宇宙的每个物体对其他物体都具有吸引力。第三体影响主要来自质量巨大和(或)距离相近的物体,如太阳、木星和月球。这些力同样影响在轨航天器。对于近地航天器而言,第三体引力摄动主要由太阳和月球引力产生的,称为日月摄动。下面简单阐述第三体引力摄动方程。

如图 4-12 所示,设三个天体的质量分别为 M、m 和 M',它们的位置矢量分别为 $\boldsymbol{r}_M$、$\boldsymbol{r}_m$ 和 $\boldsymbol{r}_{M'}$,它们之间的相对位置矢量为

$$\begin{cases} \boldsymbol{r} = \boldsymbol{r}_m - \boldsymbol{r}_M \\ \boldsymbol{\rho} = \boldsymbol{r}_{M'} - \boldsymbol{r}_M \\ \boldsymbol{d} = \boldsymbol{r}_m - \boldsymbol{r}_{M'} \end{cases} \tag{4-16}$$

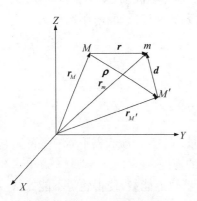

图 4-12   第三体摄动

根据牛顿第二定律,由 M 和 m 在惯性坐标下的运动方程,再推导得出:

$$\ddot{r} + G\frac{M+m}{r^3}r = -GM'\left(\frac{d}{d^3} + \frac{\rho}{\rho^3}\right)$$

式中右端为第三体的引力摄动加速度,具体表示为

$$\Delta v = -GM'\left(\frac{d}{d^3} + \frac{\rho}{\rho^3}\right) \tag{4-17}$$

5. 地球磁场

地球存在磁场,航天器本身也带有磁场。航天器在近地空间飞行时,航天器本身磁场与地球磁场相互作用,从而产生磁阻力。此外,地磁场中的离子和电子会与航天器碰撞,从而使航天器表面带负电。这些感应磁场与地磁场的相互作用会对航天器产生磁阻力,磁阻力会造成航天器姿态偏离。

4.1.3　再入大气层对象及其主要特性

离轨与再入返回是指使航天器脱离原来的运行轨道进入地球大气层,并在地面着陆,包括轨道衰减法离轨返回和直接再入离轨返回,也包括低轨道再入返回和月球轨道第二宇宙速度的再入返回[11]。

离轨指在轨航天器通过施加推力进行制动,进而返回进入行星大气层的轨道改变过程,包括主动离轨和被动离轨两种方式。航天器最终再入地球大气层的自然过程,称作衰减。

返回包括两种形式,一种为返回舱回收要安全着陆的,如载人/货运飞船飞返回舱、航天飞机等;一种为航天器不需要回收,不做防护,直接进入大气层烧毁、分解,残余物坠落,包括空间碎片等。

本章的返回主要是指安全着陆的返回过程。

4.1.3.1　离轨

离轨过程包括选择合适的空间位置实施离轨机动,即离轨制动窗口的设计问题,它是飞行器离轨制动的前提和基础;也包括再入点条件的满足,它是离轨轨道设计与制导的目标。离轨制动窗口设计是指在轨航天器为了返回预定的着陆点,需要选择合适的空间位置实施离轨机动,考虑到升力体航天器在大气层内的机动能力,适宜的离轨位置应该是一个区域,工程上称之为离轨制动窗口。

对于各种返回式航天器或登陆行星的探测器来说,在离轨制动前不仅需要计算离轨制动窗口,而且要考虑到返回时间的要求,研究使飞行器能尽早到达该窗口的空间机动轨道,这就是离轨制动窗口的设计问题。其次,航天器的离轨轨道设计问题本质上是一种空间变轨问题,可分为两种情况进行研究:一是使某种性能指标最优且满足约束条件的空间轨道优化问题,二是只需满足终端约束条件的轨道快速规划问题。

4.1.3.2　返回

返回主要是利用地球大气层的空气阻力使航天器减速,其减速过程是,首先利用一小段推力作用,使航天器离开原来的运行轨道,转入朝向大气层的轨道,此后不再使用航天器的动力减速。由于航天器以一定速度在大气中飞行,而受到大气的阻力作用,使航天器逐渐减速,最后降落到地面。这样就可以节省大量的推进剂并大大减轻航天器的质量,使得航天器返回地面变得更加现实。当然,利用大气阻力使得航天器减速也有不利的一面,就是航天器要经受很高的气动加热,如果不采取特殊的措施,将使得航天器烧毁。

航天器自运行轨道返回地面,大致要经历4个阶段。

1. 离轨段

航天器在制动火箭作用下,脱离运行轨道,转入一条能进入大气的过渡轨道,这一段称为制动飞行段。

2. 大气层外自由降落段

制动火箭熄火后,航天器在重力作用下沿过渡轨道自由下降。在100 km左右高度进入稠密大气层。

3. 再入大气层段

这一段也叫作大气层内飞行段。

4. 着陆段

当飞行下降到15 km以下的高度,进一步采取措施,保证其安全着陆,这一段又称作回收段。

4.1.3.3　返回的特性

航天器再入返回实质是对航天器再入初始轨道所具有的巨大能量的处置,通过减速、下降的过程耗散飞行器的动能和位能。

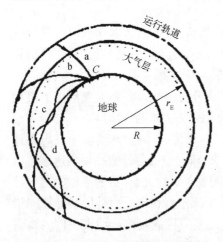

图4-13　航天器再入返回方式示意图

根据再入段的气动特性不同,可以分为三种再入方式:弹道式再入、弹道-升力式(也称半弹道式)再入、升力式再入[12]。

1. 弹道式再入

弹道式再入是指飞行器以弹道式再入返回大气层,离轨制动命令后的离轨状态一旦确定,其返回轨道就相应确定了,受气动干扰后也不会对弹道加以控制,因此着陆点的散布通常较大,可达数十千米至上百千米。参见图4-13中的a、b两类返回,其中,a为陡峭式返回,要求时间最短;b为倾斜式返回。

弹道式再入的最大特点是下降速度快、

再入弹道比较陡。由于减速很快,会产生很大的减速过载,迎风头部的热流密度峰值高,但再入飞行时间和航程短,总加热量较小。使用弹道式再入的再入飞行器迎风面一般都做成直径相当大的球面的一部分,为钝头旋成体,质心在中心轴线上,如球形的苏联东方号载人飞船。

2. 弹道-升力式再入

弹道-升力式再入是指飞行器再入大气层后,在配平状态下升阻比通常小于0.5,可通过对倾侧角的调整来改变其升力方向,从而调整再入轨道及落点范围,具有一定的机动性能。所以弹道-升力式再入有时也称为半弹道式再入。弹道-升力式再入的特点是再入走廊较宽,再入时下降轨道平缓,减小再入过程中的过载峰值和热流峰值,但是有升力的再入飞行器通过大气层的时间和路程均比弹道式再入要长,因此接收到的总热量较大。采用弹道-升力式(半弹道式)再入的再入飞行器既可以保持弹道式再入飞行器结构简单、防热易于处理的特点,又能适当地利用升力、降低最大减速过载和减少落点散布,如苏联的联盟号飞船及美国的阿波罗飞船。参见图 4-13 中的 c 类返回。

3. 升力式再入

升力式再入是指飞行器的升阻比一般都大于 1,再入过程中升力大于阻力,再入轨道的横向机动能力较强,使再入飞行器水平着陆到指定的机场跑道上成为可能。升力式再入飞行器的特点是再入段比较平缓,再入段航程和经历的时间比弹道式和弹道-升力式(半弹道式)长得多,热流密度峰值和最大减速过载值都小,但总的加热量大和加热时间长,因此采用升力式再入的飞行器通常都采用翼身组合的外形,这类再入飞行器的气动力问题、防热问题和结构问题比较复杂,如美国的航天飞机、X-37B 轨道飞行器以及苏联的暴风雪航天飞机。参见图 4-13 中的 d 类返回。

4.1.4　临近空间对象及其主要特性

4.1.4.1　概念与内涵

无论是以飞机为代表的航空飞行器还是以卫星为代表的轨道飞行器,都有各自在飞行空域上所不能逾越的界限。飞机一般都有一个最高飞行高度,即静升限,对于普通军用和民用飞机来说,静升限一般为 18~20 km,这个高度同时也是大气层对流层与平流层分界的高度。轨道飞行器在飞行高度上有一个最低限,一般在100 km 以上,这也是被航天界和航空界广泛接受的大气层上界。在飞机最高飞行高度与空间轨道飞行器最低飞行高度之间有一层空域,这层空域就是"临近空间"(near space)[13]。

很多传统意义上的航空器(如 U-2 侦察机)飞行高度已超 20 km,而某些航天器也能机动到 100 km 左右高度的空间。因此,典型的临近空间空域的下限是常规航空飞行器飞行的上限,其上限是航天飞行器的飞行的下限。因此也被称为空天过渡区。

所谓临近空间,一般是指距地面 20~100 km 的空域。"临近空间"尚无公认的"国际定义",有人称其为"近空间""亚轨道""亚太空"或"超高空"等。

临近空间的概念早已提出,目前,国际上对临近空间的具体高度范围也没有统一定义,国内外多数文献认为,临近空间通常是下限为 20~30 km,上限为 100~150 km 的空域。

临近空间既不属于航空范畴也不属于航天范畴,它是从航空空域向航天空域过渡的区域。临近空间拥有着大部分大气平流层区域(指距地面 18~50 km 的空域)、全部中间层区域(指距地面 50~85 km 的空域)和小部分热层区域(指距地面 85~500 km 的空域),纵跨非电离层和电离层(60 km 以下为非电离层,60~1 000 km 为电离层)。这一空域的自然环境相当恶劣,空气稀薄且有严重的臭氧腐蚀和强烈的紫外线,但气象状况优于航空空间。由于临近空间远低于太空,到达那里的难度、费用和风险相对较低;而它又高于"天空",对于情报收集、侦察监视、通信保障以及对空对地作战等行动具有重要意义。

临近空间是航天空域和航空空域的结合部,是空天一体化作战的战略要地,是"陆海空天电"五维一体化战场的重要组成部分,是国家安全体系中的一个重要环节。

临近空间是一个具有重要利用价值的空域,但受制于技术,过去未受到人们的关注。临近空间内的空气密度对于飞机等航空器来说过于稀薄,在减少阻力的同时也减少了对航空器的支撑;而对航天器而言,空气却又显得过于稠密,摩擦阻力太大,难以维持其第一宇宙速度的运行轨道。

近年来,随着临近空间战略价值的凸显,各国纷纷加强对临近空间的全面探索。同时,临近空间飞行器也因其潜在的军用和民用价值而成为各国研究的热点。

4.1.4.2　临近空间的特点

在这一区域,自然环境相当严酷:空气稀薄、气温极低,但气象状况不如航空空间复杂,雷暴闪电较少,也没有云、雨和大气湍流现象;虽然臭氧和紫外线的腐蚀性对平台材料有很高要求,但也没有航天环境那么苛刻。临近空间只有上层处于电离层中,37 km 以下不用考虑电离层影响。最为重要的是万有引力和开普勒宇宙定律均不能在临近空间独立发生作用,使得遵循万有引力的常规航空飞行器和遵循开普勒宇宙定律的常规航天飞行器均不能在其间自由飞行。

在这个空间范围中,空气动力学原理和飞行力学原理无法适用。飞机在此空间无法正常地机动,卫星等航天器在此领域无法获得维持正常运行的速度。临近空间空气稀薄,气流流动相对缓和,但此区域的电磁辐射等环境复杂。

4.1.4.3　临近空间对象及其分类

临近空间飞行器,是指主要在临近空间区域内飞行并完成特定任务的飞行器。这种飞行器根据构型不同在临近空间可以完成侦查、环境监测、电子对抗、物品投送和空间打击等任务。

临近空间飞行器的种类很多,目前,尚无统一的分类标准。根据标准的不同有不同的分类方法,在目前各国提出的各种临近空间飞行器发展方案中,典型的是按照飞行高度、是否重于空气、飞行速度等分类方法[14]。

1. 按照飞行高度分类

按照飞行高度可分为以下三类:18~30 km 的平流层平台飞行器(包括平流层飞艇、浮空气球、升浮一体飞行器、太阳能无人机和高空长航时无人机等)、30~60 km 的高超声速巡航飞行器、无动力滑翔式再入飞行器和临近空间最顶层的亚轨道飞行器。

2. 按照产生升力的机理分类

从产生升力的机理上可将临近空间飞行器分为轻于空气和重于空气两类。其中,轻于空气的包括平流层飞艇、浮空气球、升浮一体飞行器等;重于空气的包括高空长航时无人机、太阳能无人机、高超声速巡航飞行器、无动力滑翔式再入飞行器和亚轨道飞行器等。

3. 按照飞行速度分类

如果以最大飞行速度分,Ma 低于 0.5 称为低速飞行器,Ma 高于 0.5 为高速飞行器。高速飞行器中又分亚声速、超声速和高超声速,如图 4-14 所示。

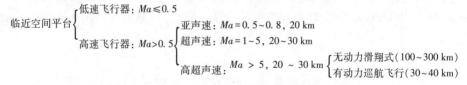

图 4-14　按照飞行速度临近空间飞行器的分类

以 $Ma = 5$ 为界,国际上又称 Ma 低于 5 的为低动态飞行器,Ma 高于 5 的为高动态飞行器[15]。

4. 按照飞行动态分类

临近空间飞行器又可简单归结为低动态和高动态飞行器。其中,低速、亚声速临近空间飞行器属于低动态飞行器;超声速、高超声速临近空间飞行器属于高动态飞行器。低动态和高动态临近空间飞行器面临的技术难点不同,实现的技术途径不同,其发展目标也不大一样。前者关注的是提高飞行高度、延长飞行时间,后者关注的是提高飞行速度、增大飞行距离。技术特性的相对独立与比较优势,将使低动态与高动态临近空间飞行器保持独立与平行的发展轨迹。

4.1.4.4　典型的临近空间对象

1. 平流层飞艇

平流层飞艇采用的是航空飞行器的设计思想,其拥有较大的气囊,气囊中充满轻质气体,依靠空气的浮力与飞行器的重力平衡,依靠太阳能提供动力,以螺旋桨的推力克服阻力,其特点是可定点悬停、低速水平飞行、机动性能好。其主要特点有:可在固定位置进行悬停完成特定任务,在低速水平飞行时机动性能较为优秀。

2. 浮空气球

与平流层飞艇类似,浮空气球也拥有较大气囊,充灌轻质气体(如氦气),但与平流层飞艇不同的是浮空气球不安装推进动力装置,仅依靠空气浮力进入临近空间,其特点是简单、成本低,但易受风的影响,定点、机动性能差,因此其军事用途相对有限。尽管浮空气球可在短期的通信中继方面发挥一定的作用,但局限性很大。

3. 高空长航时无人机

高空长航时无人机采用的是航空飞行器的设计方法,飞行高度在 20~30 km,如飞行时间达数十小时甚至 1 年的高空战略性侦察机、太阳能无人机等,主要采用太阳能、氢燃料电池等新型能源,轻质结构,依靠空气动力达到临近空间,与平流层飞艇与浮空气球两种飞行器相比,优点在于可以快速机动到达,能替代低轨道侦察卫星,执行高空持久监视、情报搜集和通信中继等任务。

4. 高超声速巡航飞行器

高超声速巡航飞行器的飞行高度可以遍及临近空间 30 km 以上的大部分空域,一般为 30~60 km,最大特点是飞行速度快,速度为马赫数 6~10,主要用于全球快速打击。

5. 亚轨道飞行器

亚轨道飞行器是指在高度上抵达临近空间顶层(外层空间边缘 100 km 左右的高度)但速度尚不足以完成绕地球轨道运转的飞行器。亚轨道飞行器的飞行速度一般在马赫数 5~15,任务完成后返回地球,可重复使用。由于亚轨道飞行器的飞行速度较低,因此无需复杂而昂贵的再入防热系统,动力系统可采用吸气和火箭发动机两种。

"空间操作飞行器"(SOV)和"低成本快速响应航天运输"火箭是目前美国正在研制的两种典型亚轨道飞行器。

SOV 具有较强的机动能力,在大气层中其性能类似于高性能战斗机。从返回到再次发射只需几个小时。利用 SOV 可发射空间机动飞行器(SMV)、模块化入轨级(MIS)、通用航空飞行器(CAV)和轨道转移飞行器(OTV)。实战时,SOV 在发射到亚轨道高度后,将上面级和轨道级释放后,返回地球基地。

SOV 采用两级入轨的方式。目前不同公司和研究机构提出的各种方案都可归结为两种基本推进方案：一种是吸气式发动机推进方案；另一种是火箭发动机推进方案。

火箭发动机推进方案的有效载荷采用外置方式,吸气式发动机推进方案的有效载荷采用内置方式。吸气式发动机推进方案又包括火箭基组合循环(RBCC)系统和基于涡轮的喷气发动机组合循环(TBCC)发动机系统两种不同方案。超燃冲压发动机技术是两种方案技术突破的关键。

火箭发动机推进方案技术难度小,开发成本低。吸气式发动机推进方案的技术难度大,开发成本高,但其运营成本较火箭发动机推进方案低。

4.1.4.5　主要特性

低速临近空间飞行器主要利用空气的浮力和飞行器运动产生的升力,有平流层飞艇、高空气球、高空无人机等。这类飞行器一般无人驾驶、飞行速度慢(亚声速)、滞空时间长(续航力强)、信息获取处理能力强,主要用于探测、侦察、情报收集、通信等。

高动态临近空间飞行器主要采用高超声速下的高升阻比气动外形、高超声速无动力滑翔或高超声速吸气式推进技术,有高空侦察机、高超声速飞行器、亚轨道飞行器等。这类飞行器一般无人驾驶、飞行速度快(数倍声速)、升空时间短、攻击能力强,可进行天地往返运输,还可用于摧毁敌方空间系统、拦截弹道导弹和对地进行精确打击等。

高动态临近空间飞行器一般指飞行速度大于声速的飞行器。这种飞行器具有飞行速度快、灵活和机动性好等优势,可以在临近空间中快速移动,对指令反应灵敏。美国国防部与国家航空航天局共同研制的 X-30 就是典型的高动态临近空间飞行器,X-30 采用尖头、大后掠三角翼、超声速燃烧冲压和火箭发动机组合的动力装置,单垂尾布局设计,此种设计极大地减小了飞行阻力。采用涡轮冲压、其目标飞行速度为马赫数 8。

4.1.5　轨道、频谱及其主要管理机制

经过半个多世纪的发展,全球卫星应用产业得到了空前的飞速发展,并正在成为空间产业的主导力量。空间无线电业务频率和卫星轨道资源的重要性和战略地位日益显现,世界各国利用国际规则竞相抢占空间无线电业务频率和卫星轨道资源,并且对这些资源的争夺已从传统的技术层面进一步延伸到经济、外交、政治、军事等诸多方面。

卫星所处的太空空间,处于各国领空之外,卫星频率轨道资源属于全人类共有。各国若想合法利用这些资源,必须依照国际法规依法使用。根据国际电信联盟(以下简称国际电联)《无线电规则》的规定:"无线电频率和对地静止卫星轨道

是有限的自然资源,必须依据《无线电规则》的规定合理而有效率地节省使用,以使各国或国家集团可以在考虑发展中国家和具有特定地理位置的国家的特殊需要的同时,公平地使用无线电频率和对地静止卫星轨道[16]。"

由于卫星频率和轨道资源是国际性资源,所以,卫星业务也就是一种国际性业务,必须遵守《无线电规则》的频率划分规定而规范使用。《无线电规则》依据各区域的业务发展和经济情况,将世界分为美洲、欧洲、亚洲三个区域,分别称为第一区、第二区和第三区。三个区域内的频率划分略有区别,但大体上是一致的。各个国家的频率划分,除个别被国际无线电频率划分表脚注条款认可以及国内地面业务自主产业应用外,一般与国际划分也是一致的。根据《无线电规则》的频率划分,空间业务中的频率划分最低可达到 2 501 kHz 的空间研究业务,最高可达到 3 000 GHz 的卫星地球探测业务和空间研究业务,在这个范围内,划分的空间业务涉及卫星移动业务、卫星固定业务、卫星广播业务、空间研究业务、空间操作业务、卫星气象业务、卫星地球探测业务及卫星无线电导航业务等[17]。

空间业务频率的划分规范着卫星业务的应用,同时也引领卫星业务的发展。近年来卫星应用需求持续增长,从而促使卫星产业也迅猛发展。随着卫星产业应用、卫星制造和发射业显现出的一种飞速跳跃的发展态势,全球范围内静止轨道卫星拥挤、卫星频率重叠,导致全球空间电磁频谱使用环境日趋复杂和恶劣[18]。

4.1.5.1　轨道基本概念

卫星(航天器)轨道是指卫星从末级火箭推力中止点(入轨点)起,到卫星陨落(或返回地面)前,卫星质心运动的轨迹。

卫星轨道分为运行轨道和返回轨道,本章主要介绍卫星运行轨道。

如前所述,卫星运行轨道取决于卫星入轨点的位置和速度,它是一条与开普勒椭圆轨道相差很小的复杂曲线。椭圆轨道的开普勒要素有 6 个,它们决定了轨道的大小、形状和空间的方位,同时给出计量运动时间的起算点。

卫星运行在各自的轨道上,其运动规律是以天体力学为基础的。这是卫星(航天器)区别于大气层内飞行器运动的显著特征。卫星由运载器发射进入轨道,发射时机要满足发射窗口;当发射速度达到第一宇宙速度(7.91 km/s)时才能进入轨道成为地球卫星,当发射速度达到第二宇宙速度(11.2 km/s)才能脱离地球引力成为行星探测器。

卫星在轨道上存留的时间就是卫星轨道寿命。它是从卫星进入预定的目标轨道到陨落为止的时间间隔。低轨道卫星的寿命取决于大气阻力,在大气阻力的作用下,卫星的实际轨道是不断下降的螺旋线(不考虑卫星在高速运行时采取轨道保持措施)。当卫星下降到 110~120 km 的近圆轨道时,大气阻力使卫星迅速进入稠密大气层而烧毁。大气阻力与卫星的形状、质量、体积大小有关,一般来说,面积质量比大的卫星受到的阻力大、寿命也短。卫星轨道高度越高,大气阻力越小,寿命也就越长。超过 1 000 km 高度的卫星,轨道寿命可能达到千年以上;高度在 160 km 左右的卫星,轨道寿命只有几天甚至几圈。影响大气阻力的因素比较复杂,使得卫星轨道寿命的计算误差很大,难以精确计算。低轨道卫星对轨道特性有严格的要求,一般采取轨道保持措施来抵消大气阻力的影响,使卫星在完成任务之前不会陨落。大椭圆轨道卫星(近地点几百千米,远地点十万甚至几十万千米)仅用大气阻力来计算时,它们的寿命是很长的,而实际寿命有时也很短,这是太阳引力和月球引力作用的结果。

4.1.5.2　卫星轨道分类

航天器可以根据轨道的形状、倾角、高度、运行周期的不同,分为以下几种不同的轨道类型。

1. 按轨道形状分类

按轨道的形状,可以将航天器轨道分为圆轨道和椭圆轨道,可描述如下。

(1) 椭圆轨道:

$$0 < e < 1, \; r = \frac{a(1 - e^2)}{1 + e\cos\theta}, \; v = \sqrt{\mu\left(\frac{2}{r} - \frac{1}{a}\right)} \qquad (4-18)$$

其中,μ 为地球万有引力常数。

在圆形轨道上运行的卫星,距离地面的高度、运行速度和覆盖特性均变化不大,适用于全球均匀覆盖星座。而运行于椭圆轨道的卫星,其距离地面的高度、运行速度以及覆盖范围随着其位于轨道上位置的不同而不同,且卫星在远地点附近的运行速度慢、运行时间长,所以可以利用该特性实现对某特性区域连续长时间的覆盖。

(2) 圆轨道:

$$e = 0, \; r = r_0, \; v = v_0$$

其中,r_0、v_0 为常量。

2. 按轨道倾角分类

根据卫星轨道倾角的不同,通常可以把卫星分为以下三类。

(1) 赤道轨道:

$$i = 0$$

即轨道平面与赤道平面重合,位于该轨道上的卫星对赤道附近区域的覆盖特性较好,且便于建立星间链路。

(2) 极轨道:

$$i = 90°$$

即轨道平面穿越地球南北两极。该轨道的升交点无进动,轨道平面在惯性空间中固定,可以用解析法对极轨道星座进行分析。对于非回归极轨道,只要时间足够长,极轨道上的卫星可以访问地球上的任意点。

（3）倾斜轨道：

$$0 < i < 90° \text{ 或 } 90° < i < 180°$$

即轨道平面与赤道平面有一定倾角。利用地球自转,可以实现对某一纬度区域的覆盖,Walker 星座通常采用这种轨道。

3. 按轨道高度分类

根据卫星运行的轨道高度,可以把卫星分为低轨道、中高轨道、地球同步轨道等,其划分方法是以环绕地球赤道延伸至南北纬度为 40°~50° 地区的高能辐射带即范艾伦（Van Allen）带为界。一般认为,范艾伦内带在 1 500~5 000 km,外带在 13 000~20 000 km,具体划分如下。

（1）低地球轨道：

$$500 \text{ km} < h < 1 500 \text{ km}, 94 \text{ min} < T < 115 \text{ min}$$

LEO 卫星由于轨道低,具有天线发射功率低、延迟小的优势。移动通信卫星和对地观测卫星通常选择这种轨道,如 GlobalStar、Iridium 和 Orbcomm 等通信卫星、陆地观测卫星等对地观测卫星。但是由于 LEO 卫星的覆盖范围小、用户可视时间短,同时,LEO 卫星容易受到大气阻力摄动的影响,因此卫星需要携带较多的燃料来修正轨道衰减。

（2）中高轨道：

MEO 轨道高度一般在 5 000 km 以上,以范艾伦外带为界分为两段：

$$5 000 \text{ km} < h < 13 000 \text{ km}$$

$$19 000 \text{ km} < h < 25 000 \text{ km}$$

该轨道高度的卫星覆盖范围和可视时间都比较适中,并且可供选择的高度空间也很大,因此很多宽带多媒体通信星座都考虑选择 5 000~13 000 km 的轨道高度,如 ICO 星座。同时,该轨道高度空间环境力摄动影响较小,大气阻力可忽略,卫星轨道的稳定性较高,便于精密定轨和精密星历预报,是卫星导航系统部署的理想高度,因此 GPS、GLONASS、Galileo 等导航星座选用了 19 000~25 000 km 的 MEO 轨道。

（3）地球同步轨道[19]：

$$a = 42 164.169 \text{ km}, e = 0, i = 0, T = 1 \text{ 恒星日}$$

GEO 轨道上的卫星在赤道上空相对地球是静止的,对地覆盖区域保持不变,可以提供地球表面约 38.2% 范围内的覆盖。因此,GEO 轨道在通信、广播电视和导航星座中得到了广泛的应用。但是 GEO 轨道不能对极地附近高纬度区域提供服务,同时由于 GEO 轨位资源紧张,以及需要进行频繁的定点维持,不利于精密定轨和长期星历预报。

（4）倾斜地球同步轨道（IGSO）:

$$a = 42\ 164.169\ \text{km},\ e = 0,\ i \neq 0,\ T = 1\ \text{恒星日}$$

IGSO 卫星轨道是一类特殊的地球同步圆轨道,轨道高度跟 GEO 一样,都属于地球同步轨道。其星下点轨迹是交点在赤道上、成“8”字形的封闭曲线,卫星每天重复地面上的同一轨迹。任意两颗 IGSO 卫星重复相同星下点轨迹的条件是:

$$\begin{cases} i_1 = i_2 \\ \varOmega_1 + u_{01} = \varOmega_2 + u_{02} \end{cases} \tag{4-19}$$

其中,u_0 表示初始时刻卫星的纬度幅角。如果希望任意 N 颗卫星的星下点在星下点轨迹上等间隔分布,则:

$$\Delta u = 360/N \tag{4-20}$$

（5）大偏心率轨道（HEO）:

又称大椭圆轨道,近地点高度为几百千米,远地点高度通常在几万千米以上,因此轨道偏心率较大（图 4-15）。卫星具有在远地点附近运动缓慢,可视时间长,可提供高仰角的优势,适合于对特别地区的覆盖（如高纬度地区）,适合用于构建半球覆盖带的星座。Molniya 轨道就是一类典型的 HEO 轨道,其轨道周期为 12 h、具有特定倾角（多采用 63.4° 的冻结轨道倾角）和偏心率。苏联的闪电（Molniya）通信系统首次采用这种轨道,因此凡是符合这些条件的轨道都命名为 Molniya 轨道。

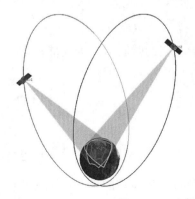
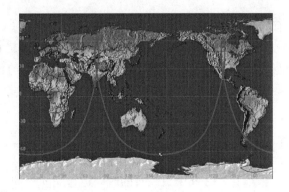

图 4-15　大椭圆轨道示意图,右图为星下点轨迹

HEO 卫星距地面的距离随着卫星的运动而不断变化,对平台、载荷以及用户端的技术要求高,同时为了保持远地点对特定区域覆盖的稳定性,需要对近地点角进行保持控制,且 HEO 卫星需要穿过范艾伦辐射带,对卫星具有较高的可靠性需求,因此 HEO 卫星不是特别适合构建导航星座[20]。

4.1.5.3　几种常用特殊轨道

1. 回归轨道

回归轨道的卫星地面轨迹在经过一定周期后将会重复,回归到曾经经过的地面区域,这种特性非常有利于动态对比针对同一地面区域的观测数据。

卫星轨道平均角速度 n_o 为

$$n_o = \sqrt{\mu_E / a^3} \qquad (4-21)$$

式中,μ_E 为地球引力常数;a 为轨道半长轴。

J_2 项摄动对升交点赤经 Ω、近地点幅角 ω、平近点角 M 产生影响,Ω、ω、M 在 J_2 项摄动影响下的变化率分别为

$$\dot{\Omega}(a, e, i) = -\frac{3}{2} J_2 \frac{R_E^2}{a^{7/2}(1-e^2)^2} \sqrt{\mu_E} \cos i \qquad (4-22)$$

$$\dot{\omega}(a, e, i) = \frac{3}{4} J_2 \frac{R_E^2}{a^{7/2}(1-e^2)^2} \sqrt{\mu_E} (5\cos^2 i - 1) \qquad (4-23)$$

$$\dot{M}(a, e, i) = \sqrt{\frac{\mu_E}{a^3}} + \frac{3}{2} J_2 \frac{R_E^2}{a^{7/2}(1-e^2)^{3/2}} \sqrt{\mu_E} \left(1 - \frac{3}{2}\sin^2 i\right) \quad (4-24)$$

设定 t_0 为初始时刻,Ω_0、ω_0、M_0 分别是 Ω、ω、M 在 t_0 时刻的初值,定义纬度幅角 u 为

$$u = \omega + M \qquad (4-25)$$

有 $u_0 = \omega_0 + M_0$,$\dot{u} = \dot{\omega} + \dot{M}$。

设节线日 D_n 为地球相对于卫星轨道平面旋转一周的时间;ω_E 为地球在惯性空间的自转角速度,地球相对于卫星轨道平面的角速度为 $\omega_E - \dot{\Omega}$,则

$$D_n = 2\pi / (\omega_E - \dot{\Omega}) \qquad (4-26)$$

设卫星的交点周期为 T_n,则

$$T_n = 2\pi / \dot{u} \qquad (4-27)$$

当卫星用 m 个节线日的时间运行完 n 个周期时,卫星轨道的星下点轨迹又重复变化,此时卫星轨道具有回归特性,即

$$mD_n = nT_n \tag{4-28}$$

由式(4-26)~式(4-28)得

$$\frac{m}{n} = \frac{\omega_{\mathrm{E}} - \dot{\Omega}}{M + \dot{\omega}} \tag{4-29}$$

取 $c_1 = 1.5J_2R_{\mathrm{E}}^2\sqrt{\mu_{\mathrm{E}}}$、$c_2 = 1 - e^2$、$c_3 = \cos i$、$c_4 = 1 - 1.5\sin^2 i$、$c_5 = 5\cos^2 i - 1$，联立式(4-21)~式(4-24)可得

$$n\omega_{\mathrm{E}}a^{7/2} - m\sqrt{\mu_{\mathrm{E}}}a^2 + nc_1c_2^{-2}c_3 - mc_1c_2^{-3/2}c_4 - 0.5mc_1c_2^{-2}c_5 = 0 \tag{4-30}$$

根据式(4-30)，可利用迭代方法计算出已知回归周期、偏心率和倾角的回归轨道半长轴。迭代时，半长轴的初值取为

$$a = \left(\frac{m}{n} \frac{\sqrt{\mu}}{\omega_{\mathrm{E}}} \right)^{2/3} \tag{4-31}$$

2. 太阳同步轨道

如果地球绕太阳公转的角速度与式(4-22)计算出的轨道升交点赤经变化率相等，则轨道进动的方向和速率与地球绕太阳周年转动的方向和速率相同，此特定设计的轨道称为太阳同步轨道，它应当满足下式

$$\dot{\Omega}(a,\ e,\ i) = -\frac{3}{2}J_2\frac{R_{\mathrm{E}}^2}{a^{7/2}(1-e^2)^2}\sqrt{\mu_{\mathrm{E}}}\cos i = \omega_{\mathrm{ES}} = \frac{2\pi}{365.25 \times 86\,400} \tag{4-32}$$

式中，ω_{ES} 为地球绕太阳公转的角速度。

要满足式(4-32)，则倾角 i 必须大于 90°，故太阳同步轨道必然是逆行轨道。太阳同步轨道的主要特点是太阳光照射轨道平面的方向在一年内基本不变，精确而言，轨道平面法线和太阳光方向在赤道平面上的投影之间的夹角保持不变，即卫星以相同方向经过同一纬度的当地地方时不变。太阳同步轨道有利于对地遥感遥测，有利于卫星温度控制，还有利于太阳能电池的充分利用。

3. 临界轨道

由式(4-23)可知地球非球形 J_2 项摄动对轨道近地点幅角 ω 的影响，ω 的变化引起轨道拱线在轨道平面内转动，导致卫星经过同纬度的高度不断变化，严重地影响卫星执行任务。服务于特定纬度地区的卫星通常采用椭圆轨道，要求远地点能够始终处于特定纬度地区上空，即拱线不得转动，$\dot{\omega} = 0$，由式(4-23)知轨道倾角应满足公式：

$$5\cos^2 i - 1 = 0 \tag{4-33}$$

解得 $i = 63.43°$（或 $i = 116.57°$），此值的倾角称为临界倾角，此类轨道称为临界轨道。

4.1.5.4　Walker 星座

Walker 提出了多种星座构型，其中 δ 星座得到了普遍承认和广泛应用，通常称为 Walker - δ 星座，σ 星座和玫瑰星座都是 δ 星座的特例，本章在没有特别说明的情况下，所说的 Walker 星座均指 Walker - δ 星座。Walker 星座是用于全球覆盖和南北对称纬度带覆盖的最佳星座，因此 Walker 星座构型被广泛采用[21,22]。

Walker 星座是一种对称星座，它的设计参数包括卫星总数 T，轨道平面数 P，相位因子 F，轨道倾角 i，轨道高度 h，故星座的构型可表示为 $T/P/F：i/h$。Walker 星座的 P 个轨道平面按升交点赤经均匀分布，每个轨道平面内均匀分布 $S(S = T/P)$ 颗卫星，相邻轨道平面内相同站位序号的卫星之间的相位差为

$$\Delta u = \frac{2\pi}{T} \cdot F \tag{4-34}$$

式中，$F = 0, 1, \cdots, P-1$。设 Walker 星座中第 1 个轨道面的升交点赤经为 Ω_1，第 1 个轨道面内第 1 颗卫星的平近点角为 M_{11}，则其他轨道面的升交点赤经为

$$\Omega_k = \Omega_1 + (k - 1) \times 2\pi/P; \; k = 2, 3, \cdots, P \tag{4-35}$$

其他卫星的平近点角为

$$M_{kj} = M_{11} + (k - 1) \times 2\pi \times F/T + (j - 1) \times 2\pi/S; \; k = 1, 2, \cdots, P; \; j = 1, 2, \cdots, S \tag{4-36}$$

4.1.5.5　频率的概念

频率的定义是指物质在 1 s 内完成周期变化的次数称为频率，用 f 表示，其单位为赫兹，简称"赫"，符号为 Hz。

电磁波是由同向振荡且互相垂直的电场与磁场的波动矢量在空间中构成的力场运动，是一种物质存在的形态，具有力学性质和能量。但与一般物质波动形态有本质区别，它不是物质点的波动，是以波动的形式传播的电磁场。

电磁波在真空中速率固定，速度为光速。电磁波含有迅速振动的磁场，其振动的速率就是波的频率，频率是电磁波的重要特性，其中，波长 λ 与频率 f 的关系如下：

$$\lambda f = c \tag{4-37}$$

按照频率由低到高的顺序，将电磁波排列起来，就是电磁波谱。通常意义上所

指有电磁辐射特性的电磁波是指无线电波、微波、红外线、可见光、紫外线。

频段是指按照一定的使用需要,对无线电波频率所做的人为划分,这种划分有的是根据业务种类的不同,对使用的频率进行预先分配,避免产生不必要的干扰,也有的是按照无线电波传输特性的差异进行分类[23](表4-4)。

表4-4　卫星通信常用的频段划分

频　　段	频率范围/GHz	波长范围/cm
UHF	0.3~1.12	100~26.79
L	1.12~1.70	26.79~17.65
LS	1.70~2.60	17.65~11.54
S	2.60~3.95	11.54~7.59
C	3.95~5.85	7.59~5.13
XC	5.85~8.20	5.13~3.66
X	8.20~12.4	3.66~2.42
Ku	12.4~18.0	2.42~1.67
K	18.0~26.5	1.67~1.13
Ka	26.5~40.0	1.13~0.75
Q	40.0~50.0	0.75~0.60
U	50.0~60.0	0.60~0.50
M	60.0~75.0	0.50~0.46
E	75.0~90.0	0.46~0.333
F	90.0~140.0	0.333~0.214
G	140.0~220.0	0.214~0.136
R	220.0~325.0	0.136~0.092

4.1.5.6　轨道、频率的管理机制

无线电频率是看不见摸不到的具有特殊物理性质的物质,是通信的必要条件。它虽然是非耗竭、可重复利用的自然资源,但就某一频段和频率来讲,在一定的区域、一定的时间和一定的条件下可供使用的频率是有限的。

1. 国际层面

无线电频率和任何相关轨道均为有限的自然资源,属于全世界所有,必须平等、合理、经济、有效地使用。在联合国《外层空间条约》、国际电联《组织法》等国际法规框架下,无线电频率和轨道的分配及应用需遵守《无线电规则》,各成员国

平等拥有和平探索和利用空间活动的权利。国际电联规定各国使用空间业务频率和轨道资源前应按照程序先向国际电联无线电通信局提出应用申请,以便采用有效的干扰控制机制来充分利用轨位和频率资源。因此充分了解国际规则,紧密跟踪、掌握并参与国际规则的修改和制定工作非常重要。

1) 国际电联(ITU)简介

国际电信联盟,简称国际电联,是联合国主管信息通信技术事务和电信界最具权威的标准制订机构之一,是世界各国政府或其电信主管部门之间协调电信事务的国际组织,总部设于瑞士日内瓦。国际电联的宗旨是维持和扩大国际合作以改进并合理地使用电信资源;促进电信技术、设施的更新、发展和有效利用,提高电信业务的效率,尽量使公众普遍利用,协调各国行动。

2) 相关国际规则简介

国际电联最高权力机构是全权代表大会。它的主要管理手段是它的宪章和协定,包括《组织法》《公约》《国际电信规则》《无线电规则》、行政规则、各种决议和建议等,这些规则是由历次全权代表大会、世界无线电通信大会等制定和补充修订形成的。各成员国共同遵守《无线电规则》是国际电联促进世界无线电管理,维护空中无线电波正常秩序的必要条件。《无线电规则》主要内容如下。

• 规定各类无线电业务可用的频段(无线电频率划分规定)

它把不同的频率分配给不同的业务,使各种业务各行其道,互不干扰,并对不同业务相互重叠的频段制定频率共用条件;无线电频率划分规定表明每一个频段上无线电业务划分的具体情况、不同无线电业务的定义和相互间的关系。它是对各种无线电业务使用频率进行管理的基础,各国均应遵守。如果某国使用的频率与频率划分表不一致,则必须事先征得受影响的合法使用的主管部门的同意,且不能受到保护。

• 规定各国使用无线电频率所必须遵守的程序和规则(国际地位的获得)

包括无线电频率申请、协调和登记程序,频率的技术特性及其使用原则、建议、决议,干扰处理程序,电台的识别和保密,各种无线电台的操作要求和使用规定等,以便用来保障各成员国使用无线电频率和轨道资源的权利和义务。

• 记录并公布各国网络的国际地位(国际地位的确认)

凡是按照《无线电规则》履行了规定的程序、符合要求的频率指配,均可记录到国际频率登记总表(MIFR),并获得国际的认可与保护。

2. 国内层面

1)《中华人民共和国无线电管理条例》和《中华人民共和国电信条例》

《中华人民共和国无线电管理条例》和《中华人民共和国电信条例》是国家法律,规定了使用无线电频率和卫星轨道资源、设立卫星空间电台和地球站进行通信的基本要求,是管理卫星频率轨道资源的基本法规。

2)《中华人民共和国无线电频率划分规定》

《中华人民共和国无线电频率划分规定》是管理无线电频率资源的基础性法规,内容包括无线电管理的术语和定义、无线电频率划分的具体规定。其中,无线电管理的术语和定义部分,基本参考《无线电规则》中针对频率管理、无线电业务、无线电台站与系统、操作术语、发射与无线电设备的特性、频率共用、空间技术术语和全球的区域划分定义,补充了无线电频带和频段的命名、常用字母代码和业务频段对应表;无线电频率划分规定部分,包含主、次要业务的定义、划分、分配和指配的一般规定、频率划分表和脚注,其中频率划分表是基于《无线电规则》中我国所属的第三区域的划分情况并结合我国的无线电使用现状和未来发展规划制定的。

需要指出的是,无线电频率划分在地面业务部分通常考虑了我国的特殊使用,而空间业务部分由于需考虑国际共性,原则上与国际划分一致。

4.2　空间交通管理的主要能力需求

空间交通管理的主要能力需求是基于空间交通管理的主要任务,通过对空间交通管理的主要任务分析,梳理出其能力需求。

4.2.1　空间交通管理的主要任务分析

空间交通管理的主要有七大任务领域,包括空间态势感知、航天发射管理、航天器日常在轨活动协调与调度、航天器返回再入与离轨管理、空间频率与轨道资源管理、空间碎片环境治理和应急事件处置。

4.2.1.1　空间态势感知

空间态势感知主要包括在轨物体探测感知、电磁频谱探测感知和空间天气探测感知。

在轨物体探测感知是对在轨物体进行探测、跟踪编目与预警,实现对地球轨道物体和近地天体等空间飞行物全域多维感知,发布监测预警信息[24]。

电磁频谱探测感知是对地球轨道空间的电磁频谱环境进行探测、使用监测与冲突预警,实现对地球轨道空间的电磁频谱环境的全维、实时的感知、跟踪与监测,发布监测预警信息。

空间天气探测感知是探测太阳活动、地磁等空间天气情况,分析对轨道空间环境的影响,并发布预报。

4.2.1.2　航天发射管理

通过制定航天发射规范,对运载火箭的发射申请进行登记、监管与调度;对运载火箭的发射活动进行全流程管理与监测;对运载火箭在轨段处置提出要求并监测执行结果;对运载火箭的发射以外造成的后果处理进行监督、核查等。

4.2.1.3　航天器日常在轨活动协调与调度

对寿命期内在轨航天器活动实施管理,建立航天器规避工作流程、技术标准和数据规范,协调航天器与其他航天器的活动,保证航天器正常在轨运行。

4.2.1.4　航天器返回再入与离轨管理

建立航天器返回再入与主动离轨规范,形成航天器返回再入与寿命末期主动离轨机制,协调航天器返回再入或在寿命期末主动或被动离轨,保证在轨运行航天器、返回航天器以及地面人员与财产安全。

4.2.1.5　空间频率与轨道资源管理

空间频率与轨道资源管理包括当前已经成熟并广泛应用的规则框架,以及空间频率与轨道资源态势感知。通过综合利用完善的规则框架和实时感知数据,优化空间频率轨道资源的利用。

4.2.1.6　空间碎片治理

建立空间碎片减缓与移除规范,提出空间碎片处置要求。在对空间碎片精准监测的基础上,综合运用各种技术手段,实施碎片减缓与移除活动,以遏制空间碎片增长,降低空间碎片数量,保障空间长期可持续使用。

4.2.1.7　应急事件处置

针对航天器碰撞、空间碎片、近地小行星、微流星体等突发事件,进行应急监测和应急处置,协调在轨航天器应急规避或采取主动防御措施,保证航天器及地面人员与财产安全。

4.2.2　空间交通管理的主要能力需求转换

基于上述的空间交通管理的主要任务,进行梳理和分解,将其转换成主要的能力需求,包括空间目标跟踪监视编目与态势生成能力、运载发射监测与跟踪监视能力、全空域测控管理与调度能力、空间威胁预警服务能力、空间环境治理能力、星上态势与威胁告警及自主规避能力、全空域全频谱感知告警与协调规避能力和空间天气监测与预报能力,主要转换、对应关系见图4-16。

其中,完成空间态势感知任务需要空间目标跟踪监视编目与态势生成能力、运载发射监测与跟踪监视能力、全空域测控管理与调度能力、空间威胁预警服务能力、空间环境治理能力、星上态势与威胁告警及自主规避能力和全空域全频谱感知告警与协调规避能力等的支撑。

完成航天发射管理任务需要运载发射监测与跟踪监视能力和空间威胁预警服务能力等的支撑。

完成航天器日常在轨活动协调与调度任务需要空间目标跟踪监视编目与态势生成能力、全空域测控管理与调度能力、空间威胁预警服务能力、全空域全频谱感

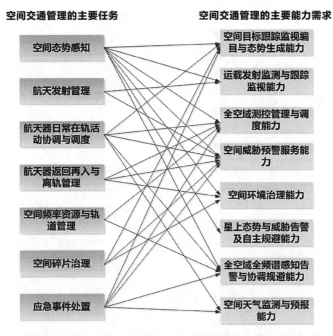

图 4-16　空间交通管理的主要能力需求转换示意图

知告警与协调规避能力和空间天气监测与预报能力等的支撑。

航天器返回再入与离轨管理任务需要全空域测控管理与调度能力、空间威胁预警服务能力和空间环境治理能力等的支撑。

空间频率与轨道资源管理任务需要全空域测控管理与调度能力和全空域全频谱感知告警与协调规避能力等的支撑。

空间碎片治理任务需要空间目标跟踪监视编目与态势生成能力、空间威胁预警服务能力和空间环境治理能力等的支撑。

应急事件处置任务需要空间目标跟踪监视编目与态势生成能力、全空域测控管理与调度能力、空间威胁预警服务能力、全空域全频谱感知告警与协调规避能力和空间天气监测与预报能力等的支撑。

4.3　空间交通管理的主要能力对应的系统

4.3.1　主要对应系统

基于上述的空间交通管理的主要能力需求,梳理出其对应的应用系统主要包括:空间态势感知与生成系统、运载发射监测与跟踪监视系统、全空域指挥与调度系统、空间威胁预警服务系统、空间环境治理系统、星上态势与威胁告警及自主规避系统和空间天气监测与预报系统等系统。对应关系见图 4-17。

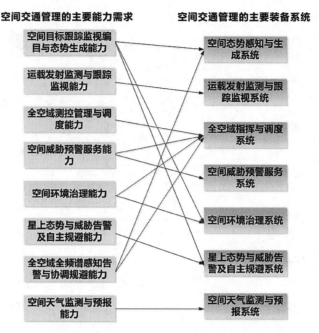

图 4‑17 空间交通管理的主要能力需求与装备转换示意图

4.3.2 空间态势感知与生成系统

通过建设天地一体协同的全球布站监测网,对地球从近地空间到地月空间的全空域的空间目标与碎片及近地天体和频谱实施不间断监测。包括:对空间目标与碎片和频谱开展普测,为开展威胁预警提供全面、完备的空间目标与碎片和频谱监测信息支持;对空间目标与碎片和频谱开展精测,为高精度目标指示引导、空间态势评估、应对空间目标与碎片和频谱风险提供高质量的监测信息支持;对近地天体开展搜索和跟踪,为与国际社会联合、共同抵御人类社会免受近地天体威胁共享力量。

利用监测数据,开展对空间目标与碎片的识别和轨道确定,对新发现的空间目标与碎片进行身份识别,不断完善和更新编目库。对于近地天体,须与其他国家及国际组织的近地天体监测数据进行融合,生成近地天体编目信息。依据编目库信息对空间目标与碎片及近地天体进行威胁预警,即时判断威胁,对高风险空间物体开展加密监测,准确评估风险,辅助应对决策。

生成充足而完善的空间态势,是实现空间交通管理的关键和前提。要求在统一的空间坐标系和标识下,实时(准实时)标注我国及空间活动参与的其他国家的实时态势,并可由用户进行按区域、按任务要求、按时间等的态势动态查询应用,空间的各型用户平台也可根据自身状态进行自动或按需进行态势信息上报。

4.3.3　运载发射监测与跟踪监视系统

通过以天基预警系统为主的天地一体化协同监测网建设,能对全球的运载(洲际弹道导弹)的发射提供实时预警、跟踪监视服务;同时,对过空间目标提供中段实时跟踪监视功能;为全球的空间交通管理提供基础信息服务。

4.3.4　全空域指挥与调度系统

依据运行管理要求,通过以天基系统为主的天地一体化协同网络建设,对各国在空间的自有资产进行全球实时的测控、跟踪、监视及调度管理,保证自有空间资产的任务的合理分配与安全运行;并根据情况即时调整监测计划,保证任务的顺利执行;紧急情况下,对空间资产进行全球实时的调度,保障空间资产的安全。

4.3.5　空间威胁预警服务系统

根据业务需要及工作中制定的相关数据标准,对编目和预警信息进行分级,分别对国家政府机关、军队、卫星用户及社会公众开展信息服务。为各部门、组织协作应对空间目标与碎片及近地天体威胁提供信息支持,保障自己空间安全,维护空间权益。

4.3.6　空间环境治理系统

通过构建以高效减缓为中心、精准监测为基础、有效防护为补充的天地一体化协同工作网络,以空间环境治理为目标,根据业务需要及工作中制定的相关数据标准为依据,以防护、空间碎片清除与减缓的各种技术、系统为手段,形成功能齐备、性能先进、高效率、低成本的空间碎片环境治理任务工程实现能力,对威胁评估为重点区域、目标的空间碎片开展清除活动,保障空间资产安全和空间长期可持续发展。

4.3.7　星上态势与威胁告警及自主规避系统

依托承载平台的能力,自主、智能地持续对周围的 10 cm 直径以上的空间目标进行探测、跟踪、监视,对其进行威胁评估;依据规定的谱段、格式的要求,持续对周围 500 km 内的空间飞行器广播含有自己的空间位置、特性、轨道参数等标准信号;实时接收周围 500 km 内的空间飞行器广播的信号,对其进行威胁评估;当判别与周围 500 km 内的空间目标有潜在的碰撞危险时,向指控系统发出紧急告警;在指控系统的支撑,依据规则,可自主智能完成回避操作。

4.3.8　空间天气监测与预报系统

空间天气是影响地球上及近地空间系统运行和人类活动与健康的空间因素状

态及其变化。包括太阳风、地球磁层、电离层和中高层大气等的状态和变化。通过探测覆盖太阳、行星际空间、磁层、电离层-大气耦合等日地空间的探测系统建设,获取太阳、行星际空间、磁层、电离层等日地空间环境监测信息及变化预测,开展空间天气研究、空间天气预报和服务,保障人类及空间资产安全。

4.4　空间交通管理的主要技术体系与发展趋势

4.4.1　空间交通管理的主要技术方向

我们由空间交通管理的主要 7 大任务(即空间态势感知、航天发射管理、航天器日常在轨活动协调与调度、航天器返回再入与离轨管理、空间频率资源与轨道管理、空间天气预报、应急事件处置)出发,推导出空间交通管理的主要八大能力需求(即空间目标跟踪监视编目与态势生成能力、运载发射监测与跟踪监视能力、全空域测控管理与调度能力、空间威胁预警服务能力、空间环境治理能力、星上态势与威胁告警和自主规避能力、全空域全频谱感知告警与协调规避能力、空间天气监测与预报能力),再推导出空间交通管理的四大技术方向。由这四大技术方向再分解,得到空间交通管理的主要技术体系,见图 4‐18 和图 4‐19。

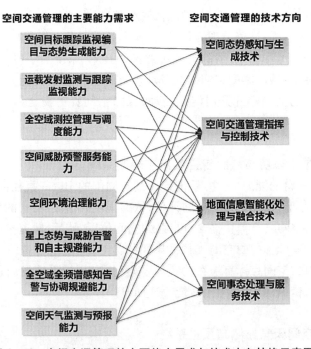

图 4‐18　空间交通管理的主要能力需求与技术方向转换示意图

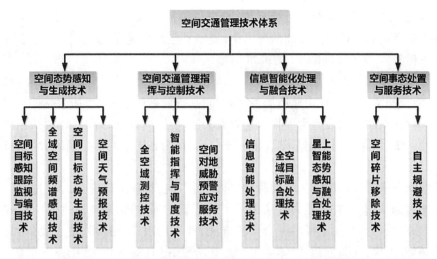

图 4-19　空间交通管理的主要能力需求与技术方向转换示意图

4.4.2　技术体系

由此,可以梳理出空间交通管理的技术体系。

其中,空间态势感知与生成技术包括空间目标感知跟踪监视与编目技术、全域空间频谱感知技术、空间目标态势生成技术、空间天气预报技术等。

空间交通管理指挥与控制技术包括全空域测控技术、智能指挥与调度技术、空间对地威胁预警应对服务技术等。

信息智能化处理与融合技术包括信息智能处理技术、全空域目标融合处理技术、星上智能态势感知与融合处理技术等。

空间事态处理与服务技术包括空间碎片移除技术、自主规避技术等。

4.5　小　　结

近年来,世界各国在空间领域的竞争日趋激烈,航天强国不断调整空间安全战略,加快发展空间军事化进程,使得空间安全博弈局势日益复杂,对我国空间资产安全提出了严峻挑战。同时随着空间技术的发展,新型航天器数量迅速增长,增大了在轨碰撞的概率,对在轨航天器正常运行构成严重威胁,空间安全问题愈显突出。

以 2017 年欧洲白皮书(三卷)的发表和 2018 年 6 月美国正式发布《国家空间交通管理政策》(3 号令)为标志,空间交通管理领域正式进入了各国实际操作及相关支撑系统的建立阶段,成为目前国际上的热点。近期,美国依据 3 号令,陆续出台了商务部的《通过频谱政策促进商业航天》报告等一系列配套的法律法规,构建实施空间交通管理所需要的法律环境,推进以民掩军,促进商业航天的发展,争夺空间资源及空间话语权。欧洲白皮书中,提出了空间交通管理欧洲方面自己的"法律政策框架""技术规则框架"的构建。

各国对空间资源的争夺日趋白热化,导致空间资源的极度紧缺,空间环境急剧恶化,使空间活动危险性快速增加,各国空间基础设施的发展受到极大制约,同时,在轨运行的空间基础设施也面临越来越大的空间威胁,因此,各国急需发展空间交通管理系统,保障各国空间基础设施的安全运行,为各国空间信息系统大发展提供保障。

空间交通管理是国际公域的管理,涉及面广,在其顶层研究中,我们摒弃与国外系统对标、以载荷技术能力现状为约束的传统论证方法,坚持通过应用模式、科学技术原理、系统解决途径的综合分析方法,并不局限现有技术、现有装备和已有型号,解放思想,大胆创新,以体系工程思想方法,从任务分析,推出系统的能力需求,再导出其顶层技术体系框架的研究模式,自上而下地对空间交通管理进行了全方位的顶层研究,以期对未来发展提供一些启发借鉴。

参考文献

[1]　中国人民解放军军语[M].北京:军事科学出版社,2011.

[2]　张毅,杨耀辉,李俊莉.弹道导弹弹道学[M].长沙:国防科技大学出版社,1999.

[3]　刘林.航天器轨道理论[M].北京:国防工业出版社,2000.

[4]　郗晓宁,王威.近地航天器轨道基础[M].长沙:国防科技大学出版社,2003.

[5]　李双庆,刘恒振,孙广勃,等.国防科技名词大典(航天卷)[M].北京:航空工业出版社,2002.

[6]　陈方允,贾乃华,等.卫星测控手册[M].北京:科学出版社,1992.

[7]　褚桂柏,马世俊.宇航技术概论[M].北京:航空工业出版社,2002.

[8]　徐福祥.卫星工程概论[M].北京:中国宇航出版社,2003.

[9]　曲广吉.航天器动力学工程[M].北京:中国科学技术出版社,2000.

[10]　刘暾,赵钧.空间飞行器动力学[M].哈尔滨:哈尔滨工业大学出版社,2003.

[11]　王希季.航天器进入与返回技术[M].北京:中国宇航出版社,2003.

[12]　范剑锋.空间站工程概论[M].哈尔滨:哈尔滨工业大学出版社,1990.

[13]　胡滨.空天一体视角下的临近空间[J].南京政治学院学报.2010,26(3):75-77.

[14]　郭劲.临近空间飞行器军事应用价值分析[J].光机电信息.2010,27(8):22-27.

[15]　李焱,才满瑞,佟艳春.临近空间飞行器的种类及军事应用[J].Aerospace China,2007(10):39-44.

[16]　国际电信联盟.ITU-R研究组[M].瑞士日内瓦:国际电联总部,2010.

[17]　International Academy of Astronautics. Cosmic study on space traffic management[M]. Paris:International Academy of Astronautics, 2006:10.

[18]　ITU. Radio regulations. [EB/OL]. [2011-04-29]. http://www.itu.int/pub/R-REC-RR/en.

[19]　吕海寰,蔡剑民,甘仲民,等.卫星通信系统(修订本)[M].北京:人民邮电出版社,2001:
　　　 119-125.

[20]　蒙波,韩潮,黄卫俊.区域覆盖特殊椭圆轨道星座优化设计[J].北京航空航天大学学报,
　　　 2008,34(2):167-170.

[21]　Lo M W. Satellite-constellation design[J]. Computing in Science & Engineering, 1999,
　　　 1(1):127-137.

[22]　佘明生,戴超.卫星星座设计概述[J].中国空间科学技术,1996,12(6):45-49.

[23]　王小谟,童志鹏,熊群力,等.国防科技名词大典(电子卷)[M].北京:航空工业出版社,
　　　 2002:92-96,241-243.

[24]　胡敏,范丽,任子轩.空间交通管理研究现状与分析[C].烟台:第一届中国空天安全会议
　　　 论文集,2015:77-82.

第5章
空间交通管理相关的现有国际谈判进程

20世纪90年代以后,国际社会并未制定新的外空国际条约,各主要航天国家均试图通过不同平台上的国际谈判来制定相关规则,形成不具备国际约束力的软法,或者意图发展成条约,这些规则反映了国际社会在某一空间活动事项中的普遍观点和要求,从而获得一些国家甚至是多数国家的遵守和执行。国际上相关谈判进程为空间交通管理规则发展奠定基础。

5.1 概　述

到目前为止,还没有针对空间交通管理问题专门的谈判,但在联合国和平利用外层空间委员会(COPUOS)、联合国裁军与国际安全委员会、裁军谈判会议、区域组织平台上发展了多个与空间交通管理要素相关的谈判议题。空间交通管理相关谈判及其谈判平台如图5-1所示。在联合国框架内,联合国裁军与国际安全委员会平台上主要发展了"透明度和建立信任措施"谈判,COPUOS平台上,发展了"空

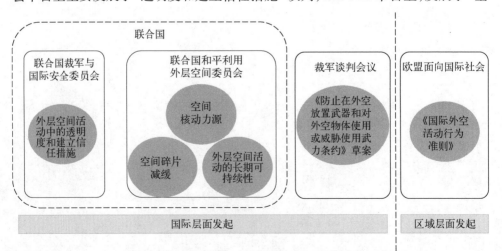

图5-1　空间交通管理相关谈判及其谈判平台

间核动力源""空间碎片减缓"和"外空活动长期可持续性"(LTS)等议题。在裁军谈判会议平台中俄发起了《防止在外空防止武器和对外空物体使用或威胁使用武力条约》(草案)(PPWT 草案)谈判。此外,在区域组织层面,欧盟发起《外空活动行为准则》(ICOC)谈判。

空间使用核动力源的相关谈判是较早的与空间交通管理要素相关的谈判。空间核动力源涉及特定空间物体和空间交通有关的规定,可视为空间交通管理中对特定空间物体的管理。《外空活动行为准则》(ICOC)目的是提高空间活动的安全性和可持续性,这与空间交通管理的空间物体和空间环境相关。它包含了对"空间物体"的保护和规定,对外层空间活动长期可持续性有关要求,运营商在轨运行的行为及后果的管理,以及国际间的通知机制和磋商机制,这些要素与空间交通管理有关,同时也会促进空间活动的可持续性并有利于提高透明度。空间碎片治理问题已经成为空间领域国际谈判的重要主题,制定空间碎片减缓相关的规则是为了确保空间活动的安全进行,不受空间碎片的干扰。从空间交通管理的角度来看,空间碎片减缓关乎在轨活动和空间物体,即与空间交通管理中的在轨状态密切相关。建立空间透明与信任机制是实现空间交通管理的前提条件,因为实施空间交通管理需要对全球航天器发射、在轨运行、轨道机动、碰撞预警、空间碎片、航天器再入等信息有全面的了解,从而制定相应的解决方案。《防止在空间放置武器和对空间物体使用或威胁使用武力条约》(草案)(PPWT)是空间禁止军事化武器化的一项重要立法进程,条约草案的重点是防止外层空间的武器化,虽然条约草案不包含狭义上的空间交通管理要素,但其根本目标是在空间行为者之间建立信任和信心,关乎空间安全,而空间安全也是空间交通管理关注的目标之一。"外层空间活动的长期可持续性"主要面临三大问题:空间碎片、空间环境污染和地球静止轨道问题[1]。这些问题都和空间交通管理密切相关。一方面 LTS 准则是为了促进空间活动的长期可持续发展,另一方面,实施有效的空间交通管理是促进空间活动长期可持续发展的重要支撑和保障。目前通过的 21 条准则已初步涉及了空间活动的政策和监管、空间运行安全、国际合作、能力建设和认识等实施空间交通管理的必要支撑要素。

5.2　空间交通管理相关谈判的主要平台及进展

在联合国和平利用外层空间委员会(COPUOS)、联合国裁军会议、区域组织平台上发展了多个与空间交通管理要素相关的谈判议题。在区域组织平台上,欧盟发布《外空活动行为准则》,随即与主要航天国家展开磋商,随后谈判出现僵局没有达成国际共识。在裁军会议平台上,2008 年中俄向裁军谈判会议提出《防止在外空部署武器、对外空物体使用或威胁使用武力条约》(草案),并于 2014 年提交了修订版本,受到了国际社会一定积极回应,但也被认为存在一定不足,最终在谈判中出现僵局。在联合国裁军与国际安全委员会平台上,2011 年成立透明与建立信任措施(TCBM)政府专家组(GGE)。2013 年经协商一致,专家组向联合国秘书长提交了最终报告,获得联合国大会批准,随后,COPUOS 要求联合国外层空间活动机构间会议提交一份关于 GGE 报告实施的特别报告,多国对此进行回应介绍本国的国家实践。在 COPUOS 平台上发展了关于"空间核动力源""空间碎片减缓""外空活动长期可持续性"三个与空间交通管理要素相关的议题,均取得了各自的成果:对于空间使用核动力源,通过了《核动力源原则》,并制定了《外层空间核动力源应用安全框架》;关于空间碎片减缓问题,COPUOS 正式通过了《空间碎片减缓准则》,成为受众最广的碎片减缓准则;而 2019 年通过《外空活动长期可持续性准则》的序言和 21 条准则,成为空间治理领域最重要的成果之一。

5.2.1 《外空活动行为准则》谈判

5.2.1.1 《外空活动行为准则》的提出与磋商

20 世纪 90 年代,联合国大会[2-8]认为有必要防止外空军备竞赛,并在多个决议中强调提高外空活动透明度以及建立信任措施。应联大 61/75 决议"邀请所有会员国在大会第六十二届会议开始之前向秘书长提出关于国际外层空间的透明度和建立信任措施的具体建议,以利维持国际和平与安全,促进国际合作,防止外层空间军备竞赛"[9]。根据联大 62/43 决议,继续邀请会员国提出相关建议。2007 年欧盟响应联大号召,提出关于国际外层空间的透明度和建立信任措施的具体建议[10],指出欧盟将提出一个全面的空间活动行为准则,以填补现有框架的空白。《外空活动行为准则》源于在法国主导下欧盟提议的文件。2007~2008 年,欧盟成员国拟定了第一版草案,2008 年 6 月被欧盟批准,并于 2008 年 12 月向国际社会正式发布了《外空活动行为准则》[11],旨在通过"透明度与建立信任措施"(TCBM)提高空间安全,并随即与主要航天国家展开磋商。

《外空活动行为准则》是不具有法律约束力、自愿的文书草案,旨在建立外空活动负责任的行为准则。虽然没有非欧盟国家签署《外空活动行为准则》,但也受到广泛认同,将其作为国际行为准则磋商的基础。通过从欧洲以外的国家以及国际专家会议上寻求对《外空活动行为准则》的反馈。国际专家会议是对所有国家开放,讨论发展一项自愿的、不具有法律约束力准则,并能够被尽可能多的国家所接受。相关讨论会议分别于 2012 年 6 月在奥地利维也纳、2013 年 5 月在乌克兰基辅、2013 年 11 月在泰国曼谷召开,通过这些会议,均形成了《外空活动行为准则》的修订稿,分别在 2010 年 9 月 27 日、2012 年 6 月 5 日以及 2013 年 9 月 16 日发布。

5.2.1.2 《外空活动行为准则》的主要内容

空间系统和空间活动对各国的国家安全以及国际安全都十分重要。空间碎片日益增多,轨位频率日渐拥挤,那么缺少对相关空间行为的定义会对空间安全构成威胁。《外空活动行为准则》的核心是通过提高透明度和建立互信措施,减少空间碎片、避免在轨物体碰撞、防止对空间物体的有意攻击,从而维护空间安全。《外空活动行为准则》面向所有国家,以自愿为基础,不具有法律约束性。

《外空活动行为准则》的主要目标是增强外空活动的和平、安全和可持续;形成一套外空法律文书体系的补充规范[12]。

《外空活动行为准则》包含以下总体规则:

- 各国自由"以和平目的进入、探索和使用外空,不进行不利干预",并考虑到外空活动的长期可持续性与和平;
- 各国有责任"避免武器威胁"以及"对个人和集体行使自我防卫的国家固有权力";
- 各国有责任在外空活动中"采取适当的措施和真诚合作来避免冲突";
- 各国有责任"促进和平探索和使用空间",防止使外空成为发生冲突的场所。

《外空活动行为准则》提出有关空间操作和碎片移除的措施,包括:

- 促进空间安全和可持续;
- 保持战略稳定性;
- 最大限度减少空间事故、碰撞、有害干扰带来的风险;
- 防止故意损害和摧毁航天器,除非因为自卫和碎片移除;
- 采取诸如事前通知和磋商措施来减少碰撞风险;
- 不断坚持并履行国际电信联盟(ITU)规则;
- 减少长寿命空间碎片的产生,履行 COPUOS 的《空间碎片减缓准则》。

《外空活动行为准则》还提出了多种国际合作机制,如发射、军事演习、可预测的交会、碰撞、在轨解体和损毁、空间物体故障、再入事件的事前通知(5.1);要求各国分享空间战略和政策、主要的空间研究和计划、防止和减轻事故的政策和程序、防止碰撞及空间碎片的产生、遵循空间规则等相关措施(6.1);鼓励国家间的磋商,如某个国家预料到其他国家违反准则的行为导致损害和有害干扰(7.1);最后,建议每年启动会议对准则进行审议,共同制定决策、联系中心和信息管理数据库(8.1)。

欧盟还提出在《外空活动行为准则》中纳入外空自卫条款,实际上是默许在外空使用武力。此后,欧盟继续与其他国家就该准则进行磋商,力求形成一份可被多数国家所接受的文书,并争取在特别外交会议上通过。2012 年 6 月,欧盟正式启动多边外交程序,就《外空活动行为准则》进行讨论。会上,联合国裁军研究所启动"促进国际空间活动行为准则发展"项目,承担《外空活动行为准则》的相关信息交流工作。

《外空活动行为准则》是欧盟对外事务部(EEAS)代表欧盟拟定的不具法律约

束力的文书草案,已经与多国和其他相关行为者连续进行了几轮磋商,并开展了多年的讨论[13]。其目的是提高空间活动的安全性和可持续,这两项活动都涉及空间物体和空间环境。《外空活动行为准则》对空间活动的可持续性和透明度概念起着重要作用。

《外空活动行为准则》在重申国际空间法的主要原则的同时,又进一步兼顾了空间领域的主要"软法":为此,它将空间自由与充分尊重"空间物体的安全性和完整性"相互联系,并要求制定与"与外层空间活动的长期可持续性有关的国际公认惯例、运行程序、技术标准和政策,包括外层空间活动的安全行为"。空间运营商应尽量减少事故、碰撞或"任何其他形式的有害干扰"的风险,避免损坏或破坏其空间物体(除非"有理由"),尽量减少空间碎片的产生。《外空活动行为准则》还提出了一个相对广泛的通知职责目录,其中包括发射前通知、计划风险性演习、预测交会事件、碰撞和解体、空间物体失灵或失控、预测"高风险"再进入事件。最后,提出了一个国际磋商机制。《外空活动行为准则》的目的和一些要素符合政府专家组(GGE)报告和COPUOS关于外层空间活动长期可持续性的工作。

5.2.1.3 《外空活动行为准则》磋商出现僵局

美国政府经过跨部门的审议和联合参谋部评估,认为准则限制其空间活动,因此美国在2012年1月宣布将不会加入欧盟提出的准则,但是会以此为蓝本,与其他伙伴国家形成新的《国际行为准则》。而其他国家,如日本和澳大利亚也做了类似的声明。2012年版的准则改称《外空活动国际行为准则》。2014年,为了推进该准则的落地,欧美对此准则草案做了最后一次修订,对争议较大的自卫权原则做了修改。"各国有责任克制使用武力或以武力威胁任何国家的领土完整和政治独立或者采取任何不符合《联合国宪章》宗旨的方式,以及由《联合国宪章》认可的单独或集体自卫的固有权利。"2015年7月在纽约联合国大厦举行的关于准则的国际特别会议出现了重大僵局,遭到了众多国家的反对。

5.2.2 中俄《防止在外空部署武器、对外空物体使用或威胁使用武力条约》(草案)

5.2.2.1 中俄《防止在外空部署武器、对外空物体使用或威胁使用武力条约》(草案)的提出背景

空间武器化与人类和平利用空间的宗旨背道而驰,势必引发空间军备竞赛,打破全球战略平衡与稳定,并加剧地面、海洋及空中的军备竞赛,破坏国际军控与裁军的进程,损害各国之间的相互信任,给地区和国际安全环境造成消极影响。因此,防止空间武器化对于人类的生存和发展是至关重要的[14]。

中国和俄罗斯认为现有的空间法律制度不足以防止在空间部署武器和军备竞赛,认为需要以具有法律约束力的手段确保空间物体安全。如《外空条约》,也仅

仅限制在空间及其他星球上部署核武器以及杀伤力武器,并没有对空间军事活动进行明确的限制,如在空间部署军事卫星、常规武器、其他武器试验(除核武器和其他大规模杀伤性武器)、洲际弹道导弹。因此,空间法并没有对这些空间武器进行限制,如在轨道上蓄意部署、存放进攻性装置、基于地面的反卫星试验(ASAT)装置。考虑到现有国际空间法的局限,不同的国家提出不同的解决方案,如中国、俄罗斯、巴西等国支持采取制定强制性法律条约的方式,美国认为没有必要制定条约,而一些欧洲国家认为制定强制性条约的谈判进程花费时间太久并且会较为艰难,因此鼓励采用制定软法的形式。

5.2.2.2 2008 版的 PPWT 草案

《防止在外空部署武器、对外空物体使用或威胁使用武力条约》(草案)(下称"PPWT 草案")始于 2002 年 6 月 28 日,中国与俄罗斯连同其他六个国家向裁军谈判会议提交的一份工作文件《防止外空部署武器、对外空物体使用或威胁使用武力国际法律文书要点》[15],工作文件阐释了中国和俄罗斯支持以制定条约的方式防止空间武器化,认为只有具有法律约束力的条约才能够确保空间安全。透明与建立信任措施可以增加国家之间的理解和信任,但是不能取代条约的作用,2006 年,中国与俄罗斯将此观点作为工作文件提交给裁军谈判会议[16]。2008 年 2 月 28 日,中国与俄罗斯向裁军会议提交了 PPWT 草案,这也是中俄近十几年来在防止空间军备竞赛方面做出的重要成果。

2008 版的草案包含了一个序言和十四项条款,其中,序言表明条约的法律基础,其目的是防止空间成为军事对抗的领域,保证空间的安全和空间物体的安全运行,认识到防止在空间放置武器和空间军备竞赛能够消除国际和平与安全中的重大危险,愿确保空间成为不放置任何武器的空间。并提及联合国大会关于"防止外空军备竞赛"的决议,确认需要考察进一步的措施,以寻求有效、可核查的多、双边协议,从而防止空间军备竞赛。条约正文开篇对"空间""空间物体""在空间的武器""放置""使用武力""威胁使用武力"几个关键概念进行了定义[17],其中,"空间武器"或"威胁使用武力"是最为核心的概念,其中"空间武器"定义为位于空间、基于任何物理原理,经专门制造或改造,用来消灭、损害或干扰在空间、地球上或大气层物体的正常功能以及对人类至关重要的生物圈组成部分或对其造成损害的任何装置。"使用武力"或"威胁使用武力"定义为对空间物体采取的任何敌对行动,包括旨在摧毁、破坏以及暂时或永久性地损害空间物体的正常功能,以及蓄意改变其轨道参数,或威胁采取这些行动。草案第二条包含了核心规定:对缔约国的禁例,不在环绕地球的轨道放置任何携带任何种类武器的物体,不在天体上安置此类武器,不以任何其他方式在空间放置此类武器;不对空间物体使用或威胁使用武力;不协助、不鼓励其他国家、国家集团或国际组织参与本条约所禁止的活动。第二条的规定应结合第四条和第五条,上述禁止行为不应妨碍各缔约国和平探索和利用空间的权利和行使自卫权。同时,条约鼓励各缔约国建立信任措施以促进空间活动的透明和建立信任,然而草案中并没有提出具体的核查措施,但可以附加议定书加以规定。条约草案还规定了条约的加入、修正、期限。条约规定在 20 个国家,包括联合国安理会所有常任理事国交存批准书之日起生效。条约的修正仅由多数缔约国通过即可批准。

2008 版的 PPWT 条约草案所包含的规定受到诸多争议[18]。归纳为如下几个方面:

(1) 空间武器定义受到争议;

(2) 只关注空间武器;

(3) 没有禁止地面、海洋、空中的反卫星试验;

(4) 第二条和第五条相矛盾;

(5) 不包含被动的空间军事使用;

(6) 缺乏核查机制;

(7) 多数缔约国同意即可进行条约修订问题;

(8) 条约执行组织的工作和作用不清楚。

PPWT 草案在 2008 年提交裁军谈判会议后的五年并没有取得显著的进展。尽管中俄作为发起者在为此不断推进,但并未针对该草案启动官方谈判。PPWT 草案只在防止外空军备竞赛的工作组中进行了讨论:一方面,一些欢迎 PPWT 的国家将其视为对防止外空军备竞赛(PAROS)议题进一步讨论的基础;另一方面,美国代表团从坚决拒绝讨论"禁止或限制美国进入或使用空间的新的法律制度或其他限制",转变为接受考虑空间武器控制的概念和提议[19]。然而 PPWT 草案没有作为裁军谈判会议防止外空军备竞赛(PAROS)的核心工作。但当俄罗斯大使于 2014 年 1 月向裁军谈判会议宣布,中国和俄罗斯在准备 PPWT 的修订版本,且不久将正式提交,形势发生了彻底变化,俄罗斯大使指出,修订本将对外层空间的新发展以及不同的观点进行说明,包括联合国透明与建立信任措施的专家组(GGE)的建议[20]。

5.2.2.3　2014 年 PPWT 草案的修订

2014 年 6 月 10 日,中国与俄罗斯正式提交了 PPWT 草案的修订本,在提交的过程中,中国和俄罗斯代表首先强调这个修订本是有需要的,因为在空间防止武器和军备竞赛的风险不仅在增加,国家之间的信任、国际战略与政治平衡、核裁军的进程也在受到负面的影响[21]。而现存的空间法律框架不足以应对这些风险。然后说明了修订本对条款的定义、范围、制度安排和争端解决机制进行了修订。最重要的是,回顾 GGE 工作的成果结论,中国和俄罗斯代表指出透明与建立信任措施将成为 PPWT 的必要组成部分。最终,中俄强调将开放接受对草案的意见并对其改进,从而为裁军谈判会议启动实质性谈判创造条件。

PPWT 草案 2014 年修正本包含一个序言和十三项条款。相比 2008 版草案,缩短了 2014 版草案的序言,并进行了大篇幅修改。对于这样的修改,积极的一面是,序言的行文更精练,将原序言的第三到五段合并成现在的第二段,强调缔约国的承诺,不在空间放置武器,消除对国际和平与安全的重大危险,最重要的是,强调遵守现有与空间活动相关的国际条约的重要性,如《外空条约》第四条,有助于建立对各国的和平目的的信任。不利的一面是,修订后的序言也存在问题,如某些范围和含义问题,去掉了原有的关于以和平目的探索和使用空间的权力;此外修改后的版本缺少直接与空间武器控制与裁军协议有关的内容,而这样的内容会对诸如限制反卫星武器等军事活动产生影响。

　　修订版草案正文也进行了大幅度修改,几乎对所有的条款进行了修改,并重新组织了行文顺序。修订版草案对第一条定义进行了重要修改,首先,去掉了有争议的"空间"的定义,这也为后续对"空间"定义的延伸留有余地。第二,"空间物体"解释为"放置在空间、专为在空间运行而设计的任何装置",缩短了原有冗长的描述。第三,"使用武力"或"威胁使用武力"的定义扩大了,"使用武力"是指对他国管辖和(或)控制下的空间物体采取的蓄意损害行动,而"威胁使用武力"是指以书面、口头或其他任何形式表达采取这些行动的意图,同时该定义还指出根据专门协议应他国请求停止请求国管辖和(或)控制下的空间物体失控飞行的行动,不应被视为使用武力或威胁使用武力。而对"在空间的武器"的定义与 2008 年的版本较为近似,但是 2014 年版本确认了不是所有的空间物体都能够构成"武器",只有用来消除、损害或干扰在空间、地球表面或空气空间中物体的正常功能,以及用来威胁人类和对人类生存至关重要的生物圈组成部分或对其造成损害的才视为武器。第二条包含了 PPWT 草案的核心规定,在 2008 版本存在对缔约国的禁例,而新修订的版本表现在如下三方面的更新:精简了措辞,避免重复;限制了缔约国在国际合作中从事与本条约内容与宗旨不符的空间活动;禁止协助非政府组织包括在本国管辖和(或)控制下的领土上成立、登记或位于该领土上的非政府实体,参加与本条约内容和宗旨不符的活动,这一点尤为重要,因为私营企业在空间活动中发挥越来越重要的作用,这可能会威胁到空间物体的安全,国家有责任监管本国的空间活动。第三条和第四条相当于 2008 年版的第四条和第五条,唯一不同的是修订后的第四条不仅仅涉及成员国行使自卫权,并指出不得影响《联合国宪章》第五十一条确立的缔约国固有的单独或集体自卫权。第五条关于监督措施和透明与建立信任措施,2008 年的版本认识到需要建立信任措施以保证条约条款遵守,修订版本仍然没有具体建立这些措施,将在附加协议予以规定,在修订文本的表述中,缔约国可在自愿基础上,执行商定的透明与建立信任措施,确保对条约的遵守,修订后的版本也没有提及采取何种透明与建立信任措施。条约草案中唯一具体提出透明与建立信任措施之处是条约执行机构应收集并发布缔约国提交的作为透明与建立信任措施组成部分的信息。第六条和第七条是关于条约执行机构的职责,其权利在修订版的表述中得到扩大,机构在解决争端和条约总体管理上起到核心作用,组织与缔约国进行磋商,以便处理有关某缔约国违反本条约的情况,接收新缔约国加入条约的通知,制定数据共享与信息分析的程序,除了受理一个或多个缔约国关于指称违反条约的询问以外,机构还负责组织与缔约国进行磋商,以处理有关某缔约国违反本条约的情况,如有关违反本条约的问题未能得到解决,将争端提交联合国大会或安理会。重要的是,执行机构并不是在条约草案中规定建立的,其设立程序、工作机构、运行程序和工作细则等应在一个附加议定书中规定。如一缔约国有理由认为另一缔约国未履行本条约所规定的义务,可请求该缔约国澄清有关情况。如提出请求的缔约国认为澄清未能解决其关切,可向被请求的缔约国提出磋商请求,被请求国应立即参与磋商。与磋商结果有关的信息应提交条约执行机构,由执行机构与各缔约国共享。如磋商未能在适当照顾各缔约国利益的情况下达成一致解决办法,一个或多个缔约国可请求执行机构予以协助,并提交进一步处理该争端所需的相关证据。执行机构可以召集缔约国举行会议,审议该争端,决定是否存在违反条约的行为,并根据缔约国提出的解决争端与消除违约的方案准备有关建议。如仍不能解决争端或消除违反条约情况,执行机构可提请联合国大会或安理会注意该事项,包括有关资料和结论。如出现涉及 1972 年《空间物体造成损害国际责任公约》的情况,应适用该相关规定,PPWT 草案并没有参考最新适用于解决国际争端的法律机制。特别是 PPWT 修订版为国际组织加入条约设立了条件。修订版PPWT 草案还改进了条约的修订程序。任一缔约国可对本条约提出修正。修正案应提交联合国秘书长,以分发所有缔约国。如不少于三分之一的缔约国同意,应召开修约会议,对本条约的修正经缔约国协商一致接受后生效,这与先前 2008 版本多数通过有所不同。最后一条,条约条款的存续期、加入和退出也进行了修正,尤其是缔约国退出条约的情况和联合国秘书长的职责。

5.2.2.4　PPWT 草案的国际反响

2014 版的 PPWT 草案有了很大的改进[12],并且获得一定积极的回应,其积极的方面主要有如下几点:

（1）新的版本更容易被接受,行文更加简洁、避免重复,其措辞与现行的国际法律文件相一致,尤其是相对于联合国宪章;

（2）修订了 2008 年 PPWT 草案规定了争议解决的部分;

（3）对条约执行机构履行条约职责有了更清晰的授权;

（4）更加关注解决争议的程序;

（5）关于对修订条约程序的改进。

2014 年更新的 PPWT 草案在国际社会普遍认为存在的不足[18]:

（1）2008 年受到争议的实质内容没有改变,如"空间武器"的定义等;

（2）修订后的第二条对一些概念理解上的局限,如空间"武器化";

（3）最关键的是缺少对成员国如何行使自卫权的说明；

（4）缺少对规定遵守的核查机制,这会增加成员国违反规定的风险；

（5）条约执行机构的设立程序、工作机构构成、运行程序和工作细则要在另一个附加议定书中规定。

PPWT 草案在裁军谈判会议上出现僵局,但是通过谈判达成意向防止外空军备竞赛早已成为国际共识[22]。

5.2.3　透明与建立信任措施谈判

5.2.3.1　透明与建立信任措施政府专家组建立的背景

透明与建立信任措施(TCBM)原是运用于裁军与军控领域的一种机制,用来约束国家行为,维持国际稳定。TCBM 是一个问题的两个方面,包括透明与信任措施两个不同的概念[23]。在空间活动实施 TCBM 被广泛认为是空间国际法和国际秩序的重要因素[24]。联合国 1990 年 12 月 4 日第 45/55 B 号和 1993 年 12 月 16 日第 48/74 B 号决议,强调增强透明度的必要性并肯定建立信任措施的重要性,以此为手段有助于确保实现防止外层空间军备竞赛的目标。每年联合国大会通过的防止空间军备竞赛决议都确认“建立信任措施的实质性建议可成为防止空间军备竞赛国际协定的组成部分”[25]。

1991~1993 年,联合国曾召集过一个政府专家组研究在空间活动领域建立信任措施,并且形成了一个一致通过的报告。这个报告内容十分丰富,包括导言、概览、现有的法律框架(截至 1993 年)、建立信任措施概念的一般考虑、建外层空间信任措施的具体方面、在外层空间建立信任的措施、相关的国际合作方法和结论建议。然而这个报告的来源主要是和裁军相关的组织,如联合国裁军审议委员会(裁审会)、裁军谈判会议(裁谈会)和联大一委。1993 年以来,空间活动的实践发生了重大的发展,越来越多的私人实体参加到空间活动中来,也带来了很多新的有关空间透明度和建立信任措施。即便如此,1993 年的报告仍应作为重要参考[26]。第 60 届联合国大会通过的有关“空间活动透明与建立信任措施”的决议(第 60/66 号)再次提出了透明与建立信任措施问题。

2005 年俄罗斯向裁军谈判会议提交空间透明与信任建设机制(TCBM)的建议;2006 年中、俄联合提交有关此议题的草案: 增强(空间)计划透明度的措施、旨在增强在轨空间物体有关信息的措施和有关空间活动行为准则的措施[27]。从 2005 年起,联合国大会每年都通过相关决议,并要求各国提出具体建议,许多国家也提出了各自的立场与看法[25]。

5.2.3.2　透明与建立信任措施政府专家组的建立及谈判的进展

2011 年,根据联大 65/68 决议,设立空间透明与建立信任措施(TCBM)政府专家组(GGE),这个政府专家组出自联合国裁军与国际安全委员会。它的目的是促进国际合作和减少空间活动中的误解和误传带来的风险,最终是形成一个达成一致的关于透明与建立信任措施的结论和建议的报告[28]。美国最初表示支持,但最终投了弃权票,因为美国反对决议中涉及中俄联合提出的《防止在外层空间部署武器、对外层空间物体使用或威胁使用武力条约》草案。TCBM 的 GGE 专家组随后得到了国际社会的广泛支持。这是继"空间活动长期可持续性工作"之后一个新的空间国际合作平台。2012 年美国开始加入 TCBM 政府专家组。很多国家认为GGE 是推动空间安全问题国际对话的重要实践。联合国裁军谈判会议是负责磋商空间安全问题,防止空间军备竞赛,但裁军谈判会议已经多年陷入僵局。而相比其他国际谈判不同的是,GGE 关注和平利用空间,无论是民用、军用,还是二者兼有。

政府专家组由成员国提名的 15 名专家组成。其中有 5 名固定成员,分别来自联合国安理会的 5 个常任理事国,剩余 10 人由联合国基于国家的申请并考虑到地缘分布,而从其他 10 个国家中选出。这 10 人分别来自巴西、智利、意大利、哈萨克斯坦、尼日利亚、罗马尼亚、南非、韩国、斯里兰卡和乌克兰,2012 年美国开始加入 TCBM 政府专家组。第一任主席由俄罗斯专家担任。即便专家由成员国提名,但仍应保持中立的政治立场。2012 年 7 月 23~27 日,政府专家组的第一次会议在纽约召开,第二次会议将于 2013 年 4 月 1~5 日在日内瓦召开,最后一次会议回到纽约召开,时间是 2013 年 7 月 8~12 日。

专家组审查现存的国际空间法体系,例如 1967 年外空条约及其 4 个补充条约,以及近年来成员国向秘书处递交的有关空间透明与建立信任措施的实践。专家组同时会考虑被提议的空间行为活动准则、COPUOS 空间活动长期可持续性工作组的工作等现有的多边及双边的透明度与信任措施。专家组同时也会同COPUOS、联合国裁军会议、国际电信联盟、世界气象组织沟通[29]。讨论的范围包括不同种类的透明度和信任措施以及执行问题,同时提出建立一个有关空间透明与建立信任措施的联系中心。来自专家组的一些观点是,TCBM 是绝对自愿的,可采取多种形式;联合国裁军事务办公室可以成为一个合适的联系中心;应当考虑政府专家组未涉及的国家;考虑透明度和建立信任措施现有的实践(信息互换、访问、通知和磋商)。

5.2.3.3　最终报告的形成

2013 年 7 月,经协商一致,专家组向联合国秘书长提交了最终报告[30]。2014年,联合国大会对政府专家组关于外层空间活动透明度和建立信任措施的报告(GGE 报告)做出了批准,并鼓励联合国成员国基于自愿审视并执行这些措施。报告的对透明与建立信任措施的结论和建议有利于确保空间领域的战略安全。报告首先给出了全球空间活动的综述,以及需要建立透明与建立信任措施的领域。GGE 报告的第三部分提出了 TCBM 的一般特性和基本原则,并解释了 TCBM 的性质和目的:"总体而言,TCBM 是一种手段,各国政府可借此分享信息,以期建立相互了解和信任,减少误解和误判,从而帮助防止军事冲突,促进区域和全球稳定。"报告的第四部分提出了提升空间活动透明度的措施,包括:

- 空间政策信息交流:就国家外层空间政策的原则和目标交换信息;就主要外层空间军事支出和其他国家安全空间活动交换信息;
- 外层空间活动信息交流与通报:就外层空间物体轨道参数和潜在的轨道会合交换信息;就外层空间中的自然危害交换信息;通报计划进行的航天器发射;
- 减少风险的通报:通报可能危及其他空间物体飞行安全的排定调整动作;通报紧急情况;通报故意轨道解体;
- 接触并访问航天发射场和设施,包括专家访问,包括访问空间发射场;邀请国家观察员访问发射场、飞行指挥和控制中心及外层空间基础设施中的其他业务设施;展示火箭和空间技术。

此外,报告也审视了国际合作、协商机制、外联、协调等空间相关活动,提出了相关透明与建立信任措施。报告的结论建议各国和国际组织在自愿且不妨碍履行现有法律承诺和义务的基础上,审议并执行此报告所述透明度和建立信任措施。概括而言,GGE 报告强调各机构、政府、组织以及多个联合国框架下的磋商应继续进行,不断推进 TCBM 的对话所具有的重大价值,GGE 报告通过提出行动指南改善空间行动,提出 TCBM 的组成特点以及支持现存制度(条约和不具有约束力的准则)的影响因素。

GGE 报告的建议与 COPUOS 正在进行的有关外层空间活动长期可持续性的工作相辅相成;其实质上都是维持空间活动的长期可持续的有关机制。一些 GGE 的建议[31]具有多种性质,关于处理安全问题,其他建议主要涉及提高空间运行的安全性和处理因自然原因(例如,由于近地天体或空间天气影响)或人为原因(预定的航天器操纵、再进入风险、紧急情况、空间物体解体)导致的后果。但是,大多数建议是相互关联的。

任何对"空间安全"这一术语的探索尝试都具有挑战性;它本质上是复杂的,没有公认的定义,也没有政府间组织层面的统一认识。其他条款和主题也有类似问题,如"治理""响应"甚至"透明度和建立信任"。复杂的原因在于空间活动前所未有的快速发展,其中包括空间领域的行动者越来越多、对保障空间运行安全的需求日益增加、保护已经脆弱的近地空间环境的意识日益提高以及空间科技应用在应对人类和地球本身日益增长的挑战方面的作用不断增强。同时,必须牢记军事意义上的传统安全概念,其源于关于国际和平与安全的全球议程。空间技术及其应用具有重要的双重用途,并将在有关空间安全的讨论中的重要内容。

5.2.3.4　国际社会 GGE 报告的回应

国际上对 GGE 报告进行了积极回应[32]。在 2014 年 3 月,在联合国裁军研究所的空间安全会议上对 GGE 报告进行了总结和讨论。后续的焦点是如何实现 GGE 的建议,以及在其他空间可持续性问题和安全领域内进行后续活动。

2014 年,COPUOS 要求委员会成员国就如何实践 GGE 报告的建议进行讨论[33],因为这些建议涉及可能在实践中证明有助于确保空间业务的安全性,而且是在科学和技术小组委员会外层空间活动长期可持续性工作组正在进行的工作范围内。

2015 年 58 届 COPUOS 会议上,德国、意大利、俄罗斯和美国对 GGE 报告进行了回应,德国提出应当考虑在空间活动长期可持续性工作组范围之外启动制定安全相关规范的另一个进程,美国分享其对于下列问题的观点:政府专家组确定的与委员会工作特别是与委员外层空间活动长期可持续性工作组工作有关的透明度和建立信任措施;美国执行专家组所建议的某些透明度与建立信任措施的情况;以及委员会关于如何利用专家组工作的考虑。

同时 COPUOS 要求联合国外层空间活动机构间会议(联合国空间会议)提交一份关于 GGE 报告实施的特别报告,2016 年,联合国空间会议提交了特别报告。该报告旨在通过提高各国空间活动透明度,维护空间活动的可持续性、应对安全威胁。报告要求空间活动主体提供空间政策信息、空间活动信息,为减少空间活动风险进行通报,以及接触并访问航天发射场和设施等。这是对现有国际空间法的补充,也是未来空间活动规则制定的重要依据。但该报告本身并不具备法律约束力,也缺乏实施细则和监督机制,无法核实各国的空间活动,以及验证其是否遵守了相关条款。特别报告的最终版本在 2016 年第 59 届 COPUOS 会议上被审议[34]。2017 年 COPUOS 会议上收到了澳大利亚、加拿大、中国、日本、巴基斯坦和阿拉伯联合酋长国对 GGE 报告的回应[35],表示对 GGE 报告的支持与肯定,并介绍各自对透明与建立信任措施的国家实践。

5.2.4　外空活动长期可持续性谈判

5.2.4.1　"外空活动长期可持续性"概念的提出

根据 1987 年世界环境与发展委员会发表的报告《我们共同的未来》,可持续发展是指"既要满足当代人的需要,又不对后代人满足其需要的能力构成危害的发展"。根据类推原则,空间活动长期可持续性就是人类探索、开发和利用空间的活动既要满足当代人的需要,又不对后代人满足其需要的能力构成危害[36]。

第三次联合国探索及和平利用外层空间会议在《空间千年:关于空间和人的发展的维也纳宣言》中认识到,空间科学和空间应用非常重要,有助于增进有关宇宙的基础知识,并通过环境监测、自然资源管理、有助于减缓潜在灾害并支助灾害管理的预警系统、气象预报、气候建模、卫星导航和通信,改善全世界人民的日常生活。空间科学和技术对人类福祉有重大贡献,特别是有助于实现处理经济、社会和文化发展各方面问题的联合国全球性会议的目标。因此,空间活动在支持全球可持续发展和实现《千年发展目标》方面发挥着重要作用。空间活动的长期可持续性不仅是当前从事和有志于从事空间活动的行动方关心的问题,也是整个国际社会关心的问题。

联合国于 1997 年 7 月 19 日在奥地利维也纳召开了第三次联合国探索及和平利用外层空间会议,该会议通过了《空间千年:关于空间和人的发展的维也纳宣言》[37],该宣言指出空间科学和空间应用对改善人类日常生活,处理经济、社会和文化发展各方面问题有积极的意义,空间系统在支持全球可持续发展和实现《千年发展目标》方面发挥着重要作用。因而,空间活动的长期可持续性不仅是当前从事空间活动的国家、区域空间组织和商业卫星运营者关心的问题,也是整个国际社会关心的问题[36]。

随着空间行动主体的增多,空间活动的增加,出现了很多威胁空间活动的长期可持续性的问题,包括空间碎片问题,地球静止轨道问题,空间环境污染问题等[38]。

空间活动长期可持续性的概念应该建立在可持续发展概念的基础上,因为虽然两者作用的对象不同,一个适用于空间活动,一个适用于地球上的发展活动,但是两者的宗旨是一致的,都是为了使有限的资源满足当代和后世人类的需要服务的。

5.2.4.2 议题的产生与工作组的建立

“外空活动长期可持续性”,是 2006~2007 年期间担任 COPUOS 主席的法国人 Brachet 在“COPUOS 员会未来的作用和活动”工作文件中最早提出的。2008 年 2 月,法国在巴黎举行“外空活动长期可持续性”非正式国际会议,第一次正式提出该概念并成立了非正式工作组。该工作组先后分别在 2008 年 2 月、2008 年 10 月、2009 年 2 月在巴黎、格拉斯哥、维也纳召开了三次会议。2008 年科技小组委员会上,法国建议将其设为 COPUOS 会议议题,未果。2009 年科技小组委员会届会上,法国再次提议将其设为科技小组议题。在其不懈推动下,联合国和平利用外层空间委员会在 2009 年第五十二届会议上决定,科学与技术小组委员会自 2010 年第四十七届会议起将按照多年期工作计划添加题为“外层空间活动的长期可持续性”(LTS)的新议程项目,并提出设立工作组,以编写一份关于空间活动长期可持续性的报告,并编写一套最佳实践准则,该报告和准则将提交科技小组委员会审查[39]。

2010 年 2 月,科技小组委员会设立了“外空活动长期可持续性工作组”[40],2011 年 6 月会议确定了工作组的职权范围和工作方法[41]。工作组的目标是,确定外层空间活动长期可持续性所涉及的领域,审查和提出可从所有方面提高可持续性的措施,包括为和平目的的安全而可持续地利用外层空间以造福所有国家。

工作组设立了四个专家组讨论专门的议题并草拟准则:有关"支持全球可持续发展的可持续空间利用"的 A 专家组(中方提议设立)、"空间碎片、空间操作和支持协作空间态势感知的工具"的 B 专家组、有关"空间天气"的 C 专家组、"针对空间领域行动者的监管制度和指导"的 D 专家组。"专家组 A 至 D 按照各自的具体专题汇总了信息,对有关空间活动长期可持续性的当前做法、程序和总体性问题进行了分析。专家组还找出了现有做法上存在的一些差距"。2015 年 2 月,各专家组的工作陆续结束,谈判则开始集中在工作组层面[42]。

5.2.4.3　LTS 准则草案制定及相关谈判进展

在 2014 年科学和技术小组委员会第五十一届会议上,A、C 和 D 专家组在最后审定了其工作报告,B 专家组在会议间隙期间举行的会议中最终审定了其工作报告[43]。形成了外层空间活动长期可持续性工作组报告草稿提案和一套 33 条的初步准则草案[44]。这些准则分为五类,以便各个政府和非政府空间行为者实施:政策、监管机制、国际合作、科学技术及管理。2014 年,工作组主席对这 33 条准则的重复性进行了评估,将 33 条准则草案整合成 18 条。合并后的 18 条准则极大保留了 33 条初步准则草案的结构,将其分为政策、监管、国际合作、管理类(包括空间碎片、运行、空间态势感知工具)。

继 2014 年 COPUOS 大会以后,工作组继续收到相关意见以及增加的准则草案,两条新增的准则草案来自俄罗斯,俄罗斯提出主动清除轨道中空间物体的空间活动相关标准和程序,以及尊重外国空间相关地面和信息基础设施的安全。此外,瑞士提出调查和考虑推动中长期外层空间活动可持续性的新措施,针对这些新提出的准则草案,工作组主席于 2014 年 10 月启动了临时议程,对准则草案进行了修订[45]。此后,新加入各国家代表的提案后,准则草案的数量达到 29 条。

2016 年工作组在拟订序言案文方面取得了实质性的进展,其中包含背景及对准则范围和地位的陈述,包括外层空间活动长期可持续性的定义,还述及执行方面的问题。代表团通过了 29 条准则草案中的 12 条,构成第一套准则[46]。

虽然工作组在审议许多准则方面取得了重大进展,但考虑到审议剩余准则草案以及随后编拟整套简编需要额外的时间。鉴于此,委员会商定将工作组的任务授权再延长两年,工作组延期到 2018 年,并设立后续工作目标,在 2018 年完成第二套准则[47],编制序言案文供委员会审议通过并提交大会第七十三届会议。

2018 年 2 月,COPUOS 科技小组会议进一步通过了 9 条准则以及序言案文。通过的 21 条准则[48]包含政策、管理、运行、安全、科学、技术、国际合作、空间活动的能力建设等方面。这些准则与政府与非政府机构相关,与所有的空间活动有关,包括空间任务的各个阶段:发射、操作、寿命末期处置。这些准则有助于国家和政府间国际组织减缓空间活动带来的风险。履行这些准则有助于促进和平使用和探索外层空间的国际合作。这些准则可供各国和各国际政府间组织考虑,在自愿的基础上实施。这些准则可以分成四类:

1. 空间活动的政策和监管框架

准则 A.1 视必要情况通过、修正并修改外层空间活动国家监管框架;

准则 A.2 视必要情况制定、修正或修改外层空间活动国家监管框架所应考虑的若干要素;

准则 A.3 监督国家空间活动;

准则 A.4 确保公平、合理、高效利用无线电频率频谱和卫星所用各轨道区域;

准则 A.5 改进空间物体登记做法。

2. 空间操作安全

准则 B.1 提供联系信息并交流空间物体和轨道事件信息;

准则 B.2 提高空间物体轨道数据的准确度并改进分享空间物体轨道数据的实践和效用;

准则 B.3 推动收集、分享和发布空间碎片监测信息;

准则 B.4 在受控飞行所有轨道阶段期间进行交会评估;

准则 B.5 拟订进行发射前交会评估的务实做法;

准则 B.6 分享业务所用型空间天气数据及预报结果;

准则 B.7 开发空间天气模型和工具并收集减轻空间天气影响的既有实践;

准则 B.8 关于空间物体特别是小型空间物体的设计和操作;

准则 B.9 采取措施以处理空间物体失控再入地球大气层所造成的相关风险;

准则 B.10 在使用穿越外层空间的激光束光源时遵守防范措施。

3. 国家合作、能力建设、感知

准则 C.1 促进并便利支持外层空间活动长期可持续性的国际合作;

准则 C.2 分享外层空间活动长期可持续性的相关经验并酌情拟订有关信息交流的新程序;

准则 C.3 推动和支持能力建设;

准则 C.4 提高对空间活动的认识。

4. 科学与技术研究开发

准则 D.1 推动并支持关于如何支持对外层空间进行可持续利用和探索的研究与开发;

准则 D.2 调查并考虑从长远角度管理空间碎片群的新措施。

对于 7 条未通过的准则(包括主动移除空间物体的限制、空间基础设施安全保护等)主要是俄罗斯提议,俄罗斯等国要求将尚未达成一致的案文一并写入报告提交大会。而美国、加拿大、法国等代表团提议将已协调一致的案文提交大会报告[49]，彻底结束 LTS 工作组。最终采用折中方案，即准则汇编仅包含已经达成一致的 21 条准则和序言部分，以脚注形式提到有一个独立的文件载有其余未达成一致的准则，同时，终止当前的 LTS 工作组，建立一个新的工作组开展未来工作。

5.2.4.4   LTS 谈判取得阶段性成果同时谈判进入了新的进程

经历 8 年艰难谈判，该工作组自 2018 年 COPUOS 会议期间完成使命后，又经过一年的艰苦磋商，各方最终在 2019 年 6 月 COPUOS 第 62 届会议上弥合分歧走向妥协，同意委员会通过已达成一致的 LTS 序言和 21 条准则，并将其作为此次会议报告附件，鼓励各国和政府间国际组织自愿执行已通过内容，并明确指出 COPUOS 是机制化讨论执行和审查准则问题的主要平台。同时委员会决定成立新的 5 年期工作组交流执行准则经验并讨论制定新准则。LTS 进程将进入执行和谈判并重的新阶段。

虽然整个谈判过程缓慢并且艰难，但 LTS 谈判是空间国际治理的重要组成部分，对于未来空间新秩序的构建具有重要意义，LTS 工作组已经成为各国代表就空间重大事项充分交换意见的平台，该谈判本身也是提高空间透明度和建立信任措施的重要进程。LTS 谈判是国际社会通过多边谈判解决空间治理规则问题的典范。

5.2.5   空间碎片减缓主题谈判

5.2.5.1   空间碎片减缓问题磋商进程发展

空间碎片减缓是与空间交通管理密切相关的重要内容，空间碎片问题也成为国际上各平台磋商的重要主题。国际社会对空间碎片的关注始于 1976 年，1990 年 COPUOS 第 45 届会议开启了空间碎片问题的讨论。各个国家、国际组织也陆续发布了空间碎片减缓的相关规则。这些不同的规则在结构上是相似的，强调同样的优先事项，尽管在提出的具体建议上有一些变化和发展。最早的空间碎片减缓指导方针是 1995 年 NASA 首次发布的《安全标准》（NSS1740.14）。虽然《安全标准》只适用于 NASA 自己的项目，但这项早期工作为世界各地其他组织的碎片减缓政策提供了先例和基础。空间碎片协调委员会（IADC）2002 年发布了《空间碎片减缓准则》，并于 2007 年发布了修订版。2007 年联合国和平利用外层空间委员会（COPUOS）通过了一套《空间碎片减缓准则》，成为受众最广泛的国际准则。

5.2.5.2   IADC 平台上的空间碎片减缓规则发展

鉴于空间碎片问题的影响日益严重，1993 年美国、欧洲、日本、俄罗斯的空间机构共同倡导并创立了机构间空间碎片协调委员会（IADC），开始进行相关研究。目前，IADC 成员国已经有 11 个，1995 年中国国家航天局加入。IADC 成立的宗旨是："在各国航天局之间交换有关空间碎片研究的资料，铺设就空间碎片问题方面开展国际合作的渠道,共同对控制空间碎片的措施开展研究与评价工作。"[50]

2000 年 2 月,IADC 指导小组会议上,提出由"空间碎片减缓工作组"制订一套能为 IADC 成员认可的空间碎片减缓标准的工作计划。2000 年 6 月,第 18 届 IADC 会议上,"空间碎片减缓工作组"成立研究小组开展相关文件的起草。2001年 3 月,第 19 届 IADC 会议上,讨论了上述研究小组所提交的一揽子文件(WGD01)。会上,中国、俄罗斯等国空间机构的代表提出将该文件命名为《空间碎片减缓准则》(WGD‐02)。2001 年 10 月,IADC 指导小组会议对《空间碎片减缓准则》进行了审议,并进一步提出修改意见。2002 年 4 月,第 20 届 IADC 会议进行了最终审议。至此,作为 IADC 正式文件的《空间碎片减缓准则》出台。IADC《空间碎片减缓准则》也是空间碎片减缓领域首个实质性的国际指导性文件,虽然其本身不具有法律约束力,但成为国际空间碎片减缓规则构建的重要基础[51]。

IADC《空间碎片减缓准则》构建了空间碎片减缓国际准则的框架[52],提出了空间碎片减缓的基本原则,包括防止在轨解体,寿命末期离轨,限制在轨运行期间释放物体。而这些基本原则也成为后续国际平台上制定空间碎片减缓的准则、国际标准的基础。IADC《空间碎片减缓准则》定义了空间碎片减缓有关的术语,分别是:空间碎片、空间系统、航天器、运载火箭、运载火箭轨道级、地球赤道半径、受保护区域、地球同步轨道、地球静止转移轨道、钝化、脱离轨道、变轨、碎裂、发射阶段、飞行任务阶段、处置阶段。其中,"空间碎片"的定义也被 COPUOS 的《空间碎片减缓准则》所采纳。同时,IADC《空间碎片减缓准则》还明确了航天器项目的空间碎片减缓的一般要求,包括空间碎片减缓实施的起始时间、空间碎片减缓的管理计划、评估和减少与空间碎片有关的危险计划、最大限度减少故障风险、空间碎片产生可能的措施、任务后的处置计划等。最后,IADC《空间碎片减缓准则》还提出了落实空间碎片减缓措施的要求,包括限制在正常运行期间释放碎片、最大限度减少在轨解体、任务后处置、防止在轨碰撞的发生。

简而言之,IADC 的《空间碎片减缓准则》为 COPUOS 的《空间碎片减缓准则》和其他区域性或专门性国际组织或机构制定的空间碎片减缓准则和标准奠定了基础。

5.2.5.3　COPUOS 平台上的空间碎片减缓规则发展

空间碎片问题也受到了联合国平台的关注。1990 年联合国大会及 45/73 号决议、46/45 号决议、48/19 号决议都曾提及空间碎片问题。1999 年,COPUOS 还发布了《关于空间碎片的技术报告》。IADC《空间碎片减缓准则》出台后,于 2003 年 2月提交 COPUOS。2004 年 12 月,COPUOS 科技小组成立"空间碎片工作组",在IADC《空间碎片减缓准则》的基础上开始研究讨论并起草空间碎片的相关减缓文件[53]。2007 年 6 月,COPUOS 正式通过了《空间碎片减缓准则》。COPUOS《空间碎片减缓准则》明确提出了会员国和国际组织应通过国家机制或各自的有关机制,自愿采取措施,确保通过空间碎片减缓做法,最大限度内执行这些准则。虽然COPUOS《空间碎片减缓准则》本身并无法律约束力,但其发布后,世界大多数国家表示愿遵守其规定的相关义务,并成为很多国家空间碎片领域立法的基础,成为受众最广的空间碎片减缓规则,COPUOS《空间碎片减缓准则》对于国际空间碎片减缓法律机制构建具有重要意义。

COPUOS《空间碎片减缓准则》成为国家和国际组织制定的空间碎片减缓准则和技术标准的实践基础。它考虑了 IADC《空间碎片减缓准则》的技术内容和基本定义,而同时基于国际组织以及国家对于空间碎片减缓的现行做法、标准、规则等[54]。COPUOS《空间碎片减缓准则》成为国际上受众最广的空间碎片减缓准则,具有普遍适用性。同时,COPUOS《空间碎片减缓准则》还总结了空间碎片的主要来源,并针对这些来源制定了七项原则性准则。COPUOS《空间碎片减缓准则》为各国提供空间碎片减缓指南,由各国通过国内立法、行政管理办法或政策性文件实施[52]。

5.2.5.4   COPUOS 空间片相关议题的后续进展

COPUOS《空间碎片减缓准则》通过后,2008 年联大 62/217 号决议核可COPUOS《空间碎片减缓准则》,同时,COPUOS 法律小组委员会将空间碎片减缓法律问题列入其审议的议题项目"与空间碎片减缓措施有关的国家机制方面的一般信息交流"[55]。该议题经 COPUOS 同意和联大核可,于 2009 年正式进入法律小组委员会第 48 届会议的审议议程[56]。2013 年起,该议题项目名称改为"与空间碎片减缓措施有关的法律机制方面的一般信息意见交流,同时考虑科学与技术小组委员会的工作"[57]。该议题是目前为止法律小组委员会唯一讨论空间碎片问题法律方面的议题,法律小组委员会的任务授权不包括审议空间碎片的实质性法律问题,也不包括详细分析 COPUOS《空间碎片减缓准则》的法律内容和效力,而是重点关注各国通过国家机制减缓空间碎片的做法和遵守该准则。从 2009 年起,法律小组委员会会议上审议该议题项目,形成了《各国和国际组织采纳的空间碎片减缓标准汇编》,以 COPUOS《空间碎片减缓准则》为基础确立了空间碎片减缓国际技术规范体系,同时,很多国家通过各自国内立法将其纳入了本国的空间政策和法律[52]。

5.2.6   空间使用核动力源

5.2.6.1   "空间使用核动力源"规则磋商背景

核动力源航天器与采用以化学能源、太阳能为供能方式的航天器相比,能够克服一些自然环境的影响,不再受制于太阳的影响,并大大提高了能源的效率且更适应深空探索等任务的需求。因此,发展核动力源具有重要的意义,也在未来航天器能源发展进程中具有战略意义。然而,核动力源航天器发展也带来了空间核安全问题,迄今为止,已发生多起空间核安全事故,包括 1973 年"雷达海洋侦察卫星"发射失败坠入太平洋；1978 年，"宇宙"号卫星再入时，产生放射性碎片散落在加拿大约 10 万平方千米的区域；以及 1983 年"宇宙"号卫星再入时坠入大西洋等核安全事故。

5.2.6.2　COPUOS 制定《核动力源原则》

核安全事故引发了国际社会对于在空间使用核动力源的担忧和关注。加拿大提出要规范核动力源的使用。1985 年，COPUOS 法律小组委员将"制定有关在空间使用核动力源的原则草案"列入议程项目，经过多年磋商，1992 年小组委员会致通过了《核动力源原则》。然而，《核动力源原则》制定时，当时只有放射性同位素加热器、放射性同位素热电产生器和空间核反应堆三种核动力源得到使用。后来又发展起来的核推进系统或新研发的核动力源类型。

《核动力源原则》包括序言和 11 条原则。在 COPUOS 科技小组委员会空间核动力源工作组也多次提出，随着技术和国家实践进步有必要对《核动力源原则》进行必要的修改。面向当前技术发展需求，《核动力源原则》比较集中的问题表现在如下几个方面，如适用范围亟待明确，《核动力源原则》中的"合理性"检验标准有待具体化，如其中用"充分""足够长"和"最小"等弹性措辞进行表述的问题。

5.2.6.3　COPUOS 与 IAEA 制定《外层空间核动力源应用安全框架》

COPUOS 的科技小组委员会和国际原子能机构（IAEA）于 2007 年起草《外层空间核动力源应用安全框架》，2009 年 4 月通过。2009 年 6 月，COPUOS 对其进行核可，科技小组委员会和国际原子能机构于 2009 年 12 月联合发布了《外层空间核动力源应用安全框架》。与《核动力源原则》的起草不同，COPUOS 法律小组委员会并未参与制定。《核动力源安全框架》包含在发射、轨道运行、寿命末期的核动力源应用的安全问题，由五部分组成，具体包括：前言、安全目标政府指南、管理指南和技术指南，最后附上了术语表。

《外层空间核动力源应用安全框架》的制定，并没有取代《核动力源原则》，《核动力源原则》仍然同时适用。相对而言，《外层空间核动力源应用安全框架》具有更广泛的应用，其重点在于保护地球的人和环境，不涉及深空领域。同时对政府、非政府和国际组织的行为进行规制。而《外层空间核动力源应用安全框架》也更加考虑新近的技术发展，更能代表当前对于核动力源使用的标准，对于核动力源的应用种类范围更广[58]。

5.2.6.4　"空间使用核动力源"议题磋商的后续进展

《核动力源原则》和《外层空间核动力源应用安全框架》为支持在外层空间安全使用核动力源提供了全面的基础，《外层空间核动力源应用安全框架》中提供的指导，已能够在《核动力源原则》获得通过以来知识和实践不断进步的基础上形成新的安全做法。《外层空间核动力源应用安全框架》的实际运用满足了《核动力源原则》的安全意图。"空间使用核动力源"议题的讨论中，广泛认为在外层空间使用核动力源应继续作为和平利用外层空间委员会及其两个小组委员会的最高优先专题,以期在多边框架内保持不断对这方面的现有安全法规进行评估。自 1995 年开始,COPUOS 科技小组委员会和法律小组委员会就开始对《核动力源原则》的审查和修订进行讨论,而主要的核动力技术发展大国都认为在技术问题没有解决的情况下,难以进一步制定规则,因此,对于《核动力源原则》的修订尚未进行实质性的推进。

5.3　对于建立空间交通管理磋商机制的展望

空间交通管理涉及复杂的政策、法律和技术问题,空间交通管理制度将需要评估迄今所取得的成果,并进一步规制这一复杂问题。空间交通管理机制的建立需要着眼于发射、运行、生命周期结束、处置和再进入各个阶段,同时需要工业、政府或政府间层面的协调。

当前,空间问题和规范制定国际交流的核心机构仍然是 COPUOS,由其外层空间事务厅(UNOOSA)秘书处提供服务。与空间交通管理方面相关的是,外层空间事务厅在联合国外空条约和原则下履行秘书长的职责方面的作用和职能的体现,包括进入外层空间的物体登记。许多专门的联合国机构和组织间接从事空间活动或利用空间应用的磋商平台。除联合国系统外,还有一些国际政府间组织在促进区域级别的空间研究、空间技术和空间应用方面的合作。例如,欧洲航天局、欧盟等其他组织,组织开展空间活动,并起草制定相关国际法律文件。此外,许多相关技术机构、协调委员会或其他形式的半制度化论坛都在致力于探索和利用外层空间的具体事项,如空间研究(COSPAR)、空间碎片(IADC)或军事空间活动(裁军谈判会议)。但是,尚无中央的、专门的全球政府间组织或专门的联合国机构,就像海事组织处理海事问题、国际电信联盟处理电信问题、国际民用航空组织处理航空问题那样。当前空间领域的磋商体制成为空间交通管理制度的磋商开展的一个挑战。

国际上提出了制定空间交通管理制度的两种途径[59]:一种是渐进式自下而上的方法,该方法将现有系统联系起来;或采用全面自上而下的方法,该方法为规制外层空间的人类活动创造一个共同的空间交通管理新框架。

5.3.1　建立渐进式自下而上的空间交通管理体制的磋商机制

不同磋商平台形成包含空间交通管理要素的多种文书,包括法律文件、政策文件、技术文件,均包含空间交通管理所需要的亟待解决的问题,构成空间交通管理所需的监管领域,以此为基础,构成自下而上的机制构建模式。然而,要遵循这一模式,就需要确保各种文书和规范之间的有效对话和一致性,以及制定或实施这些文书及规范的磋商平台间及决策机构的协调。

而与空间交通管理各个要素领域不同的磋商机制及决策机构将成为渐进式自下而上的机制构建的一个障碍。几乎所有磋商平台和决策机构都有不同的政治、法律或技术背景,不同的任务和不同的参与者,这使得他们能够很好地关注他们所处理的主题事项,但却导致实现必要的协调成为问题。许多国际磋商平台和机构,如 COPUOS、裁军谈判会议、ITU、ICAO,他们对于制定与空间交通管理相关的重要事项磋商,相互之间并没有正式的往来或进行定期对话机制,但他们也有就某些关键问题相互协调的范例。联合国外层空间事务厅(UNOOSA)与国际电信联盟(ITU)之间以及联合国外层空间事务厅(UNOOSA)和国际民用航空组织(ICAO)之间的既定对话可成为更好协调的核心,甚至可能发展成三方之间的协调。然而,这只会涉及协调问题,而不涉及空间交通管理制度的决策机构设置。

渐进式自下而上方法的优点在于能够相对优先处理关键问题。这是以分散为代价的,无论是在主题、手段特征和结构方面,都可能导致不一致。鉴于各国不断制定和通过具有法律约束力的新文本,自下而上法今天已成为现实,而这应该预示着审查、制定并最终实施一种更全面的制度需要来自各方共同努力。

在制定、应用和核实这些规则的时候,协调工作至关重要。通过逐步地协调,最终将不同要素有关的制度最终形成空间交通管理制度,这必然将要花费大量的时间和精力。因此,自下而上式的空间交通管理制度构建模式是渐进式的,也需要对不同要素领域进行优先级的排序,需要逐渐地相互协调。

5.3.2　建立全面的自上而下的空间交通管理体制的磋商机制

自下而上的方法需要协调与空间活动有关的现有制度或未来的制度,而自上而下的办法旨在从更广泛的意义上建立一个全面和兼容的空间交通管理制度。

现有的五项联合国空间条约、COPUOS 背景下通过的案文以及 ITU 和 ICAO 等其他国际机构的法律文书之中所包含的空间交通管理要素将成为建立空间交通管理体制的基准。应对现有相关要素的法律文件、技术性质的文件进行评估。主要包括:现有的国际法和(适用的)国内立法;外交举措、论坛和现有的工作组;相关技术法规,以及尚未涵盖的要素,特别是尚未在国际上进行讨论的要素。

当前有大量的谈判和讨论论坛,其中与空间交通管理相关的举措已经被采纳或将在未来采取。其中,COPUOS 的核心职能是:由联合国大会设立,负责处理空间活动的所有法律问题。鉴于 COPUOS 在空间法的确立和发展方面的中心作用,要求就空间交通管理范围内建立全面的空间交通管理体系进行初步政府间讨论是一个公平的提议。为此,COPUOS 应充分处理和整合其他磋商平台,特别是 ITU、ICAO 以及其他非政府组织。尽管 COPUOS 可以在早期就空间交通管理展开讨论,但就全面的空间交通管理系统进行进一步谈判将需要所有 COPUOS 成员国参与,并最终要求联合国所有成员国参与。对于建立全面空间交通管理体系的全球会议来说，UNOOSA 可被视为适当的秘书处。

政府间讨论可在 COPUOS 开始，但在某个时候可转入单独的特设外交论坛。COPUOS 内部的工作应在两个小组委员会之间以最密切的协调方式进行，并以相关工作组的"多年工作计划"为基础。在参与范围上，该工作组应面向五项外空条约的所有缔约国和联合国所有其他成员国开放。从而开启全面的空间交通管理体制进行谈判。

5.4 小   结

到目前为止，还没有针对空间交通管理问题专门的谈判，但在 COPUOS、联合国裁军与国际安全委员会、裁军谈判会议、区域组织平台上发展了多个与空间交通管理要素相关的谈判议题。如在联合国框架内，联合国裁军与国际安全委员会平台上主要发展了"透明度和建立信任措施"谈判，COPUOS 平台上，发展了"空间核动力源""空间碎片减缓"和"外空活动长期可持续性"（LTS）等议题。在裁军谈判会议平台中俄发起了《防止在外空防止武器和对外空物体使用或威胁使用武力条约》（草案）（PPWT 草案）谈判。此外，在区域组织层面，欧盟发起《外空活动行为准则》（ICOC）谈判。这些谈判的发展对空间交通管理中涉及空间安全、空间可持续利用、防止空间武器化、空间活动透明度等问题的规则发展奠定了基础，有利于推进国际社会对相关问题今后达成共识。

空间交通管理问题是一个国际性的问题，未来的制度磋商或将采取两种可能的方式推进。一种是渐进式自下而上的方法，该方法将现有系统联系起来，或采用全面自上而下的方法，该方法为规制外层空间的人类活动创造一个共同的空间交通管理新框架。前者有利于尽快启动，推进优先处理一些关键问题，而后者将减少后期的协调工作。

参考文献

[1] 尹玉海,颜永亮.浅析外空活动长期可持续性的国际合作问题[J].北京航空航天大学学报(社会科学版),2017,30(2)：37 - 45.

[2] 联合国.第 45/55B 号决议[Z],1990.

[3] 联合国.第 48/74B 号决议[Z],1994.

[4] 联合国.第 60/66 号决议[Z],2005.

[5] 联合国.第 61/58 号决议[Z],2006.

[6] 联合国.第 61/75 号决议[Z],2006.

[7] 联合国.第 62/43 号决议[Z],2007.

[8] 联合国.第 63/68 号决议[Z],2008.

[9] 高国柱.欧盟《外空活动行为准则》草案评析[J].北京航空航天大学学报(社会科学版),2010,23(4):18-23.

[10] 联合国.文件 A/62/114/Add.1[Z],2007.

[11] Rathgeber W, Remuss N L, Schrogl K U. Space Security and the European Code of Conduct for Outer Space Activities[C/OL]. [2019-10-15]. Disarmament Forum,2009:33-41. https://www.peacepalacelibrary.nl/ebooks/files/UNIDIR_pdf-art2909.pdf.

[12] 李寿平.从欧盟空间政策新发展看欧洲空间政策的前景[J].北京航空航天大学学报(社会科学版),2012,25(3):28-33.

[13] Chow T. Draft International Code of Conduct for Outer Space Activities Fact Sheet[EB/OL]. [2019-10-20]. https://swfound.org/media/83247/icoc_factsheet_may2013.pdf.

[14] 曹永根.防止外空武器化的法律途经[D].哈尔滨:哈尔滨工业大学,2010.

[15] 联合国.裁军谈判会议工作文件 CD/1679[Z],2002.

[16] 联合国.裁军谈判会议工作文件 CD/1781[Z],2006.

[17] 联合国.裁军谈判会议工作文件 CD/1839[Z],2008.

[18] Tronchetti F, Liu H. The 2014 updated Draft PPWT: Hitting the spot or missing the mark? [J] Space Policy, 2015, 33(1):38-49.

[19] Rose F. Deputy assistant secretary, Bureau of Verification, compliance, and implementation US Department of State[C]. Conference on Disarmament, 2010.

[20] Ambassador H E A. Borodavkin to the Plenary Meeting of the Conference on Disarmament [EB/OL]. [2019-11-01]. https://www.rusemb.org.uk/foreignpolicy/608.

[21] 联合国.联合国大会决议 A/Res/68/29[Z],2013.

[22] 赵云.外层空间法中的热点问题评议[J].北京航空航天大学学报(社会科学版),2010,23(1):42-48.

[23] 何奇松.太空透明与信任建设机制刍议[J].社会科学,2012(12):12-24.

[24] 王国语.外空透明与建立信任措施及中国的立场[J].中国航天,2012(9):35-38.

[25] 何奇松.约束太空武器化法律机制的困境及其出路[J].北京理工大学学报(社会科学版),2012,14(5):89-96,127.

[26] 联合国.决议 A/48/305[Z],1993.

[27] 毛国辉.太空安全监管法律机制刍议[J].国防科技期刊,2014.35(6):54-58.

[28] 王国语.论中国《航天法》立法的必要性与可行性[J].北京理工大学学报(社会科学版),2012.14(6):101-108.

[29] Johnson C. The UN group of governmental experts on space TCBMs[R]. Broomfield:Secure World Foundation, 2014.

[30] 联合国.决议 A/68/189[Z],2013.

[31] 联合国.决议 A/Res/68/50[Z],2013.

[32] Rose F A. U. S. perspective on the importance of the GGE[C]. Tokyo:Third International Symposium on Sustainable Space Development and Utilization for Humankind, 2014.

[33] 联合国.联合国和平利用外层空间委员会报告[R].纽约:联合国,2014.

[34] 联合国外空委.外层空间活动透明度和建立信任措施问题政府专家组的建议:和平利用外层空间委员会会员国的观点[Z],2015.

[35] 联合国外空委.和平利用外层空间委员会成员国关于外层空间活动中的透明度和建立信

任措施的意见[Z],2017.

[36]   尹玉海,颜永亮.外空活动长期可持续性面临的挑战及对策[J].北京航空航天大学学报(社会科学版),2016,29(2):20-25.

[37]   联合国外空委.科学和技术小组委员会外层空间活动长期可持续性工作组的职权范围和工作方法[Z],2011.

[38]   尹玉海,颜永亮.浅析外空活动长期可持续性的国际合作问题[J].北京航空航天大学学报(社会科学版),2017,30(2):37-45.

[39]   联合国外空委.联合国和平利用外层空间委员会的报告[R].纽约:联合国,2009.

[40]   联合国外空委.联合国和平利用外层空间委员会科学和技术小组委员会第四十七届会议报告[R].纽约:联合国,2010.

[41]   联合国外空委.联合国和平利用外层空间委员会的报告[R].纽约:联合国,2011.

[42]   王国语,袁杰,马东雪.联合国外空活动可持续性准则谈判焦点及趋势分析[J].中国航天,2017(12):30-34.

[43]   联合国外空委.联合国和平利用外层空间委员会的报告[R].纽约:联合国,2014.

[44]   联合国外空委.外层空间活动长期可持续性工作组报告草稿提案和一套初步准则草案[Z],2016.

[45]   联合国外空委.外层空间活动长期可持续性准则草案修订稿[Z],2014.

[46]   联合国外空委.联合国和平利用外层空间委员会报告[R].纽约:联合国,2016.

[47]   UNCOUPOUS. The consolidated text of the agreed guidelines as of the end of the Working Group's mandate is contained in document[Z], 2018.

[48]   UNCOUPOUS. Draft guidelines for the long-term sustainability of outer space activities[Z], 2018.

[49]   UNCOUPOUS. Long-term sustainability of outer space activities: Proposal to adopt and refer to the General Assembly for endorsement the Compendium of Guidelines for the Long-term Sustainability of Outer Space Activities[Z], 2018.

[50]   United Nations. Tehnical report on space debris United Nations[R]. New York: United Nations, 1999.

[51]   冯国栋.空间碎片减控国际法律规则研究[J].北京航空航天大学学报(社会科学版),2017(1):37-37.

[52]   廖敏文.论国家空间立法在空间碎片减缓国际准则法律化中的作用[J].中国空间法年刊,2016:42-81.

[53]   联合国外空委和平利用外层空间委员会科学和技术分委员会报告[R].纽约:联合国,2003.

[54]   联合国外空委.空间碎片减缓准则[Z],2007.

[55]   联合国外空委.联合国外空委法律小组委员会第47届会议报告[R].纽约:联合国,2008.

[56]   联合国外空委.联合国外空委法律小组委员会第48届会议报告[R].纽约:联合国,2009.

[57]   联合国外空委.联合国外空委法律小组委员会第52届会议报告[R].纽约:联合国,2013.

[58]   王国语,吕瑞.空间核动力源应用国际规则现状与发展分析[J].中国航天,2016(9):40-44.

[59]   IAA. Space traffic management-towards a roadmap for implementation[R], 2018.

第6章
国家和区域层面空间交通管理的政策和法律

国内立法不仅是治理本国空间活动的重要手段,也是国家参与空间治理的重要抓手。由于空间环境的不断恶化,国际社会从 20 世纪 90 年代起就呼吁进行空间交通管理,但目前尚无综合性的空间交通管理政策来指导空间交通管理规则的建立。近年来,各国及区域组织出于自身需要,开始探索各自空间交通管理制度的制定,试图引领未来相关领域的发展,美国和欧洲在这方面已经先行一步(图 6-1)。

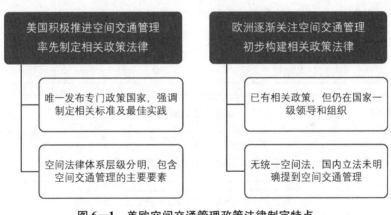

图 6-1　美欧空间交通管理政策法律制定特点

6.1　美国空间交通管理政策和法律

美国出于巩固其在全球空间领域的领导地位、掌握规则制定主导权的考虑,积极推进国内空间交通管理工作的开展。美国航天政策由来已久,且法律体系完备,通过总统发布航天政策的方式来宣示立场,政策逐步转化固定为法律,二者迭代互补,为空间交通管理相关制度的出台奠定基础。

6.1.1　美国空间交通管理相关政策
美国于 1958 年 1 月发射了其首颗人造卫星"探险者-1"。六十余年来,美国执政党几经更迭,但每届政府都把航天政策视为国策,把进入和利用空间当作维护国家安全利益、获取民用和商业利益的重要途径。随着近年来商业航天的飞速发展,空间环境愈发拥挤并进一步恶化,因此美国开始积极发展空间交通管理,力争占据本领域规则制定的主导权,并于 2018 年发布首部综合性空间交通管理政策,正式揭开了发展空间交通管理的序幕。

6.1.1.1 《国家空间交通管理政策》出台背景

美国对空间交通管理的需求与紧迫性随着科技的发展日益增长,与空间交通管理有关的规定在航天政策中不断具体化并最终形成单独的政策。

20 世纪初期,人类对外层空间的研究与发展尚处于起步阶段,外层空间研究和技术发展真正成为国家安全政策和国家科技政策的一部分,则始于艾森豪威尔政府(1953~1961 年)时期。此后,每任总统均提出自己的航天政策,政策内容虽有所不同,但始终体现了使美国在多领域中占领先地位的目标(图 6-2)。冷战后,世界上政治经济环境发生了诸多变化,美国的航天政策面临着新的调整(图 6-3)。

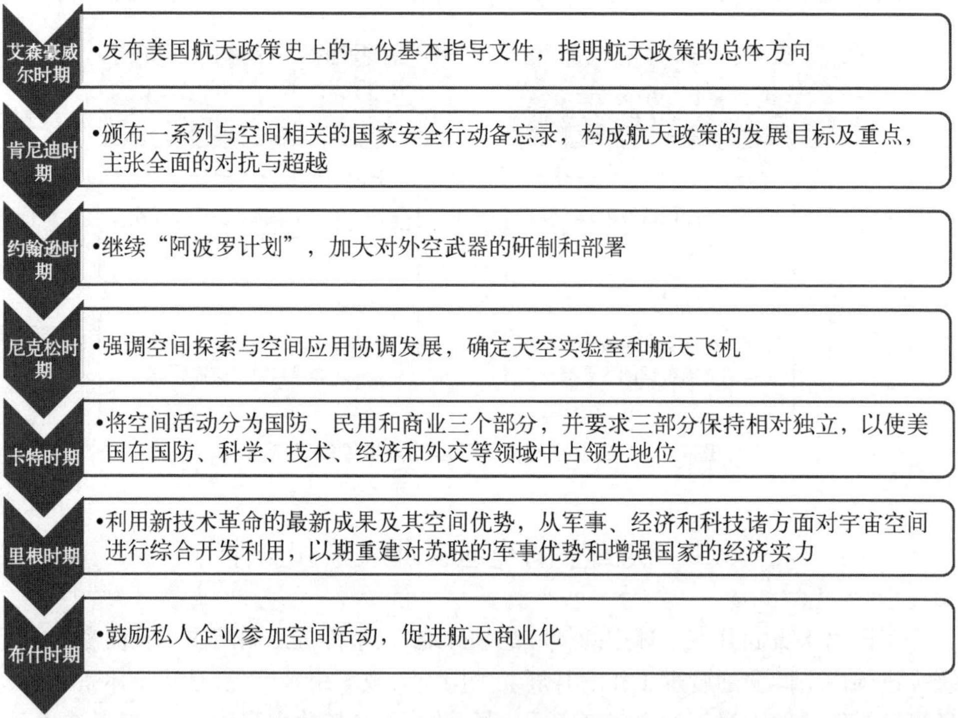

艾森豪威尔时期	•发布美国航天政策史上的一份基本指导文件,指明航天政策的总体方向
肯尼迪时期	•颁布一系列与空间相关的国家安全行动备忘录,构成航天政策的发展目标及重点,主张全面的对抗与超越
约翰逊时期	•继续"阿波罗计划",加大对外空武器的研制和部署
尼克松时期	•强调空间探索与空间应用协调发展,确定天空实验室和航天飞机
卡特时期	•将空间活动分为国防、民用和商业三个部分,并要求三部分保持相对独立,以使美国在国防、科学、技术、经济和外交等领域中占领先地位
里根时期	•利用新技术革命的最新成果及其空间优势,从军事、经济和科技诸方面对宇宙空间进行综合开发利用,以期重建对苏联的军事优势和增强国家的经济实力
布什时期	•鼓励私人企业参加空间活动,促进航天商业化

图 6-2　冷战时期美国航天政策

自 2017 年 1 月特朗普就任美国总统以来,对空间领域更为重视。为维持美国在世界空间领域的霸权地位,特朗普政府重启了搁置 25 年的美国国家航天委员会,并制定了美国首个《国家航天战略》,秉承了特朗普政府的"美国优先"理念。

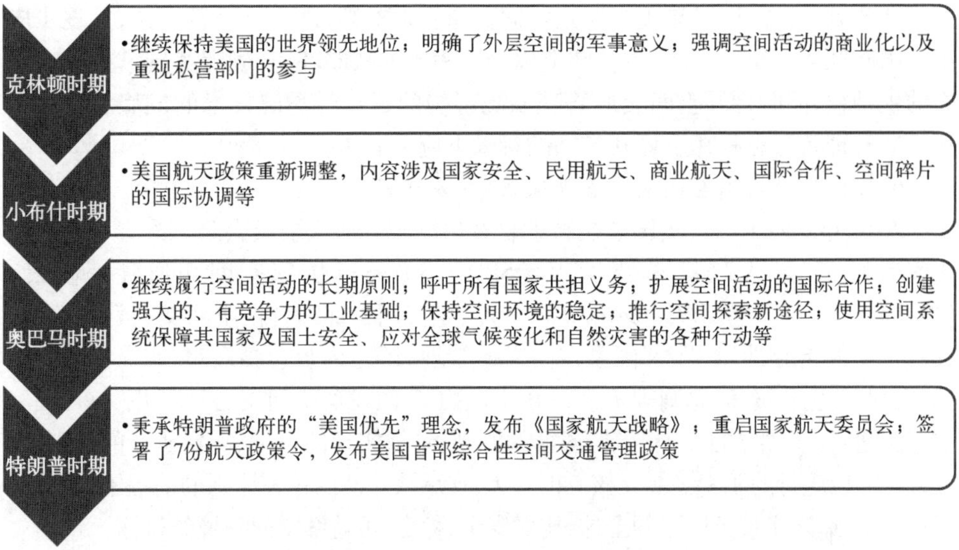

克林顿时期	·继续保持美国的世界领先地位；明确了外层空间的军事意义；强调空间活动的商业化以及重视私营部门的参与
小布什时期	·美国航天政策重新调整，内容涉及国家安全、民用航天、商业航天、国际合作、空间碎片的国际协调等
奥巴马时期	·继续履行空间活动的长期原则；呼吁所有国家共担义务；扩展空间活动的国际合作；创建强大的、有竞争力的工业基础；保持空间环境的稳定；推行空间探索新途径；使用空间系统保障其国家及国土安全、应对全球气候变化和自然灾害的各种行动等
特朗普时期	·秉承特朗普政府的"美国优先"理念，发布《国家航天战略》；重启国家航天委员会；签署了7份航天政策令，发布美国首部综合性空间交通管理政策

图 6 - 3　冷战后美国航天政策

此外,特朗普共签署了 7 份航天政策令(SPD),美国首部综合性空间交通管理政策就包含其中(图 6 - 4)。

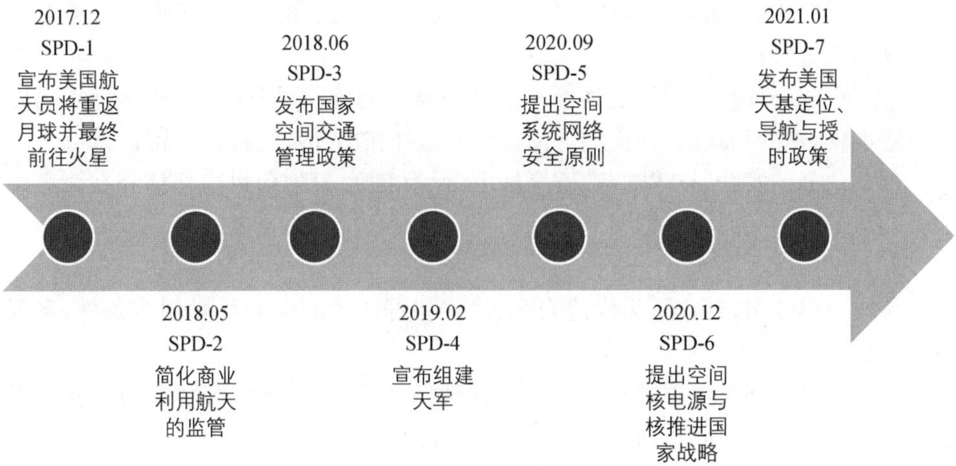

2017.12 SPD-1 宣布美国航天员将重返月球并最终前往火星

2018.05 SPD-2 简化商业利用航天的监管

2018.06 SPD-3 发布国家空间交通管理政策

2019.02 SPD-4 宣布组建天军

2020.09 SPD-5 提出空间系统网络安全原则

2020.12 SPD-6 提出空间核电源与核推进国家战略

2021.01 SPD-7 发布美国天基定位、导航与授时政策

图 6 - 4　特朗普时期共签署 7 份航天政策令

此时,为应对日益拥挤的空间环境,美国意识到需要发展更加成熟的空间交通管理制度,来支持空间碎片减缓和避碰决策,保证航天器现在和未来的空间运行安全,同时也能确保美国在空间领域的领导地位。随着空间态势感知业务日益繁重,国防部越来越不堪重负,美国需要将国防部空间目标编目数据的公开部分及相应的业务移交给国家商务部,确保国防部专注于美国至上的空间安全。此外,美国需

要一项政策的出台以指导美国制定空间交通管理准则,进一步完善立法,并逐步应用到国际社会与全球领域,主动塑造以美国为主的战略环境,确保美国掌握战略层面的主动权,同时指导空间交通管理系统架构的建立与系统技术的发展。美国空间交通管理政策也是在上述几方面的背景下应运而生。

6.1.1.2　《国家空间交通管理政策》主要内容

2018 年 6 月 18 日,美国总统特朗普在出席国家航天委员会第三次会议期间正式签署发布"航天政策 3 号令"[1](SPD - 3)——《国家空间交通管理政策》(*National Space Traffic Management Policy*),是美国首部综合性空间交通管理政策,具有重要的指导性意义。《国家空间交通管理政策》内容包括政策、定义、原则、目标、准则、角色和责任、总则等 7 个部分,阐述了美国发展空间交通管理并发布《国家空间交通管理政策》的相关背景、遵循的原则、希望实现的目标、需要执行的准则,以及各机构应履行的职责等。其核心内容为,在承认并遵循相关原则的前提下,执行一系列的准则,来实现美国引领全球,构建安全、稳定、可持续空间环境的目标。

1. 四个原则

《国家空间交通管理政策》提出美国承认且鼓励其他国家承认以下原则:

(1)空间活动的安全、稳定和可持续性,是开展各项商业、民用和国家安全空间活动的基础;

(2)及时的、可作为追责依据的空间态势感知数据和空间交通管理服务对空间活动至关重要;

(3)空间碎片对空间系统运行构成越来越大的威胁,因此应定期修订空间碎片减缓准则、标准和政策,在美国国内推行实施并在国际范围推广采用;

(4)由最佳实践、技术规范、安全标准、行为准则、发射前风险评估和在轨避碰服务构成的空间交通管理框架对于维护空间运行环境至关重要。

2. 九个目标

美国应继续引领全球,为构建安全、稳定和可持续的空间环境创造条件,实现以下目标:

(1)推动空间态势感知和空间交通管理科技进步,美国应继续参与和支持促进空间态势感知和空间交通管理实际应用的科技研发;

(2)减缓空间碎片对空间活动的影响,有必要对现有空间碎片减缓准则和做法进行更新,以更为有效和高效地制定并遵守国际通用的相关标准;

(3)支持和提升美国商业航天在科技、空间态势感知和空间交通管理领域的领导力,美国政府应该简化管理流程,减少可能阻碍商业航天增长和创新的监管制约;

(4)向公众提供来自美国政府的基础性空间态势感知数据和空间交通管理服务;

(5)改善空间态势感知数据互操作性,更大程度地实现空间态势感知数据共

享,美国应致力于带领全球各国制订改进的空间态势感知数据标准和信息共享准则;

（6）美国支持制定空间交通管理业务标准和最佳实践,以促进安全和负责任的空间行为;

（7）防止非有意的无线电射频干扰;

（8）改进本国的空间物体登记制度;

（9）制定未来美国空间活动政策和准则。

3. 三个准则

《国家空间交通管理政策》提出美国各部门应遵循以下准则。

1）确保空间运行环境的完整性

提高空间态势感知覆盖率和准确性。美国应致力于通过空间态势感知数据共享、购买空间态势感知数据或增加新的传感器等方式,把空间态势感知能力缺口降到最小;应发展更强大的空间目标跟踪能力,采用新的空间碎片编目方法,并为碰撞预警建立可行的数据质量门槛,以尽量减少虚警;应利用政府和商业部门在科学技术领域的投资,推进和加强空间态势感知的概念研究和能力建设,以支持空间碎片减缓和避碰决策。

建立开放体系结构的空间态势感知数据库。随着可用的空间目标探测数据源的不断增加,美国空间态势感知数据库有机会纳入民用、商业、国际和其他可用数据,支持用户加强和完善这项工作。为了促进与卫星运营方共享更多数据,并支持增强型空间安全服务的商业开发,美国必须制定开放架构数据库的标准和协议。同时,为了促进这种增强的数据共享,美国选择国家商务部依据适用法律对国防部空间物体编目数据的公开部分负责,并管理开放架构的数据库。

减缓空间碎片。美国应制定新的标准实践协议,以设定 21 世纪空间安全运行的更广泛预期。这些顶层做法将为美国工业界和向国际推广有效且高效的空间安全实践提供一条途径。美国应该把主动清除空间碎片作为确保关键轨道运行安全的必要长期途径。

2）在拥挤的空间环境中运行

最低安全标准和最佳实践。美国应通过适当立法或发放牌照,最终将适当的准则和最佳实践纳入联邦法律法规。这些准则应覆盖从卫星方案设计到寿命末期的所有阶段的协议。

在轨避碰支持服务。及时预警潜在碰撞对于确保各方空间活动安全至关重要。美国应该:依据持续更新的卫星编目数据提供服务;采用自动化避碰流程;提供可行且及时的碰撞评估;向运营方提供数据,以便其评估机动方案。

3）全球背景下的空间交通管理战略

防止在轨碰撞的协定。随着全球卫星活动的增加,低地球轨道更加拥挤,美国应该制定一套标准来缓解空间轨道日益拥挤带来的碰撞风险,特别是对于大型卫星星座。这需要适当的方法,其中可能包括为卫星星座颁发指定运行空间的牌照,并为需要穿过这一空间运行的其他卫星设立审批流程。

无线电频谱干扰防护。在无线电频谱干扰防护方面,美国应该做好以下工作:研究结合空间交通管理系统、标准和最佳实践的发展来解决频谱问题的优势;提升频谱使用的灵活性,并调研新兴技术以利于促进空间系统潜在应用;确保与频谱相关的空间交通管理活动能够获得所需的频谱。

全球参与。美国作为全球主要航天国家,应继续制定和推广一系列行为准则、最佳实践和空间安全操作标准,以尽量减少空间碎片,促进全球空间活动数据共享和协调。其他航天国家也应为所有航天国家的共同利益采纳最佳实践。

6.1.1.3 《国家空间交通管理政策》后续影响

美国2018年出台《国家空间交通管理政策》,提出其为实现美国在空间交通管理领域的领导地位,构建安全、稳定和可持续的空间环境这一目标,一方面积极推进空间态势感知、空间交通管理等领域的科研发展与技术进步,另一方面将向个人和实体运营商提供"空间安全数据和服务"及其他空间交通管理的工作从国防部移交至国家商务部,商务部将制定一个开放式的空间态势感知数据共享架构,改善空间态势感知数据的共享性与互操作性。

依照《国家空间交通管理政策》要求,美国商务部的航天贸易办公室(Office of Space Commerce)将接替国防部,负责空间物体在轨碰撞评估与告警等非军事方面的事项管理。航天贸易办公室隶属于美国商务部国家海洋和大气管理局(NOAA)国家环境卫星数据和信息服务部门,其职能包括:

(1)为美国航天商业经济增长和技术进步创造条件;

(2)协调商务部内部关于航天贸易政策的问题和行动;

(3)代表美国商务部制定美国政策,并与外国进行谈判以促进美国航天贸易发展;

(4)与有关机构合作,促进美国与航天贸易相关的地理空间技术进步;

(5)为编制天基定位、导航和授时政策的联邦政府组织提供支持,包括国家天基定位、导航和授时执行委员会。

商务部在2020财年预算方案中计划将航天贸易办公室和商业遥感监管事务办公室合并,并划归商务部部长办公室领导,但因2020年7月美众议院通过的《2021财年支出法案》拒绝了航天贸易办公室2021财年1 500万美元的预算申请而被搁置。美国国会2020财年划拨50万美元给商务部,用于委托国家公共行政管理学院研究最适合接管空间交通管理的部门,后者于2020年8月发布《空间交通管理》报告,指出航天贸易办公室为最适合行使空间交通管理职能的民政机构。2020年12月,航天贸易办公室得到国会批准,开始进行民用空间态势感知试点计划。

此次改革既能够以此为契机获取全球空间目标的实时轨道信息,获取全球空间信息,也可以使美国国防部重点发展空间军事力量,保证美国空间安全。此外,美国通过制定全球范围内的空间避碰标准与技术准则,并为未来进入可运行空间的卫星执行审批手续,向审批通过的卫星进入指定运行空间颁发准入牌照,以掌握未来全球卫星的管理权,获取全球卫星的实时信息。

6.1.2　美国空间交通管理相关法律

美国是最先开展国内空间立法的国家,其在不断研发新技术,探索外层空间的同时,也在不断颁布和推行各项空间法律法规。美国在《国家空间交通管理政策》中明确提出要通过国内立法实践主导促进国际规则的制定。从空间交通管理的维度来看,虽少有专门性的规则颁布,但空间交通管理的主要要素均已包含在美国相关规则的制定中,并且有所侧重,体现美国的政策纲领。

6.1.2.1　美国空间法律体系

美国空间法律体系可划分为联邦层级和地方层级(图 6-5)。

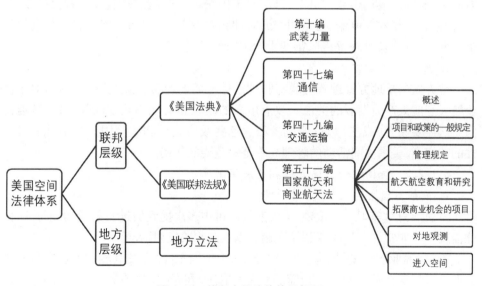

图 6-5　美国空间法律体系框架

1. 联邦层级

1) 美国法典

《美国法典》(USC)是美国联邦立法文件的汇编,是联邦法律唯一的官方编撰,具有法律效力。《美国法典》编撰的法律的制定主体是国会,并由国会颁布。其中与空间交通管理较为相关的章节共有四编,分别是第十编、第四十七编、第四十九编及第五十一编。

第十编"武装力量"中对导航相关活动做出规定,由国防部长负责全球定位系统基础服务的运营,通过制定相应措施以确保美国武装部队的有效使用,维护美国国家安全利益。第四十七编"通信"中,对通信相关法律做出了规定,提出联邦通信委员会是根据法律成立的独立监管机构。在第四十九编"交通运输"中对差分全球定位系统进行了规范。

2010 年 12 月 18 日,美国通过立法程序,决定将《美国法典》由五十编增加第五十一编"国家航天和商业航天法",这也是美国空间法律制度最核心的部分。形式上,第五十一编不仅是美国空间法律的汇编,也是一部独立的法律,是美国空间法体系中最重要、最系统、最全面的法律渊源。《美国法典》第五十一编包括 7 个分编:概述、项目和政策的一般规定、管理规定、航空航天教育和研究、拓展商业机会的项目、对地观测、进入空间。

2)美国联邦法规

《美国联邦法规》(CFR)是对管理性规则的汇编,这些管理性规则的制定主体是各联邦部门和机构,由国家档案记录局联邦登记处发行。《美国联邦法规》的效力低于《美国法典》,但在法庭上可以与《美国法典》同样被援引,作为判决的依据。《美国联邦法规》共 50 编,与空间交通管理相关章节有:第十四编"航空与航天"、第十五编"商业及对外贸易"、第四十七编"通信"等。

2. 地方层级

地方立法是地方管理者与联邦管理主体之间的纽带,体现了地方政府对于商业航天和航天产业发展的关注。政府层面的政策和文件不属于联邦法律,政府部门立法需要国会(或法律)的明确授权。这些政府文件和政策因其灵活性和针对性的特点,对美国空间活动的管理起着至关重要的作用。

6.1.2.2　美国空间交通管理相关法律制度

1. 发射与返回再入相关法律制度

发射能力对美国非常重要,美国航天政策中多次提到促进发射及运输行业,因此需要一个非常详细的法律和管理制度以规制相关发射活动。

美国《商业航天发射法》(CSLA)于 1984 年颁布,法案及其相关实施条例管理商业航天发射活动,经修订的《商业航天发射法》在《美国法典》第五十一编中重新编纂。《商业航天发射法》规定由美国联邦航空管理局商业运输部部长负责授权和规范许可证持有人在符合公共和国家安全的前提下进行发射和再入活动,并对实施和执行的保险及财务责任进行规定,鼓励私营部门进行商业航天发射返回活动,同时对违反法案的行为进行调查和处罚。相关实施规则列入在《美国联邦法规》第十四编第三章,但业余火箭活动不受该部分规定限制,而是由美国联邦航空管理局航空交通组织根据《美国联邦法规》第十四编第一章进行管理。

根据《商业航天发射法》的要求发放或转让的许可将用于下列事项:在美国境

内发射、操作发射或再入运载火箭(发射-再入活动)的人员;在美国境外进行发射-再入活动的美国公民;在涉及外国政府的特定情况下在美国境外进行发射-再入活动的美国公民[2]。《美国联邦法规》第十四编中的法案实施条例规定了发射许可证的程序;经营发射场的牌照;可重复使用的运载火箭的发射和再入许可证;经营重返大气层场地的牌照;可重复使用运载火箭以外的运载工具再入许可证[3]。

2. 在轨相关法律制度(图 6-6)

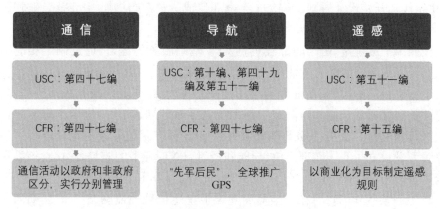

图 6-6　在轨相关法律制度分布情况

1) 通信相关法律制度

通信卫星是外层空间最普遍的商业用途。1934 年的《通信法》(The Communications Act)是美国整个通信部门基本的立法框架,是继美国宪法后的基础性法定参考文献,经修订之后《通信法》被列入《美国法典》第四十七编。

美国联邦通信委员会(FCC)是根据《通信法》成立的独立监管机构,负责为州际和国际的以无线电、电视、卫星和线缆方式提供的通信制定规则,直接向国会负责。联邦通信委员会的权力范围并不包含美国政府机构拥有和运营的卫星系统[4]。也就是说,联邦通信委员会是美国非政府卫星活动的频率管理机构,而美国政府的卫星活动是受国家电信和信息管理局(NTIA)管理。联邦通信委员会只对与美国境内站点通信的卫星有管辖权。因此,只要不涉及美国的着陆权,美国公民就可以在没有联邦通信委员会授权的情况下,通过外国政府的许可,自由操作通信卫星[5]。美国国家电信和信息管理局负责管理美国政府机构使用无线电频谱,并为属于和由其运营的无线电台和电台类别进行频率指配状态[6]。

空间通信的有关法规被囊括在《美国联邦法规》第四十七编中,对联邦通信委员会的组织机构及各种电信业务管理进行了规定,包括建立台(站)申请程序、执照、电台审批要求、电台执照资格要求、收费、技术标准及操作、每种业务使用的频率和频道以及协调程序等都做了详细的规定。其中第二十五部分是关于卫星通信的法律规范,具体包括一般性规定、申请与许可、技术标准、技术操作、其他条款等,其中申请与许可部分详细规定了地面电台和空间电台的申请和审批过程、空间电台操作者的具体要求等内容[7]。几十年来，国际电联和联邦通信委员会的条例使数以千计的通信卫星能够有效地提供电视广播、移动卫星服务、电话通信和其他用途的服务，而不受有害的无线电频率干扰。

2）导航相关法律制度

利用导航卫星进行测时和测距的卫星导航系统（GPS）由美国国防部于 20 世纪 70 年代初开始设计研制，于 1993 年全部建成。《美国法典》中涉及导航相关规定的为第十编、第四十九编及第五十一编。

按照第十编规定，由国防部长负责 GPS 基础服务的运营，通过制定相应措施以确保美国武装部队的有效使用，维护美国国家安全利益，同时也应在全球范围内为出于和平目的的民用、商业和科学用途提供 GPS 标准定位服务的维持和操作。国防部长和交通部长应共同制定联邦无线电导航计划，该计划应至少每两年进行一次修订和更新。条文对 GPS 基础服务及 GPS 标准定位服务的定义进行了规范和说明[8]。设立了对国防部定位、导航和授时（PNT）业务的监督委员会，该委员会负责监督国防部 PNT 企业，包括向民用、商业、科学和国际用户提供的 PNT 服务[9]。限制某些外国政府在美国境内建设卫星定位地面监测站[10]。在第四十九编中对差分全球定位系统做出了规定[11]。第五十一编中则强调鼓励全球范围内持续免费使用 GPS，在国际上推广 GPS 作为国际标准[12]。

3）遥感相关法律制度

美国目前已制定了以政策、法律和规章为基础的法律制度，是美国发展和管理遥感领域的方针与准则，对美国遥感卫星系统的建设、应用、产业化发展至关重要。

1984 年，美国通过《地面遥感商业化法》，试图将私营实体引入"地面卫星"计划，分段实现地面遥感商业化。1992 年美国颁布《地面遥感政策法》（*The Land Remote Sensing Policy Act*），同时废止 1984 年的《地面遥感商业化法》。《地面遥感政策法》相关规定原被收录在《美国法典》第十五编第八十二章，经几次修订后于《美国法典》第五十一编第六百零一章中重新编纂。

《地面遥感政策法》及其相关条例管理着商业遥感业务，以促进数据商业市场的发展，推动实现地面遥感商业化的长期目标，促进国际贸易，鼓励国家间的商业和科学合作。《地面遥感政策法》授权商务部长授予私人商业遥感卫星系统许可，并根据商业条款向外国政府和其他用户提供私人遥感系统和政府系统产生的未增强的数据[13]。"未增强的数据"在某种程度上被定义为"未经处理或仅需进行数据预处理的遥感信号或图像产品"[14]。任何受美国管辖或控制的人在没有美国国防部长颁发的许可证的情况下，经营私人遥感空间系统都是非法的[15]。商务部长已将其权力授予美国国家海洋和大气管理局，美国国家海洋和大气管理局关于私人遥感卫星系统许可的规定在《美国联邦法规》第十五编第九百六十部分，包括许可要求和执行程序等,并在附录中提供了许可证申请中应包含的文件说明和信息。

另外,规范许可证发放的法规还有《私营空间地面遥感系统授权许可的最终规定》和《私营空间遥感系统许可总则》。其中前者规定运营商向美国国家海洋和大气管理局的卫星与信息服务部门提出申请,美国国家海洋和大气管理局将申请转发国防部等其他审查机构,其中国防部负责国家安全方面的审查,国务院负责外交政策以及国际合约方面的审查,内政部负责数据存档等方面的审查。最终审查通过后,由商务部以书面形式向运营商颁发运营许可证。

3. 其他相关法律制度

美国是空间技术的强国,也是空间碎片主要产生国家。空间活动对国家发展和经济十分重要,但是也会对空间环境产生不利影响。美国是较早关注空间碎片问题的国家,通过复杂的法律法规和国家政策建立了较完善的空间碎片减缓机制。

从联邦政府部门的角度看,美国联邦航空管理局减缓空间碎片的职责主要体现于颁发商业空间发射许可证时对减缓碎片的审查。美国国家海洋和大气管理局主管地球观测活动,有关遥感卫星、气象卫星的碎片减缓由其负责,相关立法规定体现于《美国法典》第五十一编第六分编"对地观测"及《美国联邦法规》第十五编第九百六十部分"私人土地遥感空间系统的许可"。美国国家航空航天管理局根据 1958 年《航空航天法》,即《美国法典》第五十一编第 10101 款的授权,发布了《NASA 限制轨道碎片的程序要求》和《NASA 限制轨道碎片的过程》。联邦通信委员会主管通信卫星,其有关空间碎片减缓要求见经修正的 1934 年通信法案,即《美国法典》第四十七编第 5301 款以及《美国联邦法规》第四十七编第五部分。美国国防部的相关规定体现于《美国法典》第十编。

然而作为监管主体的政府与多数航天企业间的关系在管理过程中因多种原因而变得紧张,对空间活动日益严格的管理限制可能会增加设计和运营成本,打击商业创新积极性,并阻碍风险资本投资。另一方面,美国商业航天企业是新航天时代的主要推动力,"商人"依赖于契约关系,普遍渴望自由以实现经济利益最大化。美国从商业航天的成功中获益,这些成功为美国带来了先进技术、经济增长、就业机会及全球声望。但是,如果美国政府施加新的监管政策,提高成本,或者以其他方式限制他们在市场上的行动自由,这些美国公司可能会提出反对意见[16]。

为此,2018 年 10 月 25 日,FCC 发布了"关于拟议规则制定和重新审议命令的通知,IB 卷宗编号 18–313"[17]。该通知征求了公众对所有 FCC 授权卫星轨道碎片减缓规则拟议更新的意见。拟议的更新提供了许多潜在的新条款,例如关于空间物体可跟踪性、信息共享要求、轨道选择以及数十项技术和业务要求。为了减少其中的一些担忧,上述 FCC 通知制定过程为公众、行业和其他利益相关者提供了在拟议规则成为最终规则之前就其提出意见的机会[18]。FCC 通常允许公众在 30 天内提交意见,FCC 在制定最终规则时会考虑这些意见。这样,利益相关者就有机会指出拟议规则过于复杂或繁重的问题,并提出改进方法。

6.1.3　美国空间交通管理相关标准

6.1.3.1　标准制定背景

进入21世纪以来,空间活动的迅速增多加强了制定空间交通管理相关标准的必要性。为了避免空间环境恶化愈演愈烈,加强空间交通管理的标准制定是非常重要且迫切的。

然而,空间交通管理日益增长的需求、政府过度繁重的监管以及国家自由进入空间并享有探索的权利之间所造成的紧张关系使人们认为,保护空间环境的第一步是商业实体与政府及国际利益相关者"共同"制定公认的标准,但标准的制定是非常困难的。例如,美国国家安全利益相关者可能在细节上与民间机构和商业利益相关者意见不一,这些问题可能会在美国相关机构间的协调过程中耗费大量时间。

美国在2001年出台的《轨道碎片减缓标准实践》(ODMSP)旨在为美国政府卫星订立标准,要求美国私营航天企业遵守该规定,以便获得FCC许可证。《轨道碎片缓减标准实践》影响了机构间空间碎片协调委员会(IADC)《空间碎片减缓指南》的制定,该指南也影响了后来的联合国和平利用外层空间委员会空间碎片减缓准则和国际标准化组织相关标准的制定,特别是ISO 24113标准。现在,美国和空间碎片协委会13个成员国以及欧洲航天局成员国已将这些空间碎片减缓标准纳入其国内法[19]。《轨道碎片减缓标准实践》也于2019年12月进行了更新。

6.1.3.2　相关标准

美国在《国家空间交通管理政策》中,强调"美国支持制定空间交通管理业务标准和最佳实践,以促进安全和负责任的空间行为。实现这一目标的关键第一步是制定由美国主导的最低安全标准和协调空间交通的最佳实践。美国监管机构应酌情在国内监管框架中采用这些标准和最佳实践,并将其用于宣传和塑造空间交通管理标准和最佳实践方面的国际共识。"它规定"国防部长、商务部长和运输部长应与国务卿、国家航空航天局局长、国家情报局局长协调,并与联邦通信委员会主席协商,制定空间交通管理标准和最佳实践,包括与发射前风险评估和在轨避免碰撞支持服务相关的技术指南、最低安全标准、行为规范和轨道连接协议"。

《国家空间交通管理政策》总共确定了40多种不同的空间交通管理相关标准和最佳实践的需求,然而,它并没有阐明空间交通管理所需的所有顶层的标准和最佳实践。此外,除了首先更新美国政府的《轨道碎片减缓标准实践》外,《国家空间交通管理政策》没有确定相关标准和最佳实践的制定优先性[16]。

按照《国家空间交通管理政策》的要求,由来自7个部门和机构的80多名代表组成的跨部门工作组经过一年多的工作,于2019年完成了《轨道碎片减缓标准实践》更新。这是 ODMSP 自 2001 年发布以来的首次更新,反映了对卫星运行和造成轨道碎片数量日益增多的其他技术问题已有了更好的认识。但是本次修订在修改范围上未达到业界很多人的期望。这份 8 页的文件在序言部分说,"尽管最初的 ODMSP 在当时对空间环境起到了充分的保护作用,但美国政府意识到,最大限度地减少新增碎片和减缓现存碎片的影响符合各国利益""这一点,加之空间任务数量日益增加,彰显出更新 ODMSP 和制定标准以促进建立国际实践的必要性。"

ODMSP 规定了在航天器和运载火箭上面级的飞行任务规划、设计制造和操作(发射、运行和处置)阶段应该遵循的 7 条准则:① 航天器正常运行控制可能出现碎片;② 尽量降低航天器运行期间发生解体事件概率;③ 尽量降低在轨航天器发生碰撞的概率;④ 防止出现航天器自毁(如自爆)及其他危害外空安全事件;⑤ 尽量降低燃料问题造成的航天器解体事件;⑥ 约束寿命末期航天器或火箭各级箭体在 LEO 轨道内长时间飞行时间;⑦ 约束寿命末期航天器或火箭各级箭体在 GEO 轨道带内驻留时间(应尽快抬升至坟墓轨道带)。

2019 年 12 月发布的新版 ODMSP,主要目的是最大限度控制空间碎片增长与减缓现有空间碎片影响,呼吁强化空间碎片监管与卫星离轨处置。2019 年修订版保留了旧版文件中 4 大目标:涉及正常运行时的空间碎片控制、最大限度减少因爆炸事故产生的碎片、采用安全的飞行剖面和运行配置,以及空间任务后处置,并新增设了第 5 个目标,用于解决前 4 个目标未涉及的其他问题,如小型立方星、大规模卫星星座的离轨处置问题。新版指南提出的新要求包括修改碎片产生事件新增空间碎片的概率与数量限制。例如,对于航天器或火箭上面级出现爆炸事故的概率不得超过 0.1%;对超过 100 颗卫星构成的大规模卫星星座,每颗卫星应确保离轨处置成功概率大于 90%,争取达到 99% 及以上的更高目标等。

6.2　欧洲空间交通管理政策和制度

作为全球空间活动的主要参与者之一,欧洲出于保护其空间基础设施不受损害,同时能够维护安全有保障的空间环境的目的,通过建立多边和双边合作框架的方式,积极参与了空间交通的监管和协调。由于欧洲的特殊性,专业技术知识、资源以及相关责任、义务等分散在欧洲多个国家及其利益相关者中,使得欧洲的空间交通管理更为复杂,相关制度的构建也是多层次的。

6.2.1　欧洲空间交通管理相关政策

随着 2018 年《美国国家空间交通管理政策》的公布,引发各国关于空间交通管理紧迫性问题的思考,欧洲也逐渐表现出对这方面的兴趣,以及愿意为相关活动承担责任的态度。目前,欧洲的空间活动主要参与者已经制定了若干直接或间接与空间交通管理有关的战略及框架。

6.2.1.1 构建空间交通管理的欧洲路径

2020 年 1 月,欧洲空间政策研究所发布了《构建一种空间交通管理的欧洲路径》[20]报告,系统梳理了当前提出的空间交通管理概念,分析了当前实施空间交通管理面临的困难,并提出了欧洲空间交通管理路线图。

欧洲的大多数空间活动参与者已经认识到安全和可持续的空间环境的重要性。对此,欧洲明确提出"在安全空间环境中运行并具有空间自主权"将作为其空间战略的主题。

为推动空间交通管理发展,报告指出了欧洲需要提升的三个主要方面:① 加强欧洲合作,就欧洲空间交通管理政策的目标、原则以及实施(即领导力、责任分担和合作安排)达成必要的政治共识;② 增强欧洲的技术能力,制定最佳实践,以减缓当前和未来空间系统的运营风险,并在战略自主与经济允许的条件下,寻求技术目标与实际需求平衡的折中方案;③ 在明确欧洲立场并保护欧洲利益的同时,为国际空间交通管理领域的发展做出贡献。

1. 统一欧洲空间交通管理政策和监管框架

要建立有效的空间交通管理方法必须加强各参与方之间的协调与合作。欧洲非常需要在政府和工业参与者之间已有合作的基础上,发展一种协调机制,原因包括:① 保障空间的安全和可持续性;② 充分利用相关空间行为者的技术和能力;③ 避免重复任务,提升成本效益;④ 完善欧洲空间活动的最佳实践和安全标准;⑤ 在国际上提出明确、统一的欧洲立场。

为制定这种欧洲空间交通管理联合政策和框架,欧洲需要在成员国之间就以下方面达成广泛的政治共识:① 设定欧洲空间交通管理原则和共同目标;② 存在利益相关者之间的有效协调机制;③ 适当划分角色,分担责任并分配活动。

目前欧洲的航天机构在许多技术和合作挑战方面取得了实质性进展,但当前的运行模式不确定能否应对未来的运营风险。因国家利益和欧洲合作之间的相对权重未达成共识,将会产生一些风险,如:① 利益相关者之间存在利益分歧,阻碍了政策的协调;② 当在国家层面发展能力的意愿超过对欧洲分配和发展互补能力政策的认可(和准备),则可能出现重复工作和成本效益降低的风险。

为了对利益相关方之间进行有效协调、能力界定、责任划分和活动分配,应进行充分的筹备磋商和调查,内容包括:① 对空间安全领域明确划定军、民界限的适当性和可行性进行评估;② 就不同治理方案对实现欧洲共同目标的推动作用进行比较分析;③ 对现有授权和约束制度所需的修订进行评估。

2. 增强欧洲技术能力并制定最佳实践

保护欧洲空间资产不受损害是欧洲空间交通管理政策和架构的核心目标之一。为制定全面、统一的风险管理策略,需增强欧洲的技术能力并制定最佳实践。

首先,需要基于公共机构(欧洲航天局、国家机构、欧洲机构)和私营企业(卫星运营商、发射服务提供商、制造商)的相关专家协作进行合理的风险分析,准确评估当前和未来的运营风险,并提出减缓方案,包括:① 建立空间交通监控体系;② 制定空间操作和系统的安全标准和最佳实践;③ 技术开发(例如跟踪信标、碎片主动清除、人工智能)。除需注意不同方案之间的连贯性问题外,还应切合实际情况,充分考虑经济可行性、竞争力等因素。

其次,还需要制定技术路线图,自上而下进行必要活动和技术开发的组织和协调。这些路线图应基于:① 公、私机构的技术能力和所制定的最佳实践;② 通过差距分析确定运营和研发的需求;③ 方案内容和相关预算的确定。为避免重复工作,并优化各利益相关方之间的活动分配,路线图应在联合委员会的监督下生效并执行。

此外,提供可操作的空间交通管理数据和服务需要动员大量的资源,并需通过多种渠道来筹措资金。因此,在很长一段时间内,欧洲将不得不在战略自主权与有限的经济条件之间找到一个可以接受的折中方案。

最后,在全球空间交通管理发展的背景下,欧洲空间交通管理的政策路线和技术方法的确定应考虑到空间态势感知数据的战略价值:① 提升空间态势感知数据的互操作性、互补性和冗余性,加强与第三方(即外国政府、卫星运营商)的数据共享并使其规范化,在提供及时、准确和可操作的数据的同时,确保数据的质量、完整性、可用性和机密性;② 对商业数据和服务进行整合,在需要时提供具有成本效益的创新解决方案,并增强欧洲公司在国际空间交通管理数据和服务市场上的竞争力。

3. 提升欧洲的国际话语权

欧洲必须在与空间交通管理相关的国际会议中扮演重要角色,并在各种多边、双边协议中表达出明确、共同和一致的立场,从而提升欧洲的国际话语权。

目前欧洲各国政府已经表明了在空间安全和可持续性问题上与国际社会合作的意愿,但是最近这些领域政策的迅速发展(尤其美国),迫使欧洲需采取果断、明确的态度,付出更多努力,来应对即将开展的空间交通管理国际框架的制定。

欧洲的空间交通管理框架应包含国际性问题:① 为明确欧洲立场和保护欧洲利益而采取的相关外部活动;② 促进外交协调一致的适当机制(加强欧洲利益相关者之间的协调、确保内部和外部行动之间的一致性);③ 确保在相关会议中的代表具有适当授权。

6.2.1.2　相关立场文件

2021 年 3 月,欧洲航天工业协会(Eurospace)发布立场文件《空间交通管理——欧洲航天机构应抓住机会》[21],该文件包括定义、背景、影响、发展建议 4 个部分,阐述了欧洲发展空间交通管理的紧迫性与必要性,以及对未来发展的建议。

该立场文件的核心内容是,对欧盟各成员国进行协调,减少对美国的依赖,保持欧洲空间活动的自主权,构建安全、可持续的空间环境。

1. 减少对美国的依赖

文件指出,美国已在推进空间交通管理政策措施的制定与完善工作,这将对欧洲的航天机构造成直接影响,并危害到欧洲的主权。文件指出了可能会产生重大影响的两个方面:

1)欧洲进入空间的自主性及运行模式的可持续性

欧洲航天产业存在对美国的固有依赖,需要遵守美国空间机构定义的准则和最佳实践,一旦美国发布更严格的政策,可能造成欧洲航天机构必须通过使用美国提供的数据才能达到要求,这将会影响欧洲的主权、利益和需求。

2)欧洲航天企业的竞争力

文件强调了当空间态势感知能力和空间交通管理制度受制于美国的时候,会直接影响欧洲自由进入空间的权利,削弱欧洲卫星出口和运载火箭发射服务的竞争力。此外,随着美国未来空间态势感知共享协议签署范围的扩大,欧洲将无法在此领域与美国形成竞争。

2. 建立欧洲空间交通管理体系

文件从监管与标准、服务与市场两方面阐述了建立欧洲空间交通管理体系的发展建议与优先事项。

1)监管与标准

美国正在构建可提升美国商业竞争力的空间交通管理监管环境。在此背景下,欧洲应协调欧盟成员国,在泛欧层面而非国家层面,构建符合欧洲自身需求的空间交通管理框架(包括准则和最佳实践)。框架制定应与欧洲空间标准化合作组织(ECSS)合作,并扩大在联合国和平利用外层空间委员会、机构间空间碎片协调委员会等国际机构中的影响力,掌握话语权,以增强欧洲航天工业在世界范围内的竞争力。

2)服务与市场

欧洲应对各成员国协调,保持欧洲空间交通管理体系的一致性和统一性,通过建立泛欧层面的发展计划,提升欧洲整体的空间交通管理能力。

空间态势感知。发展空间态势感知能力是建立空间交通管理框架的首要任务,欧洲目前尚无以商业需求驱动为主体的空间态势感知市场,应聚焦巨型星座避碰等方向,发展空间态势感知市场,推动对空间态势感知设施(包括地面基础设施、传感器等)和服务的需求。

空间监视与跟踪。欧洲 2014 年成立了空间监视与跟踪联盟,拥有法国、德国、意大利、西班牙、波兰、葡萄牙和罗马尼亚 7 个成员国,但成员国的空间监视与跟踪系统相互独立,仅通过数据网络共享空间监视与跟踪数据。欧洲航天工业协会建议对成员国进行分工,提高空间监视与跟踪系统利用效率。

技术进步。加强对空间交通管理相关技术与服务的资助,加速能力发展。包括预防能力,优化空间交通管理体系并防止空间滥用;保护能力,包含与空间交通管理服务相关技术,如避免碰撞、主动清除碎片、碎片分析、再入分析等;安全性设计,包括新材料、新结构、新程序等可以增强空间利用可持续性的技术。

6.2.1.3　特点分析

目前来看,欧洲的空间交通管理仍是在国家一级领导和组织的。具体表现为:各国政府是监管空间交通的主要系统的所有者和运营者,这些系统被视为对国家安全和主权具有战略意义的资产;国家空间法律和法规通过对发射等活动颁发许可的方式来进行管理;国家代表团在联合国外空委或国际电联等国际组织中拥有表决权。尽管在空间安全方面不同国家的利益逐渐趋同,然而在军事和国家安全方面仍保留在国家层面。因此,在军事方面最积极的国家(即法国、德国、意大利、英国、西班牙)也是在空间交通管理方面最积极的国家。但这些国家依据自身国情存在各自不同的目标,这些目标是由国家政策文件(空间政策、国防政策)确定的。不同的关注点产生了不同的国家治理模式以及几个涉及空间安全事务的部委和组织,其中也包括国家空间机构。相应的这些国家的区别性同样体现在空间交通监测能力和管制方面[20]。

长期以来,欧洲国家在外层空间领域一直侧重于通过双边和多边协定的制定,以达成数据和资源共享、业务协调或外交合作。这样的合作模式源于欧洲的地缘政治环境以及这些国家难以满足自身资源需求的实际考量。从这一观点出发,国家战略强调了在空间安全领域日益增长的加强合作的意愿。欧洲相关机构,即欧盟和欧洲航天局,在空间安全方面的参与显然促进了欧洲新领域合作的发展。

以 2009 年 12 月生效的《里斯本条约》为基石,欧盟在欧洲空间活动中所扮演的角色日益重要。如欧盟对空间态势感知相关技术、空间碎片清除及避碰等研发项目提供资金支持;与主要合作伙伴建立空间政策对话,积极参加联合国外空委及国际电联相关会议及活动等。

欧洲航天局是欧洲航天、科技和工业的主要推动力量之一,其目标是在研究和应用领域发展协调欧洲外层空间计划[22]。欧洲航天局同样也在空间安全领域发挥重要作用,特别是在能力建设、研发和标准制定方面,并且"已逐步开展与安全有关的项目和方案,并着手处理对其自身活动的威胁"[23]。

6.2.2　欧洲空间交通管理相关制度

欧洲空间活动的制度文件由一系列文书组成,例如法律、规章、标准、指导方针和最佳实践等,它们就如何进行或应如何进行空间活动提供了相应的规范和建议,但不是所有文件都具有约束力。这些文件虽然没有明确提到空间交通管理,但其中一些文件直接或间接适用于与空间交通管理有关的活动。

与欧洲航天政策相比,欧洲并未形成统一的空间法,目前仅有英国、法国、荷兰、比利时等国有比较系统的国内空间法,而德国、西班牙、意大利等国仅有分散的、零碎的相关立法,其他许多国家则没有任何国内空间立法[24]。

适用于欧洲空间活动的第一层具有法律约束力的制度是欧洲国家参加的国际条约,包括《外空条约》《营救协定》《责任公约》《登记公约》《月球协定》,但是并非所有欧洲国家都签署了这些国际条约,这通常取决于它们参与空间活动的程度。欧洲的空间活动同时也受国际电联的《国际电信联盟公约》等相关规定的约束,这些文件共同构成了在空间活动中利用无线电频率以及在地球静止轨道及附近进行活动的国际制度。由国家机构确保遵守这一国际制度,如法国国家频率局或德国联邦网络管理局,它们通常也处理通信卫星的授权和许可[20]。国际条约是作为多边讨论和谈判的结果而核准的基于自愿的文书的补充。欧洲的利益相关者通过参与各种国际平台,为安全和可持续的空间活动制定了指南和建议,也包括涉及空间交通管理框架的选择。但是,利益相关者尚未就国际框架在空间交通管理的发展中应起到的作用达成共识。

欧洲制度的第二层为国家层面的空间立法。国际空间法使各国对空间活动负有责任和义务,这促使最积极的国家,特别是像法国这样的发射国,采用国内法律制度进行空间活动的许可和授权。它还规定将国际条约规定执行到国内法中,例如与空间物体登记有关的义务。多年来,欧洲各成员国制订了这种国家层面的空间立法,包括:比利时《空间物体发射、飞行操作与导航活动法》(2016)、丹麦《外层空间法》(2016)、芬兰《空间活动法》(2008)、荷兰《空间活动法》(2007)、法国《空间活动法》(2008)等[25]。有关空间活动的国家法律和管制框架可包括关于空间活动的授权、监督、登记、责任、保险和安全等规定。其中许多法律直接或间接地涉及空间交通管理,如规定了发射和卫星操作方面的义务,特别是关于数据共享和确保空间操作环境的安全和长期可持续性。

除此之外还应考虑欧洲航天局相关规定及欧洲国家签订的多边和双边协议等,它们为适用于欧洲活动的空间交通管理相关法律和监管制度奠定了法律基础。例如欧洲国家之间以及与美国之间的空间监视与跟踪的数据共享协议,也为适用于欧洲的空间交通管理相关制度奠定了法律基础。

标准是欧洲空间活动管理框架的另一个重要支柱,欧洲为生产和更新空间标准开发了一种良好的组织结构,从而提供了一个连贯的需求系统。欧洲空间标准化合作组织成立于1993年,是欧洲空间标准制定的中心机构。ECSS标准涵盖了空间项目管理(M分支)、空间工程(E分支)、空间产品保证(Q分支)和空间可持续性(U分支)。除此之外,欧洲标准化委员会(CEN),欧洲电工标准化委员会

（CENELEC）和欧洲电信标准化协会（ETSI）是欧盟认可的三个官方标准化机构[26]。

6.3　其他国家空间交通管理政策和制度

对于其他具有航天能力的国家而言,虽然同美国及欧洲相比还没有更为系统的空间交通管理政策及制度的制定,但是也逐渐开始着手参与到相关的活动中,并表达了积极参与空间交通管理的态度。

6.3.1　俄罗斯空间交通管理相关规定

苏联于1957年发射了人类历史上首颗人造卫星"斯普特尼克－1",但俄罗斯空间立法自20世纪90年代初才开始。1993年8月20日俄罗斯颁布了《俄罗斯联邦空间活动法》,成为俄罗斯历史上第一部调整国内空间活动的完整的国内法[22]。俄罗斯空间活动相关法律法规以《俄罗斯联邦空间活动法》为基准,总统令作为国家空间活动调节中的重要的法律渊源,辅之以政府令及其他相关规章制度,内容涉及国家空间活动的各个具体环节和内容,使俄罗斯国家空间研究和探索活动有序地进行。

俄罗斯国家空间立法体系是一个相对比较完整的体系,自上而下分为五层:

（1）作为整个国家根本性法律的俄罗斯宪法;

（2）《俄罗斯联邦空间活动法》,基本内容包括:空间活动的组织、管理及有关部门的权限,对空间活动的监管,国际合作以及法律责任问题;

（3）俄罗斯总统令,经过长期适用后将逐步上升到国家法律的形式,从而成为俄罗斯国家空间活动调节中的重要法律渊源;

（4）俄罗斯政府令,按照行业和具体业务的内容分类,对俄罗斯的空间活动制订政府文件;

（5）其他相关规定和规章制度。

就空间交通管理而言,俄罗斯强调空间交通管理应以国际协商机制为基础,而不是以个别国家的方法为基础。2016年,俄罗斯在外空委员会上的会议文件中提出:强调必须基于国际合作,要求实现空间物体数据的共享,特别是要建立联合国层面的信息共享平台;认为没有有效的空间操作安全框架,空间交通管理难以实施;认为需要统一的国际层面基础设施支撑,遵循"一致"原则;认为需要开展更多技术层面的研究和协商;认为目前的国际谈判不能支撑空间交通管理的概念。此外,俄罗斯代表团在2018年10月的联合国大会上强调了主动清除空间碎片、对潜在危险事件发出警告等相关问题[27]。

6.3.2　日本空间交通管理相关规定

基于自身航天能力,日本将自己视为航天大国的一部分。日本的空间探索活动始于 1955 年,于 1970 年发射了日本首颗人造卫星。日本 1969 年通过了《空间基本法》,但于 2008 年被《空间基本法案》取代,成为日本空间活动的法律保障。

《空间基本法案》全文由 5 章 35 条及附则构成。法案全文分为总则、基本措施、航天基本计划、航天开发战略本部、完善与航天有关的法制以及附则 6 个部分。日本《空间基本法案》的出台,引起了国际社会的广泛关注,对日本的国家战略思维和国家空间商业化政策也产生重要的影响。在国家对民间企业界参与空间活动的政策性支持以及其他鼓励性举措的推动下,日本空间活动中非政府实体的参与热情大大提高,非政府实体的参与将促进日本航天产业的发展。但需要指出的是,虽然该法案对空间活动的商业化进行了相应的规定,可以激发非政府实体参与空间活动的积极性,但是这些规定还只是简单的、原则性的,并没有相应的具体操作指南。日本的空间活动商业化政策和法规有待进一步完善[28]。

基于自身航天能力,日本也逐步开始了关于空间交通管理的讨论。2015 年,日本便开始着手讨论开展关于空间态势感知能力具体化的调研工作,以及同美国战略司令部加强合作的理想方式等。除政府之外,一些日本企业和研究机构也参与到空间交通管理政策、法律及标准的制定中。例如日本宇航公司 Astroscale 致力于开展在轨服务和空间碎片清除,在交会对接和在轨服务操作执行过程中扮演重要角色。此外,2018 年 10 月日本庆应义塾大学空间法研究所和日本宇航局法律事务部共同成立了关于空间交通管理的研究小组,学术界、私营实体及其他公共部门有不同程度的参与,共同讨论空间交通管理相关问题[29]。2021 年 3 月,日本国家空间政策办公室与美国天军签署了一份谅解备忘录,正式成为盟友。

6.3.3　印度、韩国空间交通管理相关规定

印度于 1975 年发射了第一颗人造卫星。印度制定了广泛的航天政策框架,但这些政策提出时间较长,业界呼吁尽快修订原有航天政策,但官方暂未推出实质性的调整。此外,随着全球政治环境的变化和印度国内发展的需求,空间安全领域广受关注,各界强调空间态势感知的重要性,并呼吁出台军事航天政策。2016 年 4 月,印度国防研究与分析研究所发布《印度空间安全策略提案》,建议印度政府制定有效的政策,保证在空间的利益和安全。提案建议:设立空间安全政策研究机构,成立专门的航天司令部,增强空间态势感知能力,与国防研究发展机构和私营部门合作,发展小卫星、抗干扰通信等战略技术,发展反卫星武器等[30]。

除此之外,当前具有竞争性的全球空间环境促使印度考虑对其商业空间活动进行更好的管制,印度议会正在审议一项空间活动法案草案[31]。印度已从其他国家相关政策及战略中吸取了经验教训,成功进行了 ASAT 测试,确保将其纳入未来

的空间治理制度中[32]。

1992 年,韩国发射其首颗人造卫星。韩国政府表示,将在未来十年内发射 100 多颗微型卫星,来建立国家安全监测系统,以及测试下一代网络通信,还计划 2031 年之前发射可用于卫星群的自主操作和清除空间垃圾的卫星。目前,韩国已签署了《外空条约》《营救协定》《责任公约》和《登记公约》4 项条约。韩国遵守了国际组织的大多数规定,并积极参加相关活动,有助于与外国航天发展机构保持密切的联系。而在空间交通管理方面,韩国也表示需要建立一个致力于发展、代表和协调的空间机构,以提供更高层次的管理。

6.4　小　　结

空间环境日益恶化,若不及时对空间交通进行管理,将可能导致航天器发生碰撞,并引发相应的国际争端。同时,出于政治、经济、军事等多方面的考虑,各国都加强了对卫星频率与轨位资源的抢占力度,对空间交通管理的需求日益迫切,相关研究也愈发深入。

然而,空间交通管理就政策及法律而言很难达成一致意见。空间交通管理涉及卫星运营商、各国政府机构和空间交通管理服务提供方的利益,各利益相关方之间存在的分歧主要集中在空间交通管理相关规定的性质、范围和严格程度。目前,大多数利益相关方都认为自我监管的方法存在很大的局限性。事实上,如果没有某种程度的共同约束,不太可能实现空间活动安全和可持续性的目标,但制定额外的监管条款显然是空间交通管理比较敏感的问题。此外,空间交通管理提出了在包括民用、军事、公共、私人组织在内的各种参与者之间责任分配的问题,还包括一些敏感的功能,如收集、处理和分发空间态势感知数据,这显然很难达成一致意见。

各国为保障自己国内空间活动安全,维护国家利益,相应地制定了国内空间政策与立法,但各国多从自身利益出发,由于诉求不同、空间技术能力差异等,在具体实施中难以达成共识,因此在制订过程中会不断揭示出新的问题。总体上看,美国对"领导地位"的追求是国家战略层面的,涵盖了政治、经济、科技、军事等各个方面,外层空间始终是美国追求国际领导地位的重要领域。《国家空间交通管理政策》中明确提出要通过国内立法实践主导促进国际规则的制定,但由于空间交通管理法律规则更加复杂、具体,很难短期在国际层面达成一致,因此美国选择了先在国内实践,再通过双边、多边机制来向国际社会推广其标准及规定,进而实现其领导制定国际规则的目标。美国空间交通管理政策的出台,通过加大能力建设、及时调整政策和拓展国际合作,有力保障美国外空领先和领导地位;又重视军民商分工,优化和聚焦军口维护国家安全的职能,并扩大国际合作机会。在不断推进硬实力建设的同时,通过制定国家空间政策、完善立法及标准要求,及时调整和优化国内管理机制,促进商业市场发展,同时确保国际规则话语权。

欧洲虽然已经存在多种空间活动管理方法,为欧洲空间交通管理的全面发展奠定了坚实的基础,但不论是从政治层面或是技术层面,未来仍将面临严峻的挑战。因此有学者提出为了欧洲空间交通管理的良好发展,应当加强合作,就欧洲空间交通管理政策的目标和原则以及治理方案达成必要的政治共识;提高欧洲的空间技术能力,以应对当前和未来的可能遇到的风险;在保护欧洲利益的前提下,在空间交通管理的国际舞台表达欧洲立场,为国际层面的空间交通管理做出贡献。

就其他国家而言,基于自身的科技水平及空间交通管理需求,俄罗斯更加强调在空间交通管理领域国际协商的作用;日本、印度及韩国也逐步开始了关于空间交通管理的讨论,希望积极参加空间交通管理。

空间交通管理制度的建立是一个渐进的过程,通过协商一致方式达成具有法律约束力的国际条约难度极大,因此各国需要积极开展磋商协调,探求国际层面的解决机制,共同促进空间交通管理。

参考文献

[1] Space Policy Directive‑3, National Space Traffic Management[OL]. [2020‑6‑20]. https://trumpwhitehouse. archives. gov/presidential-actions/space-policy-directive-3-national-space-traffic-management-policy/.

[2] 《美国法典》第五十一编第 50904 款[Z].

[3] 《美国联邦法规》第十四编第三章[Z].

[4] 《美国法典》第四十七编第 305 款[Z].

[5] Wheeler J. The space law review[M]. United Kingdom:The Law Reviews, 2019.

[6] 《美国法典》第四十七编第 901 款[Z].

[7] 《美国联邦法规》第四十七编第二十五部分[Z].

[8] 《美国法典》第十编第 2281 款[Z].

[9] 《美国法典》第十编第 2279b 款[Z].

[10] 《美国法典》第十编第 2279d 款[Z].

[11] 《美国法典》第四十九编第 301 款[Z].

[12] 《美国法典》第五十一编第 50112 款[Z].

[13] Wheeler J. The space law review[M]. United Kingdom:The Law Reviews, 2019.

[14] 《美国联邦法规》第十五编第 960.3 款[Z].

[15] 《美国法典》第五十一编第 601 部分[Z].

[16] Gleason M P. Establishing STM standards, guidelines, and best practices[R]. the United States:The Aerospace Coporation, 2019.

[17] FCC. Notice of proposed rulemaking and order on reconsideration, IB Docket No. 18‑313 [EB/OL]. [2021‑7‑9]. https://docs. fcc. gov/public/attachments/DOC‑354773A1. pdf.

[18] FCC. Rulemaking process[EB/OL]. [2021‑7‑9]. https://www. fcc. gov/about-fcc/rulemaking-process.

[19]　Vallado D A. A summary of the AIAA astrodynamic standards effort[J]. Advances in the Astronautical Sciences, 2002, 109: 1849 - 1872.

[20]　ESPI Report 71 — Towards a European approach to space traffic management — Full report [R]. Austria: European Space Policy Institute (ESPI), 2020.

[21]　Eurospace. Space traffic management(STM): An opportunity to seize for the european space sector[OL]. [2021 - 6 - 10]. https://eurospace.org/wp-content/uploads/2021/03/eurospace-pp_space-traffic-management_opportunity-for-europe_final_february-2021. pdf.

[22]　李智,陈凌云,张占月. 外层空间法规与政策[M]. 北京: 国防工业出版社,2013.

[23]　Giannopapa C, Adriaensen M, Antoni N, et al. Elements of ESA's policy on space and security[J]. Acta Astronautica, 2018, 147: 346 - 349.

[24]　杨彩霞,高国柱. 欧洲空间政策与法律问题研究[M]. 北京: 法制出版社,2011.

[25]　UNOOSA, National space law collection[EB/OL]. [2021 - 7 - 9]. https://www. unoosa. org/oosa/en/ourwork/spacelaw/nationalspacelaw/index. html.

[26]　European Commission. Mandate M/496 addressed to CEN, CENELEC and ETSI to develop standardisation regarding space industry[Z], 2011.

[27]　Statement of the Russian Federation at the UN General Assembly 4th Committee[Z], 2018.

[28]　李寿平,吕卓艳. 日本《空间基本法案》及其启示[J]. 北京理工大学学报(社会科学版), 2010,12(5): 105 - 106.

[29]　Yu T. STM in the nature of international space law[EB/OL]. [2021 - 7 - 9]. https://commons. erau. edu/stm/2019/presentations/26.

[30]　何慧东. 印度航天政策与战略分析[J]. 国际太空,2018,472: 41 - 45.

[31]　Insights IAS. Space activities bill, 2017[EB/OL]. [2021 - 7 - 9]. https://www. insightsonindia. com/2019/01/01/space-activities-bill-2017.

[32]　Goswami N. India's space program, ambitions, and activities[J]. National Bureau of Asian Research, 2020, 15(2): 43 - 49.

第7章

人类命运共同体理念下的空间交通管理体系构建

7.1 人类命运共同体理念与空间交通管理

7.1.1 人类命运共同体理念

当今世界,人类面临重大抉择:是重走封闭僵化、保护主义、单边主义的回头路,还是开创经济全球化更加包容普惠的新时代? 是固守冷战思维、丛林法则、零和博弈的旧理念,还是合力构建相互尊重、公平正义、合作共赢的新型国际关系? 是执着于文明隔阂、文明冲突、文明优越的旧唱本,还是谱写不同文明和谐共处、真诚对话、互学互鉴的新篇章? 破解一系列难题,需要把握国际形势,要树立正确的历史观、大局观、角色观,需要各国特别是大国发挥领导力、塑造力和影响力[1]。

2012 年党的十八大报告提出"要倡导人类命运共同体意识,在追求本国利益时兼顾他国合理关切,在谋求本国发展中促进各国共同发展,建立更加平等均衡的新型全球发展伙伴关系,同舟共济,权责共担,增进人类共同利益"[2]。2015 年 9 月,习近平主席在纽约联合国总部发表重要讲话:"当今世界,各国相互依存、休戚与共。我们要继承和弘扬联合国宪章的宗旨和原则,构建以合作共赢为核心的新型国际关系,打造人类命运共同体。"

人类命运共同体是习近平顺应时代发展需要而提出和倡导的一种新型全球价值观,是基于当今全球发展趋势和中国特色社会主义的实践,站在新的历史起点上为促进中国对外关系和全人类共同发展而提出的"中国智慧"和"中国方案"。它以"合作共赢的利益观""多种安全的新安全观""包容互鉴的文明观"和"共商共建共享的全球治理观"为基本内涵[3]。

人类命运共同体顺应时代发展需要,倡导谋求共识、同舟共济、和平发展,为解决当今世界的重大理论和实践难题提供一个新的视角和选择,有其深刻的历史、实践和未来发展的意义和内涵。

7.1.2 外空命运共同体愿景

外空作为人类生存和可持续发展的全球公共空间,集中体现了人类的共同利益和共同关注,具体表现为:① 该区域不归任何国家所有;② 各国共同参与该区域的管理;③ 开发该区域资源所获取的利益必须与各国分享;④ 该区域应为和平目的而使用;要为子孙后代保护该区域。

目前,由于各国政治、经济、军事利益等问题造成设计空间交通管理制度的过程中形成各种分歧;同时,各国法律体系的不同,也对整个制度的设计带来重重阻碍,特别是在一些法律原则的适用方面,英美法系和大陆法系存在严重的分歧。

人类命运共同体理念以全人类共同发展为目标,倡导共存、共建、共享等价值理念,其独特优势在于能够兼容不同的价值理念并兼顾不同群体的利益需求。人类命运共同体理念在外空领域则体现为,各国开展外空活动应有助于各国经济发展和社会进步,应有助于人类社会共同的和平与安全、生存与发展,共同构建“外空命运共同体”,促进外空的可持续发展。这一理念与空间交通管理的需求高度契合,有利于解决空间交通管理所面临的主要矛盾。

2018 年 6 月 20 日,在纪念联合国外空会议 50 周年(UNISPACE+50)高级别会议上,中国提出各国携手共建外空命运共同体的理念,呼吁在和平利用外空领域加强国际合作以实现命运共同体愿景,为全人类谋福利。该提议被纳入 UNISPACE+50 成果文件。

《2021 中国的航天》白皮书将外空命运共同体理念进一步明确,提出“和平利用外层空间,维护外层空间安全,在外空领域推动构建人类命运共同体,造福全人类”[4]。

外空命运共同体愿景和《外空条约》确立的“探索和利用外空应为所有国家谋福利和利益”等目标和宗旨一脉相承,又契合保护外空环境、促进外空活动和社会经济可持续发展的当代需要,反映了国际社会的普遍诉求,为加强空间交通管理与国际合作、应对和平利用外空中出现的各类挑战指明了方向。

随着科技迅猛发展,人类航天事业迈进崭新纪元,各类复杂问题也纷纷涌现:空间碎片日益增加、空间环境不断恶化、空间安全风险上升、航天能力发展不平衡、空间活动新主体和新形式层出不穷。为应对人类外空活动出现的共同挑战,各国应树立命运共同体意识,促进外空可持续发展;贯彻共商、共建、共享原则,构建能兼容不同的价值理念并兼顾不同群体利益需求的空间交通管理系统;坚持合作共赢理念,加强空间交通管理各领域合作,从而提升空间能力、应对共同挑战[5]。

由于空间活动具有固有的国际性,建立和实施空间交通管理应以国际法律制度为基础,各国的做法不应享有特权。

7.1.3　空间交通管理实践外空命运共同体理念

外空作为人类生存和可持续发展的全球公共空间,集中体现了人类的共同利益和共同关注。空间交通管理涉及发射、在轨运行、空间操作、测控、数据共享、再入返回、空间碎片、空间态势感知等众多领域，具有重要的政治、军事、外交、经济、技术等意义，是实践外空命运共同体理念的最佳手段和载体。

人类命运共同体理念下的空间交通管理概念可以表述为：秉持贯彻共商、共建、共享原则，充分发挥联合国外空委的协调作用，在联合国框架下对现有国际空间法律进行完善和补充；制定一套涵盖近地和深空、包括航天器全寿命周期的政策法规和技术标准；发展空间态势感知、航天器指挥调度以及任务后处置能力，提供碰撞预警、空间天气等信息服务，保证航天器安全发射、在轨运行和返回地球，确保空间活动的顺利、安全、可持续开展。

发射管理阶段，空间交通管理制度将进一步规范各国航天发射活动，对航天发射行为进行许可管理，对运载火箭在轨段处置等提出要求，针对发射窗口的选择、海空域的协调等加强信息共享和沟通，促进全球航天发射活动有序进行。

在轨管理阶段，空间交通管理制度将规范航天器运行管理标准流程，提出规避技术标准和数据规范，对任务寿命期内在轨航天器活动实施管理，协调航天器与其他航天器的活动，在保障安全的前提下，实现对轨道资源的充分利用，保证航天器正常在轨运行。

任务后处置阶段，空间交通管理制度将建立航天器返回再入与寿命末期主动离轨管理机制，协调航天器返回再入或在寿命期末主动或被动离轨，保证在轨运行航天器、返回航天器以及地面人员与财产安全。

频谱管理方面，空间交通管理制度将综合利用完善的规则框架和实时感知数据，优化空间频率轨道资源的利用。

在联合国框架下建立的空间交通服务平台，可提供空间气象服务、空间环境监测服务、（航天器）预警服务、应急事件响应服务、空间态势感知信息共享服务等。在正常工作环境下，可防止航天器之间、航天器与空间碎片及其他物体之间发生碰撞，维持有秩序的空间交通活动；在紧急情况下，进行应急监测和应急处置，协调在轨航天器应急规避或采取主动防御措施，保证航天器及地面人员与财产安全。

7.2 空间交通管理体系框架

7.2.1 空间交通管理体系顶层框架

空间交通管理体系顶层框架包括对象层、管理层和基础层（图7-1）。

基础层由基础设施和相关技术构成，是空间交通管理体系运行的物质基础。基础设施包括空间态势感知与生成系统、空间风险预警服务系统、星上风险告警和自主规避系统、指挥与调度系统、空间环境治理系统、空间天气监测预报系统；相关

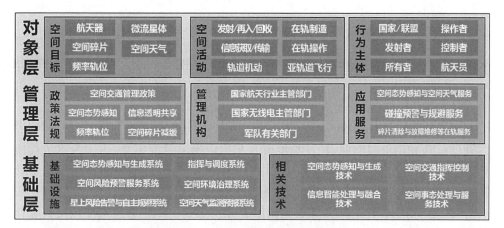

图 7 - 1 空间交通管理体系顶层框架

技术包括空间态势感知与生成技术、空间交通指挥控制技术、信息智能处理与融合技术、空间事态处理与服务技术等。

管理层由政策法规体系、管理机构和其提供的应用服务构成。政策法规：国家制定出台空间交通管理政策，从顶层规范和指导空间交通管理的原则、目标、任务、措施等；管理机构：包括国家航天行业主管部门、国家无线电管理部门、军队有关部门等；应用服务：国家统一向国内外提供空间态势感知、碰撞预警、空间天气、碎片清除与故障维修等服务。

对象层主要由空间目标、空间活动和行为主体构成。空间对象包括空间碎片、在轨航天器（含深空探测器）、运载器、频率轨位、空间天气等；空间活动包括发射/再入/回收、在轨操作、轨道机动、在轨制造、信息获取、信息传输、亚轨道飞行等；行为主体包括发射者、所有者、操作者、控制者、航天员等。

7.2.2 管理与服务对象体系

7.2.2.1 空间目标

1. 在轨运行的航天器

根据欧空局发布的数据，截至 2022 年 1 月 5 日，航天器发射共 6 170 余次，共发射入轨航天器 12 480 余个，目前仍在太空中的有 7 840 个，其中仍在正常运行的卫星约 4 900 个，轨道物体总重量：9 800 t，已被跟踪编目目标约有 30 630 个。主要通过发射前的审批登记和发射后的地面监测编目对其进行管理。对于近几年大量发射的小卫星，由于地面难以监测编目，缺乏发射后对其的管理手段。

2. 空间碎片

空间碎片：地球轨道上一切无功能的人造物体（包括其残块和组件）。根据欧空局数据，目前 10 cm 以上空碎片约 3.4 万个，1～10 cm 碎片 90 万个，0.1～1 cm 碎片 12 800 万个。

空间碎片与航天器发平均撞击速度为 10 km/s。10 cm 以上的空间碎片撞击可导致航天器爆炸、解体、彻底失效；1~10 cm 空间碎片撞击可引起航天器部组件、分系统、整器功能损失，乃至整器爆炸、解体、彻底失效；1 cm 以下的空间碎片撞击可引起航天器部组件、分系统甚至整器功能损失或失效。

根据目前的技术水平：10 cm 以上碎片无法防护，但可精准监测、编目管理，航天器可对其实施主动规避；1~10 cm 碎片目前尚不能精准监测，也无有效防护措施，尚无有效应对手段；1 cm 以下碎片无法监测编目，但可加装防护结构来被动防护。

对于空间碎片环境整体，通过监测预警、被动防护、减缓、移除等手段对其进行综合治理，遏制其恶化趋势。

3. 近地小行星与微流星

近地小行星是指距离太阳 1.3 天文单位范围内、距离地球轨道最小距离在 0.3 天文单位范围内的小行星。对于距离地球轨道最小距离在 0.05 AU 范围内，直径大于 140 m 的小行星，定义其为具有潜在碰撞威胁的小行星（PHA）。目前已发现 PHA 1 876 颗，其中直径大于 1 km 的 157 颗。

地球轨道的微流星环境包括各种质量、各种直径、各种速度的天然高速微粒。微流星的平均密度为 0.5 g/cm^3，平均速度为 20 km/s。微流星也可能与航天器发生撞击，撞击危害和防护手段与相同尺寸的空间碎片类似。

小行星与微流星的撞击危害主要有：成坑、地震、海啸、大尺度反溅碎片云扩散、热辐射、超压、风场、次声、电磁辐射等，以及事件引起的民众恐慌和骚动。

小行星撞击防御需要在能够对近地小行星提前预警的前提下进行。具体防御手段包括利用核爆炸摧毁小行星或者改变行星轨道，利用航天器直接撞击小行星改变其轨道，利用长期作用力改变小行星轨道等。

4. 频率与轨道

无线电频率轨道资源作为空间业务领域发展的重要战略资源，与石油、矿产等资源一样，属于稀缺且不可再生的自然资源。同时，频率轨道与其他自然资源相比还有其自身特有的属性。从不同角度和维度对频率资源的特质进行分析可以概括出其具备的性质主要包括国际性、共享性、稀缺性、超前性。

国际性：卫星轨道处于任何国家的领空范围之外，无线电频率轨道资源也是全人类共有的国际资源，因此无线电频率轨道资源的管理和使用是在国际法规的框架下进行的。

共享性：众多的卫星系统同时在地球外层空间运行，各种空间业务与地面业务之间、不同国家、不同业务系统之间，乃至同种业务系统间都存在频率共用的情况。

稀缺性:现有的频率划分使得可用资源有限,同时由于受到技术、设备发展水平和市场需求的限制,实际可以投入应用的频段就更加受限。出于政治、经济、军事等多方面的考虑,世界各国都加强了对空间业务的重视程度和对卫星频率与轨道资源的抢占力度,这就使得本已趋于应用饱和的资源呈现更加稀缺的形势。

超前性:频率轨道空间资源作为空间业务的基础性资源,其技术可行性、获取方法与策略、使用与维护都需要超前规划,任何一个新业务或新频段划分都需要10~15 年的研究周期(甚至更长),以争取纳入国际法规。

7.2.2.2　空间活动

1. 进入空间

指所有人造物体包括卫星、火箭、近地飞行器等进入空间的行为。须保证其合法有序,完整履行相关程序,不对其他航天器的正常运行和空间碎片环境构成威胁。具体包括其部署轨道、发射和入轨路径、火箭上面级的钝化或离轨再入过程等。

2. 在轨运行

指航天器在轨运行实现其任务目标的过程。须保证其不对其他航天器和空间环境造成危害,具体包括工作轨道和电磁频谱在规定的合法范围内,按照监测预警系统信息执行碰撞主动规避等。

3. 任务后处理

指航天器在完成其任务使命或失效后需采取必要措施以尽可能减小其对空间交通安全和空间碎片环境的不良影响,具体包括任务后的钝化和主动离轨。

7.2.2.3　行为主体

1. 国家(及国家联盟)

既是管理者也是被管理者。一方面,参与国际法规规范的制定并受到国际法规的约束;另一方面,制定本国的空间交通管理政策法规,并直接管理本国的空间活动及行为参与者。

2. 企业

空间活动的最直接责任人,收到所在国和国际空间交通法规约束,需要保证其空间活动满足各项法规政策要求,对其所属航天器的空间活动承担责任。同时也是推动该领域技术和产业发展的主要力量。

3. 组织机构

包括航天领域和无线电等相关技术领域的国内外政策、学术和技术组织机构,主要承担国家间空间交通管理问题协调、政策规则和技术领域标准规范制定工作。

7.2.3　管理机构与政策法规体系

7.2.3.1　管理机构

当前,国家航天行业主管部门、无线电主管部门以及军队有关部门共同负责航天科研生产、发射、测控、登记、频率轨位申请使用等活动的管理,但仍缺少协调机制,部分职责分工还不明确。

7.2.3.2　政策法规体系

要在全球范围内实现协调、统一、有序的空间交通管理目标,必须在外层空间国际法框架下建立一整套法律、规则、标准和技术体系。但是空间交通管理体系复杂,当前研究还不够充分,且各国空间能力相差巨大,利益诉求和观点立场各不相同,短期内很难在国际层面达成一致。美国作为全球头号航天强国,选择了先在国内实践,再通过双边、多边机制来向国际社会推广其标准、规定,进而实现其领导制定国际规则的目标。我国作为航天大国同样应该采取"自下而上"的空间交通管理体系构建路径,即先在国内逐步建立一整套管理体系,不断积累管理和技术的最佳实践经验,再同美俄及其他航天国家共同谈判达成共识。空间交通管理法规体系两个维度、三个领域构成(图7-2)。

图7-2　空间交通管理政策法规体系

7.2.4　基础设施与技术体系

我国空间交通管理的主要任务(即空间态势感知、航天发射管理、航天器日常在轨活动协调与调度、航天器返回再入与离轨管理、空间频率资源与轨道管理、空间天气预报、应急事件处置)出发,推导出空间交通管理的主要能力需求(即空间目标跟踪监视编目与态势生成能力、运载发射监测与跟踪监视能力、全空域测控管理与调度能力、空间威胁预警服务能力、空间环境治理能力、星上态势与威胁告警和自主规避能力、全空域全频谱感知告警与协调规避能力、空间天气监测与预报能力),再推导出空间交通管理的四大技术需求方向(图7-3)。

空间态势感知与生成技术包括空间目标感知跟踪监视与编目技术、全域空间频谱感知技术、空间目标态势生成技术、空间天气预报技术等(图7-4)。

空间交通管理指挥与控制技术包括全空域测控技术、智能指挥与调度技术、空间对地威胁预警应对服务技术等。

信息智能化处理与融合技术包括信息智能处理技术、全空域目标融合处理技术、星上智能态势感知与融合处理技术等。

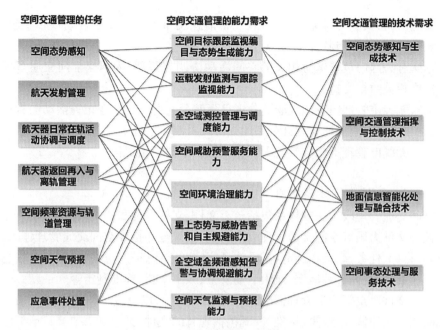

图 7 - 3　空间交通管理能力转换示意图

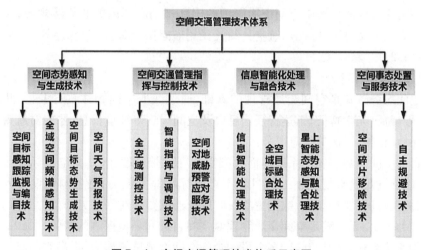

图 7 - 4　空间交通管理技术体系示意图

空间事态处理与服务技术包括空间碎片移除技术、自主规避技术等。

7.3　空间交通管理体系实施路径

7.3.1　管理机构设置

设置跨部门国家空间交通管理办公室,专门负责空间交通管理工作,具体包括空间交通协调、安全与碰撞风险评估、预警信息发布等空间交通管理核心职能,牵头组织开展相关标准制定。

军队有关部门负责国防相关的空间活动协调与管理,为国家空间交通管理办公室提供相关数据支持。

国家航天主管部门按照其职责分工负责航天发射、测控、登记等活动的管理和协调,并与国家空间交通管理办公室建立协调机制。

国家无线电管理部门负责航天器频率轨位申请使用工作。

7.3.2　政策法规体系构建

空间交通管理政策法规体系包括核心文件、支持文件和相关文件三个层次。

核心文件为国家空间交通管理政策,从顶层规范和指导空间交通管理体系,包括原则、目标、任务、政策措施等,需具体规定空间态势感知、空间物体登记、信息透明与交流共享、空间碎片减缓、航天活动安全、频率干扰、标准制定等。

支持文件为空间交通管理需要遵守的国际规则,以及具体落实空间交通管理政策的相关法律法规、政策、标准等,既包括现有的文件,又包括需要修订或新制定的文件。

相关文件为间接影响空间交通管理的国际规则和国内的政策法规等,包括联合国大会相关文件、国际民用航空公约、《民用航空法》《国家安全法》等。

7.3.2.1　核心文件

1. 空间态势感知

空间态势感知是空间交通管理的基础,通过获取空间物体轨道编目、几何外形、信号特征、光学特征、雷达特征信息以及空间天气等环境信息,才能对航天活动提供环境、预警、避碰等信息服务。

目前空间态势感知体系以地面大型雷达、望远镜以及天基太空目标探测系统为主,能够满足日常情况下的编目和重点目标跟踪等能力,受各国建设投入的限制,在覆盖范围、监视频次、数据更新时间以及连续跟踪时间等方面能力有限,快速响应能力不足,无法满足空间交通管理对空间目标和环境探测的需要。

国家统筹建设天地互补、多手段融合的空间态势感知能力,提高空间态势感知的覆盖范围、探测精度、微小目标的跟踪和编目能力。国家建立统一、开放、共享、分级的空间态势感知数据平台,制定空间态势感知数据标准和协议,将多源空间态势感知数据源汇聚于国家平台;国家应指定专门机构进行数据管理分发,并向社会统一发布空间碎片、空间天气等空间态势感知信息,保护涉及国家安全的敏感数据信息。

2. 加强空间物体登记

准确、及时、详尽的空间物体登记信息是开展空间交通管理的前提和基础。我国早在 1988 年 12 月就加入了《关于登记射入外层空间物体的公约》(《登记公约》)。2001 年 2 月 8 日,国防科工委和外交部联合发布了《空间物体登记管理办法》,这是中国第一部有关民用航天的国内法规。目前我国由外交部和国防科工局根据《空间物体登记管理办法》,每半年向联合国相关部门登记我国的空间物体发射信息,但是《空间物体登记管理办法》中要求的空间物体的登记信息较为简单,主要包括发射国或多数发射国的国名、外空物体的适当标志或其登记号码、发射的日期和地域或地点以及基本的轨道参数,对于空间操作、轨道重大改变等信息未作登记要求,登记形式还是各国驻联合国(维也纳)代表团向联合国秘书长发照会为主。

相对于《登记公约》的基本要求,空间交通管理要求"尽速登记"和"详尽登记"。国家应在国内考虑按照联合国大会第 62/101 号决议所述登记有关空间物体及其运行和地位的更多信息,对于空间物体运行状况的改变、轨道位置的改变,以及计划今后分离和进行独立轨道飞行的空间物体也应向国家进行信息登记。

3. 适度信息透明与交流共享

信息透明是信任建设机制中的重要部分,是传递信息的一种公开手段。同时,透明度是一种政策选择,国家技术、能力、强弱存在差异,透明度是不同的。

当前我国技术上具备对各类数据分级管理、分级共享的能力,可为空间目标、空间碎片相关信息的对外交流共享提供可靠的数据支撑。下一步需制定相关政策,明确哪些信息可以透明、透明到什么程度、由谁进行审查、由谁进行发布等,展现我国负责任航天大国的责任与担当。

未来,可以与金砖国家、"一带一路"沿线国家建立空间交通管理信息数据交流共享机制,一方面可增强我国相关数据的全面性和时效性,另一方面也可以拓展我空间交通管理服务范围。

4. 空间碎片减缓

我国使用常规推进剂的运载火箭末级已全面实现星箭分离后的"钝化",部分运载火箭和 GEO 卫星开展了任务后离轨。在空间碎片的控制与管理标准和立法工作方面,2009 年 12 月 1 日国防科工局颁布了《空间碎片减缓与防护管理暂行办法》,标志着我国对空间碎片减缓与防护管理开始纳入政府正规渠道。2015 年,国防科工局修订颁布了《空间碎片减缓与防护管理办法》。《2006 年至 2020 年空间碎片行动计划发展纲要》提出中国空间碎片研究的三大工程:以数据库为载体的空间碎片探测预警工程、以防护设计专家系统为载体的空间碎片防护工程和以空间碎片减缓设计标准为载体的空间环保工程。

随着商业航天的快速发展,大量微小卫星发射入轨,巨型星座开始计划部署,现有的《空间碎片减缓与防护管理办法》已经无法满足空间碎片减缓的要求。

国家应制定新的空间碎片减缓与防护管理办法和相关标准,针对微小卫星、巨型星座、空间碎片主动移除、近距离空间操作、在轨服务与维护等提出明确的减缓防护要求和技术标准,控制空间碎片数量的增长,为空间交通营造良好的运行环境,维护空间安全。

5. 空间活动安全

空间安全问题越来越引起世界各国的广泛关注,包括在轨运行安全、空间网电安全、地面基础设施安全等诸多方面。

国家应制定航天器设计和在轨运行安全标准,特别是针对难以追踪的微纳卫星、巨型卫星星座、不具备轨控能力的卫星等。国家应提供在轨避碰服务,包括发生前和在轨交会评估、碰撞预警信息、碰撞规避服务等。

国家应制定法律禁止恶意入侵航天器软件,禁止通过网络攻击在轨航天器或非法控制在轨航天器。

国家应制定法律禁止干扰、破坏直接支撑航天器发射、再入返回和在轨运行的地面基础设施。

6. 防止频率干扰

由于低轨卫星星座卫星数量规模庞大、卫星覆盖分布全球,在干扰协调、设备能力上都会遇到与同步轨道卫星相异的挑战,未来星座的频率协调工作将面临巨大挑战。

国家应加强频谱管理和空间交通管理的业务融合与协同,制定适应巨型卫星星座的频谱申报、分配、使用和交通管理的规则,开展低轨星座频率共用技术研究,开拓新的工作频段,寻找干扰规避技术手段,提高频谱使用效率。

7.3.2.2　支持文件

1. 出台制定《航天法》

加快推动国家《航天法》的出台制定,全面规范航天活动,促进航天事业可持续发展,保障航天活动主体合法权益,维护国家安全和利益,服务经济社会发展,推动科学技术进步,履行国际义务,为空间交通管理提供顶层法律制度。

2. 修订《空间物体登记管理办法》

按照空间交通管理的要求和《航天法》顶层指导修订《空间物体登记管理办法》,在国内首先实践"尽速登记"和"详尽登记",为空间交通管理提供在轨航天器的基础信息。

3. 制定《空间碎片减缓与防护管理条例》

在《空间碎片减缓与防护管理办法》基础上制定出台《空间碎片减缓与防护管理条例》,补充空间物体主动移除相关技术要求和管理规定。

4. 制定《航天损害赔偿法》

任何航天事故的发生,都将对地面上的人和物都带来灾害,需要从法律层面对航天赔偿相关事项进行法律规制,主要包括:航天损害赔偿应遵守的一般原则;航天损害赔偿责任承担的主体有关主体资格;区分《国家赔偿法》《产品质量法》和《侵权责任法》的设立的有关法律责任,规定航天损害的基本类型,并对有关类型进行立法界定;规定私人赔偿、保险赔偿、基金补偿,以及国家赔偿和补偿、追偿航天损害的赔偿方式;规定航天损害赔偿应如何依法进行,并对有关赔偿程序进行立法界定;规定航天损害赔偿不到位,或产生有关纠纷时的救济方式,并对有关救济途径进行立法界定。

7.3.2.3　相关文件

空间交通管理作为新建体系必然要与传统的空中交通管理体系进行协调,涉及空间的划界、空间物体发射再入的空域使用、临近空间交通管理、空天飞机的飞行管理规则等,主要涉及的文件有:《国际民用航空公约》《民用航空法》《民用航空使用空域办法》等。此外,空间交通管理还必须遵循《国家安全法》第三十二条的有关规定,不得危害国家安全。

7.3.3　基础设施建设

7.3.3.1　总体目标

通过建立一个天地一体化的空间交通管理系统,将我国目前互不相干的、各自独立运行的预警能力、空间碎片监视与预报能力、测控能力、指挥调度能力集成为一个有机整体,突破以空间告警与规避技术、全域空间电磁环境探测技术等关键技术,到 2030 年前,使我国具备初步的、自主运行的、全球空间交通管理能力;到 2045 年前,使我国具备全面的全球空间交通管理能力,与其他国家的相关系统一起,为建设人类命运共同体做出自己的贡献。

7.3.3.2　阶段目标

我国空间交通管理体系分成两个发展步骤,其相应的发展阶段目标如下。

2030 年:建成我国高/低轨结合的天基空间目标跟踪编目监视系统,全面具备空间目标详查与普查、监视和态势感知能力;完善天基测控系统建设,实现全球实时测控能力;通过地面网络将已有的空间目标跟踪编目监视系统、测控系统连接起来,建成空间态势生成系统和指控系统,使我国具备初步的、自主运行的、全球空间交通管理能力。

2045 年:在前期的基础上,升级空间目标跟踪编目监视系统、测控系统、空间态势生成系统和指控系统;全面突破以空间告警与规避技术、全域空间电磁环境探测技术等关键技术,在空间平台上全面应用空间自主碰撞告警与规避装置;建成全域天地一体化的电磁环境探测系统,建成我国自主运行的、具有在月球轨道以内全空域实时/准实时工作的空间交通管理系统,与其他国家的相关系统一起,为建设人类命运共同体做出自己的贡献。

7.3.4　技术发展重点

7.3.4.1　空间态势感知与生成技术

- 针对暗、弱、小目标,加速发展创新的先进概念及颠覆性技术的研究,实现空间目标的全空域覆盖及空间事件的准实时监视;
- 采用自上向下的发展路径,向天地一体、手段齐全、性能先进、全球布局的装备体系发展;
- 采用网络中心、面向服务的系统架构,突破分布式资源联网、面向任务的协同探测、面向服务的信息共享、威胁评估与碰撞告警、任务规划等关键技术;
- 全天域的空间频谱态势感知技术是急需填补的空白。

7.3.4.2　空间交通管理指挥与控制技术

- 重组指挥机构,实现指控一体化;
- 突破一体化指控平台技术,实现现有系统的能力集成,完成任务规划、指挥控制与调度、威胁评估、通信等功能。

7.3.4.3　信息智能化处理与融合技术

- 基于人工智能的信息智能化处理与融合技术是未来的发展方向;
- 基于多手段、多源、多重信息的融合处理技术是目前发展的急需;
- 星上智能态势感知与融合处理技术是未来的发展重点之一。

7.3.4.4　信息智能化处理与融合技术

- 开展实际的空间飞行演示验证,验证不同技术、方式的空间碎片移除的技术可行性、效能与费效比;
- 参考国际上现有的全球公域交通管理技术,发展星上态势与威胁告警及自动规避技术。

参考文献

[1]　钟声.为构建人类命运共同体奋力前行[N].人民日报,2018 年 6 月 28 日,03 版.

[2]　胡锦涛.中国共产党第十八次全国代表大会报告[R],2012 - 11 - 8.

[3]　傅莹.迈入 2019,世界处于选择关口[N].参考消息,2018 - 12 - 28,第 11 版.

[4]　国务院新闻办公室.2021 年中国的航天[R],2022.

[5]　史忠俊.联合国外空会议五十周年高级别会议[Z],2018.

附录
缩略词

英文缩写	全称	中文全称
ADR	active debris removal	主动碎片移除
AGI	Analytical Graphics Inc	分析图形公司
AIAA	American Institute of Aeronautics and Astronautics	美国航空航天学会
AIS	automatic identification system	船舶自动识别系统
APSCO	Asia-Pacific Space Cooperation Organization	亚太空间合作组织
ASAT	anti-satellite weapon	反卫星武器
ATCO	air traffic control operator	空中交通控制运行商
ATM	air traffic management	空中交通管理
CAV	Common Aero Vehicle	通用航空飞行器
CAVENet	Cellular Automaton based Vehicular Network	星历相关、分析和验证网
CCS	communication countermeasure system	卫星通信对抗系统
CD	Conference on Disarmament	裁军会议
CEN	Comité Européen de Normalisation	欧洲标准化委员会
CENELEC	Comité Européen de Normalisation Électrotechnique	欧洲电工标准化委员会
CFR	Code of Federal Regulations	（美国）联邦法规
CNAS	Center for a New American Security	新美国安全中心
CNSA	China National Space Administration	中国国家航天局
COPUOS	Committee on the Peaceful Uses of Outer Space	联合国和平利用外层空间委员会
COSPAR	Committee on Space Research	空间研究协调
CRAs	collision risk across	碰撞风险分析
CSLA	The Commercial Space Launch Act	（美国）商业航天发射法
CSO	Chief of Space Operations	太空作战参谋长
DARPA	Defense Advanced Research Projects Agency	国防预先研究计划局

英文缩写	全　　称	中 文 全 称
DoD	Department of Defense	国防部
DRDO	Defence Research and Development Organisation	（印度）国防研究与发展组织
DRS	data relay satellite	数据中继卫星
DS	Debris Satellite	碎片卫星
EASA	European Aviation Safety Agency	欧洲航空安全局
ECS	European Committee for Standardization	欧洲标准化委员会
ECSL	European Centre for Space Law	欧洲空间法中心
ECSS	European Cooperation for Space Standardization	欧洲空间标准化合作组织
EEAS	European External Action Service	欧盟对外事务部
ESA	European Space Agency	欧洲航天局
ESPI	European Space Policy Institute	欧洲空间政策研究所
ESSTraC	European Space Surveillance Track Center	欧洲空间监视与跟踪中心
ETSI	European Telecommunications Standards Institute	欧洲电信标准化协会
FAA	Federal Aviation Administration	（美国）联邦航空管理局
FCC	Federal Communications Commission	（美国）联邦通信委员会
FPS	flight planning system	飞行计划与规划系统
GEO	geostationary orbit	地球静止轨道
GGE	Group of Governmental Experts	政府专家组
GLONASS	Global Navigation Satellite System	格洛纳斯系统
GNSS	global navigation system	全球导航卫星系统
GPS	Global Positioning System	全球定位系统
GSO	geosynchronous orbit	地球同步轨道
GTO	geostationary transfer orbit	地球同步转移轨道
HEO	highly eccentric orbit	大偏心率轨道
IAA	International Academy of Astronautics	国际宇航学会
IAC	International Astronautical Congress	国际宇航大会
IADC	Inter-Agency Space Debris Coordination Committee	国际机构间空间碎片协调委员会
ICAO	International Civil Aviation Organization	国际民用航空组织
ICBM	intercontinental ballistic missile	洲际弹道导弹
ICOC	Interagency Space Debris Coordination Committee	外空活动（国际）行为准则

续　表

英文缩写	全　称	中文全称
IGSO	inclined geosynchronous orbit	倾斜地球同步轨道
IRBM	intermediate-range ballistic missile	远程弹道导弹
ISO	International Organization for Standardization	国际标准化组织
ISU	International Space University	国际空间大学
ITU	International Telecommunication Union	国际电信联盟
JAXA	Japan Aerospace Exploration Agency	日本宇宙开发事业部
JCS	Joint Chiefs of Staff	参谋长联席会议
JMS	Joint Space Combat Command Mission System	联合空间作战司令部任务系统
JP 3 – 14	Joint Publication 3 – 14 Space Operation	联合太空作战条令
LEO	low Earth orbit	低地球轨道
LRSPA	Land Remote Sensing Policy Act	地面遥感政策法
LTS	long-term sustainability of outer space activities	空间活动长期可持续性
MDA	Missile Defense Agency	导弹防御局
MEO	medium Earth orbit	中地球轨道
MIFR	Master International Frequency Register	国际频率登记总表
MIS	Modular Injection Stage	模块化入轨级
MRBM	medium-range ballistic missile	中程弹道导弹
NASA	National Aeronautics and Space Administration	（美国）国家航空航天局
NACA	National Advisory Committee for Aeronautics	（美国）国家航空咨询委员会
NEO	near-Earth objects	近地天体
NGSO	non-geosynchronous orbit	非地球同步轨道
NIA	National Intelligence Authority	（美国）国防情报局（国家情报局）
NOAA	National Oceanic and Atmospheric Administration	（美国）商务部国家海洋和大气管理局
NRO	National Reconnaissance Office	（美国）国家侦察办公室
NSA	National Security Agency	（美国）国家安全局
NSTMP	National Space Traffic Management Policy	国家空间交通管理政策
NTIA	National Telecommunications and Information Administration	（美国）国家电信和信息管理局
ODMSP	Government Orbital Debris Mitigation Standard Practices	轨道碎片减缓标准实践
OSC	Office of Space Communications	（美国）商务部航天贸易办公室

英文缩写	全　称	中文全称
OSTR	outer space traffic rules	外层空间交通规则
OSTTS	outer space traffic technical standards	外层空间交通技术标准
OTV	Orbital Transfer Vehicle	轨道转移飞行器
PAROS	Prevention of an Arms Race in Outer Space	防止外空军备竞赛
PHA	potentially hazardous asteroid	有潜在危险的小行星
PNT	position, navigation, and timing	定位、导航和授时
PPP	public-private-partnership	公私合营模式
PPWT, CD/1839	Treaty on Prevention of the Placement of Weapon in Outer Space and of the Threat or Use of Force against Outer Space Objects	防止在外空放置武器、不对外空物体使用或威胁使用武力条约草案
RBCC	rocket-based combined cycle	火箭基组合循环
RF	radio frequency	射频
RORSAT	radar ocean reconnaissance satellite	雷达海洋侦察卫星
SAIC	Science Applications International Corporation	国际科学应用公司
SBI	space-based kinetic interceptor	天基拦截武器
SDO	Standards Developing Organization	标准制定组织
SLBM	submarine-launched ballistic missile	潜射弹道导弹
SMV	Space Maneuver Vehicle	空间机动飞行器
SOV	Space Operations Vehicle	空间操作飞行器
SPADOC	Space Defense Operations Center	空间防御作战中心
SPD-3	Space Policy Directive-3	空间政策3号令
SRBM	short-range ballistic missile	近程弹道导弹
SSA	space situation awareness	空间态势感知
SSO	Sun-Synchronous Orbit	太阳同步轨道
SST	space surveillance and tracking	空间监视与跟踪
STCO	space traffic control operator	空间交通控制运行商
STM	space traffic management	空间交通管理
SWBs	space weather broadcast-service	空间天气简报
SWF	Secure World Foundation	世界安全基金会
SWMC	Space Weather Monitoring Center	空间天气监视中心
TBCC	turbine-based combined cycle	喷气发动机组合循环

英文缩写	全　　称	中 文 全 称
TCBM	Transparency and Confidence-Building Measure	透明与建立信任措施
TEC	total electron coutent	电子总含量
TDRSS	track and data relay satellite system	跟踪与数据中继卫星系统
USC	United States Code	美国法典